알기 쉬운
메타분석의 이해

이 저서는 2011학년도 경북대학교 학술연구비에 의하여 연구되었음.

알기 쉬운

메타분석의 이해

| 황성동 저 |

학지사

저자 서문

동일한 주제로 수행된 다양한 연구 결과를 체계적으로 분석하는 메타분석(meta-analysis)은 1970년대 후반 학계에 그 용어가 처음 소개되었지만, 1980년대 말 또는 1990년대 초부터 본격적으로 등장하기 시작하였다. 그 후 심리학, 교육학 등 사회과학 분야뿐만 아니라 의학, 간호학 등 보건 및 의학 분야에서 매우 왕성하게 활용되기 시작하였다.

많은 연구 결과가 쏟아져 나오면서 연구자들의 관심은 수많은 연구 결과물 중 어떤 연구 결과를 참고할 것인가 하는 고민이 생겨나기 시작하였다. 이때 같은 주제하의 다양한 연구 결과를 종합해서 분석하는 방법에 대한 관심과 욕구가 일어나기 시작하였다. 그래서 학계에서는 기존의 연구 결과물을 종합해서 체계적으로 분석하는 방법을 생각하기 시작한 결과 연구 결과의 종합적 분석(research synthesis) 방법으로 체계적 연구결과분석(systematic review)을 고안하게 된 것이다. 체계적 연구결과분석의 부분이지만 핵심 부분이라고 할 수 있는 메타분석은 기존의 연구 결과를 체계적이고 종합적으로 분석하면서 특히 계량적 데이터를 통계적 기법을 통해 종합・분석하는 방법이라고 말할 수 있다.

현재 메타분석은 교육학, 경영학, 임상심리학, 사회복지학 등 사회과학 분야에서, 그리고 의학, 간호학, 치의학 등 의학 분야에서 매우 활발하게 이용되고 있다. 저자는 2000년대 후반 '근거기반실천(evidence-based practice)'을 강의하면서 메타분석이란 연구 방법을 본격적으로 접하게 되었고 이후 이 분야에 꾸준한 관심을 가지고 강의와 연구를 수행해 왔다. 그런 가운데 학생들에게 메타분석을 비교적 쉽게 이해할 수 있는 저서가 필요함을 깨닫게 되었고, 동료들도 메타분석에 대한 저술을 요청하여 이 책을 구상하게 되었다. 특히 강의와 워크숍을 진행하면서 연구자들의 학술적 궁금증을 조금이나마 해소할 수 있는 작은 방안의 하나로 이 저술 결과를 내놓게 되었다.

이 책은 제1장과 제2장에서 메타분석에 대한 배경과 기본 이해를 할 수 있도록 서술하였으며, 제3장부터 제6장까지는 효과 크기에 대한 설명과 평균 효과 크기를 산출하기 위한 모형에 대한 설명, 그리고 다양한 유형의 효과 크기를 분석하는 방법에 대해 설명하였다. 제7장과 제8장에서는 효과 크기의 이질성(heterogeneity)에 대한 이해와 아울러 이질성을 설명할 수 있는 조절효과분석을 다루고 있다. 제9장, 제10장에서는 메타분석에서 간과할 수 없는 메타분석 데이터에 대한 오류 검증을 위해 출간 오류 분석과 민감성 분석을 다루었다. 마지막으로 제11장에서는 메타분석의 결과 보고를 위한 가이드라인을 제시하였으며, 제12장에서는 메타분석에 대한 일각의 비판에 대한 내용과 이에 대한 반론을 제시하였다. 부록에서는 효과 크기의 산출 공식, 메타분석 관련 전문학회 소개, 그리고 메타분석 소프트웨어 프로그램에 대한 설명을 간략하게 제공하였다.

이 책이 나오기까지 많은 사람의 도움이 있었음을 고백하지 않을 수 없다. 먼저 메타분석에 대한 좋은 자료를 사용할 수 있도록 허락해 준 캐나다 Concordia University Robert Bernard 교수, 미국 University of Louisville Jeffrey Valentine 교수, 영국 University of Bristol Julian Higgins 교수, 그리스 University of Ioannina Georgia Salanti 교수와 MTMA 연구소 연구원들에게 감사드리고 싶다. 또한 여러 자문을 해 준 미국 George Mason University David Wilson 교수 그리고 미국 Vanderbilt University Mark Lipsey 교수 및 Emily Tanner-Smith 교수에게도 심심한 감사를 표한다. 아울러 Comprehensive Meta-Analysis(CMA) 프로그램을 만든 Biostat, Inc.의 Michael Borenstein 박사에게도 감사하고 싶다. 아울러 강의 및 워크숍 시간에 많은 질문과 코멘트를 아끼지 않은 학생과 젊은 연구자들에게 감사하지 않을 수 없다. 무엇보다 늘 선한 길로 인도하시는 하나님의 은혜에 깊은 감사를 드리며, 가정에서 항상 차분한 조언과 격려를 아끼지 않은 아내 정화와 아빠가 하는 일에 늘 지지를 보내는 아들 희근에게 진심으로 감사한다.

2014. 7.

황성동

차 례

세부 차례

제3장 효과 크기 _ 041

제4장 고정효과모형과 무선효과모형 _ 113

제1장 메타분석의 배경

1. 메타분석의 정의
2. 메타분석의 배경
   1) 연구 간 서로 다른 결과
   2) 연구 간 서로 상충된 결과
3. 연구 결과의 종합적 분석
4. 근거기반실천과 메타분석
5. 메타분석의 단계
   1) 연구 주제 선정 및 연구 질문
   2) 관련 문헌 검색
   3) 연구의 질 검증 및 데이터 코딩
   4) 데이터 분석
   5) 결과 보고

1. 메타분석의 정의

메타분석이란 동일한 주제에 대한 다양한 연구 결과를 체계적이고 계량적으로 분석하는 종합적인 분석 방법(research synthesis)을 의미한다. 예를 들면, 간접흡연에 대한 다양한 연구 결과를 종합하여 간접흡연의 폐해를 밝힌다. 또는 청소년에 대한 멘토링이 과연 효과적인지, 효과적이라면 어느 정도 효과적인지를 종합적으로 분석하는 것을 의미한다.

포인트 데이터 분석 유형(types of data analysis)

- 1차적 분석(primary data analysis): 연구자가 직접 수집한 개별 데이터를 분석
- 2차적 분석(secondary data analysis): 기존 수집된 데이터를 분석(예: 센서스 및 패널 데이터)
- 메타분석(meta-analysis): 기존 개별 연구들의 계량적 결과를 종합적으로 분석

2. 메타분석의 배경

1979년 영국의 의학자 Archie Cochrane은 의료 분야에서 치료 효과에 대한 믿을 만한 최신 연구 결과를 종합하는 방법을 고안할 것을 주장하였다. 이는 임상적 의사결정에 있어 합리적인 결정을 하기 위한 것이었다. 왜냐하면 개별적 연구들은 그 결과가 일관적이지 못하거나 가끔은 서로 상충되기도 하였기 때문이다.

1) 연구 간 서로 다른 결과

개입에 대한 의사결정을 위해서는 어떤 특정한 한 연구 결과에만 의존해서는 잘못 결정할 위험이 있다. 왜냐하면 연구 결과는 대체로 연구마다 최소한 조금씩은 다르기 때문이다(때로는 서로 상충되기도 한다). 따라서 기존의 연구 결과들을 종합적으로 분석할 수 있는 메커니즘이 필요하다. 다음 〈표 1-1〉에서 학업성취도와 자아존중감의 상관관계를 연구한 사례를 살펴보자.

〈표 1-1〉 학업성취도와 자아존중감과의 상관관계 연구 사례

연구	표본 크기(n)	상관관계(r)	유의확률(p)
Study_1	260	0.13	0.53
Study_2	420	0.35	0.03
Study_3	200	−0.10	0.18
Study_4	400	0.30	0.04

만약 2번 및 4번의 연구자라면 학업성취도와 자아존중감의 관계는 유의한 긍정적 관계라고 결론을 내릴 것이고, 1번 및 3번의 연구자라면 이 양자 간의 관계는 유의하지 않은 것으로 결론을 내리게 되어 연구 결과가 서로 상충됨을 알 수 있다 (Cheung, 2009).

포인트 **개별 연구의 한계**

- 낮은 통계적 검증력(low statistical power)
- 연구자가 기대하는 결과에 치중하여 대안적 방법이나 모델 도외시(confirmation bias)
- 연구자들이 각자의 데이터에 기초하여 각기 다른 모형 제시

출처: Cheung, 2009.

2) 연구 간 서로 상충된 결과

동일한 주제로 수행된 연구의 결과들이 서로 상충되는 경우가 종종 있다. 예를 들어, 미국에서 'psychotherapy는 효과적인가?' 라는 이슈에 대해 서로 의견이 상충되고 있었으며, 실제 이에 대한 연구 결과 '치료 효과가 있다'는 논문이 203편, 그리고 '치료 효과가 없다'는 논문이 172편 발표되었다.

Smith와 Glass(1977)는 이 375편의 선행연구들을(833 효과 크기, 25,000명 대상자) 분석하여 'psychotherapy'의 효과에 대한 결론을 제시하였다(평균 20시간 치료, 치료 후 4개월 뒤 측정). 이 연구 결과를 종합하면 전체적으로 실험집단이 통제집단보다 표준편차 0.68만큼 높은 것으로 나타났다. "…… 즉, 정신치료는 클라이언트를 평

균적으로 50% 수준에서 75% 수준으로 상향시킨 것으로 나타났다……."(Smith & Glass, 1977, pp. 754-755) 즉, 통제집단의 경우 50%가 중간 값 이상인 반면 실험집단의 경우 75%가 중간 값 이상을 보이고 있었다.

성과연구의 가장 중요한 특성은 치료 효과의 크기에 있다. 그리고 이 치료 효과 크기에 대한 정의, 즉 효과 크기(effect size)는 실험집단의 평균과 통제집단의 평균의 차이를 통제집단의 표준편차로 나눈 값을 말한다(Smith & Glass, 1977, p. 753). 즉, 이들은 기존 연구 결과를 통합하여 표준화 점수를 산출함으로써 '메타분석'의 방법을 제시하였다(Smith & Glass, 1977; 진윤아, 2011).

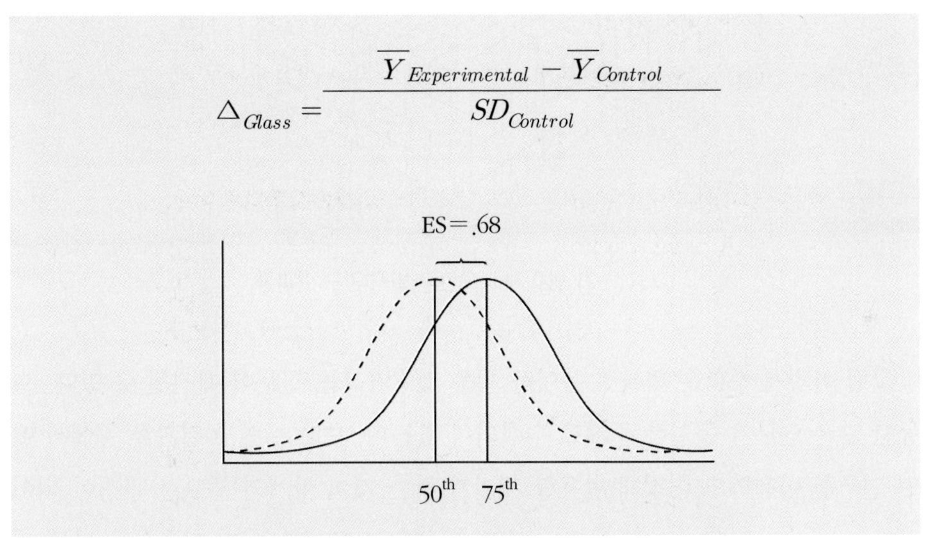

[그림 1-1] 정신치료 효과에 대한 종합적 분석(메타분석) 결과

3. 연구 결과의 종합적 분석

이상에서 살펴본 바와 같이 어떤 치료(개입)에 대한 의사결정을 위해서는 어떤 특정한 연구에 의존하기보다는 전체 연구 결과를 이해하는 것이 필요하다. 여기에 연구 결과의 종합적 분석(research synthesis)이 등장하게 되었으며, 이 종합적 분석의 방법으로 체계적 연구결과분석과 메타분석이 있다. 이 연구 결과의 종합적 분

석 접근 방법은 궁극적으로 클라이언트의 문제 해결과 학문의 이론적 발전을 위해 필요한 것이다.

일반적으로 개별적인 연구 결과물은 다음 그림에서 보는 것처럼 마치 집을 짓기 위한 벽돌처럼 쌓이고 있다(Campbell Collaboration, 2010).

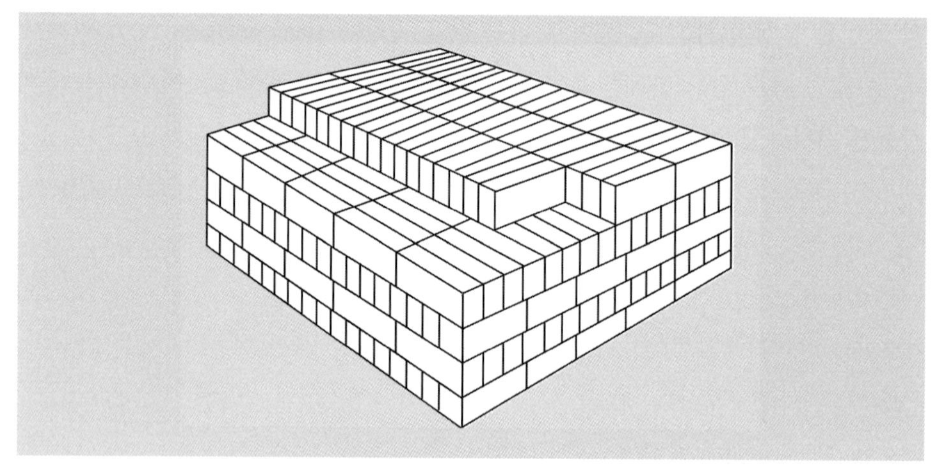

[그림 1-2] 쏟아져 나오는 개별적 연구 결과물

그럼 이렇게 수많은 벽돌로 무엇을 지을 것인가라는 질문이 제기될 수 있다. 그동안 많은 연구가 동일한 주제로 수행되어 왔는데, 수많은 연구 결과물 중에서 어떤 연구를 이용하고 어떻게 활용할 것인가 하는 것이 학계의 주요한 관심이 되어 왔다(Campbell Collaboration, 2010). 수많은 벽돌로 우리는 어떤 건축물을 만들 것인가? 즉, 수많은 연구 결과를 어떻게 비교하고 통합할 것인가가 주요 관심사가 되었다. 여기에 연구 결과에 대한 종합적 접근이라는 새로운 연구 방법이 등장하게 된 것이다.

연구 결과에 대한 종합적인 접근(research synthesis)에는 먼저 전통적인 연구결과분석(traditional or narrative reviews)이 존재했다. 전통적인 연구결과분석은 다음과 같은 특징을 지니고 있었다.

- 연구 결과들로부터 편의표본(convenience sample)
- 서술적 설명(narrative description)

- 연구 결과를 종합하기 위해 단순 계산 또는 투표 개표 방식(vote counting) 이용, 즉 기존 연구 결과에서 제시하고 있는 통계적 유의성에 의존
- 결론에 도달하는 과정이 불투명
- 여러 가지 오류(예: publication bias, dissemination bias, confirmation bias)에 취약

1990년대 이전까지만 해도 전통적인 연구 결과 분석(narrative reviews)이 대세였다. 하지만 이 방법은 크게 두 가지 한계가 있다. 즉, 투명성이 결여된 주관성(subjectivity with the lack of transparency), 그리고 연구 결과가 많아질수록 분석이 어려움(less useful as more information becomes available)이 있었다. 그래서 이에 대한 해결책으로 1980년대 중반 이후(주로 1990년대 보편화) 연구자들은 전통적인 narrative reviews에서 체계적 연구결과분석(systematic reviews: SR)과 메타분석(meta-analysis: MA)으로 전환하기 시작하였다.

체계적 연구결과분석과 메타분석은 전통적인 연구결과분석의 한계를 극복하고자 개발되었다. 먼저, 체계적 연구결과분석은 "……구체적인 연구 질문에 대해 체계적이고 포괄적으로 데이터(연구 결과)를 찾아서 분석하며, 이 과정은 투명하고 반복할 수 있도록 한다. 그래서 연구에 있어 오류를 최소화하도록 만들어졌다……. 메타분석은 어떤 주제에 대해 요약 · 정리된 실증적인 지식을 산출하기 위해 여러 연구에서 추출된 계량적 연구 결과를 종합 · 분석하는 통계적 방법을 말한다……."(Littell, Corcoran, & Pillai, 2008, pp. 1-2)

즉, 체계적 연구결과분석과 메타분석은 모두 전통적인 연구결과분석의 단점을 보완하고자 고안되었으며, 어떤 연구 질문에 대한 해답을 얻고자 기존의 연구 결과를 체계적이고 포괄적으로 분석하여 투명하고 반복 가능한 결과를 도출하는 종합적인 연구 분석 방법이다. 이 중 메타분석은 분석 과정에서 계량적인 접근 방법에 초점을 둔다.

전통적인 연구결과분석과 체계적 연구결과분석 및 메타분석을 비교하면 다음과 같이 정리할 수 있다.

〈표 1-2〉 전통적인 연구결과분석과 체계적 연구결과분석 및 메타분석의 비교

전통적인 연구결과분석	체계적 연구결과분석 및 메타분석
편의 표본 추출	체계적 표본 추출
서술적 설명 통계적 유의미성에 의존	계량적 분석 결과 제시(효과 크기)
연구자의 주관성	객관성(명확한 기준, 원칙)
절차, 과정이 투명하지 않음	절차, 과정이 투명함
왜곡과 오류에 취약(예: 출간 오류, 선별적 보고 오류, 확증 오류 등)	왜곡과 오류를 최소화(예: 모수를 보다 정확하게 추정, 조절 효과 분석 등)

포인트 **체계적 연구결과분석의 타당성을 검증하는 네 가지 질문**

- 적절한 연구 질문에 대한 분명한 해결 방안을 제시하고자 하는가?
- 관련 연구의 결과가 구체적이고 충분할 정도인가?
- 검토한 관련 연구가 방법론적으로 우수한 연구인가?
- 관련 연구의 결과가 서로 유사하고 일관성이 있는가?

출처: Feldstein, 2005.

이렇게 체계적 연구결과분석과 메타분석은 목적이나 과정이 거의 같지만 실제로 이 두 가지 접근 방법이 반드시 일치하지는 않는다. [그림 1-3]에서 보는 바와 같이 체계적 연구결과분석(SR)은 반드시 메타분석을 포함하지는 않는다. 가끔은 여러 개의 메타분석을 포함하기도 하지만 때로는 서술적 분석을 포함하기도 한다. 한편 메타분석도 항상 체계적 연구결과분석에 기초하지는 않는다. 많은 메타분석 연구가 기존 연구를 편의적으로 표본 추출하여 메타분석을 실시하여 출간 오류에 대한 취약성을 보인다(Campbell Collaboration, 2010).

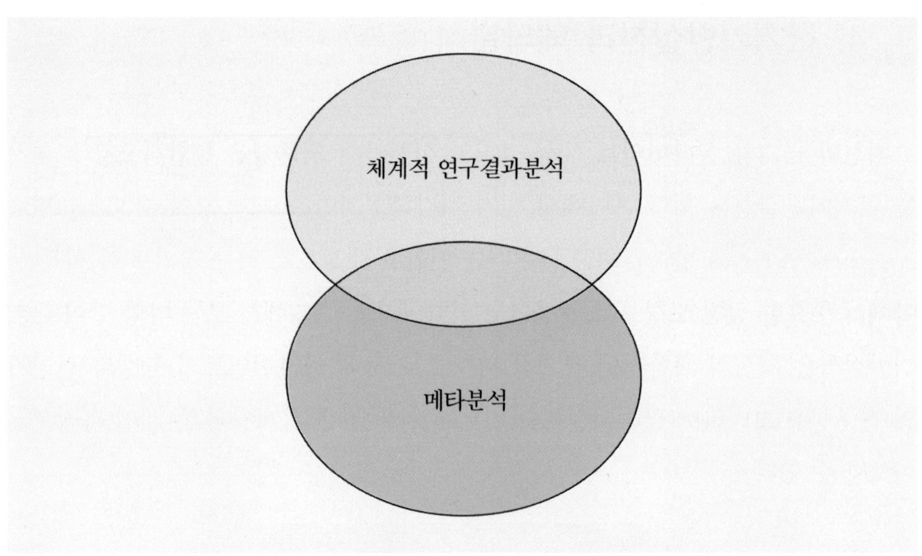

[그림 1-3] 체계적 연구결과분석과 메타분석의 관계

따라서 연구 결과의 종합적 분석이 의미 있는 결과를 도출하려면 기존의 연구 결과들을 체계적으로 수집하는 것이 우선되어야 한다. 연구 결과들을 체계적으로 찾아내고, 평가하고, 다양한 출처에서 수집된 많은 연구 결과를 객관적으로 분석할 수 있어야 한다. 즉, 체계적으로 오류 없이 데이터를 수집하는 것이 중요하다. 따라서 연구 결과에 대한 종합분석에서 오류와 왜곡을 최소화하려면 메타분석은 체계적 연구결과분석에 포함되어야 한다. 메타분석은 [그림 1-4]에서와 같이 체계적 연구결과분석에 녹아 들어야 한다.

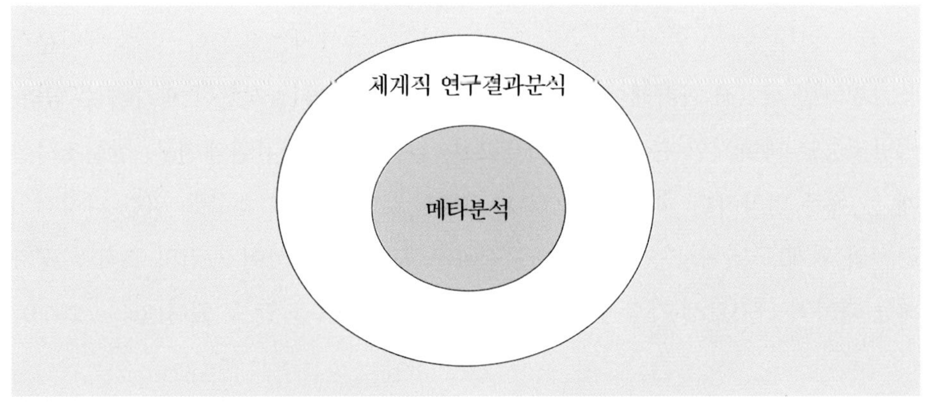

[그림 1-4] 메타분석과 체계적 연구결과분석의 바른 관계

4. 근거기반실천과 메타분석

최선의 근거와 클라이언트 특성 그리고 실천가의 전문성을 통합적으로 고려하는 근거기반실천은 의학 분야에서 먼저 시작하였지만(Sackett, Strauss, Richardson, Rosenberg, & Hayes, 2000), 최근 들어서는 인간을 대상으로 하는 거의 모든 학문 분야에서 주요한 실천 모형으로 정착되고 있다. [그림 1-5]에서 보는 바와 같이 근거기반실천은 최선의 과학적인 근거를 바탕으로 하여 클라이언트의 특성과 실천가의 전문성을 고려하여 클라이언트의 치료를 위한 최선의 개입 또는 개입 과정으로 이해할 수 있다.

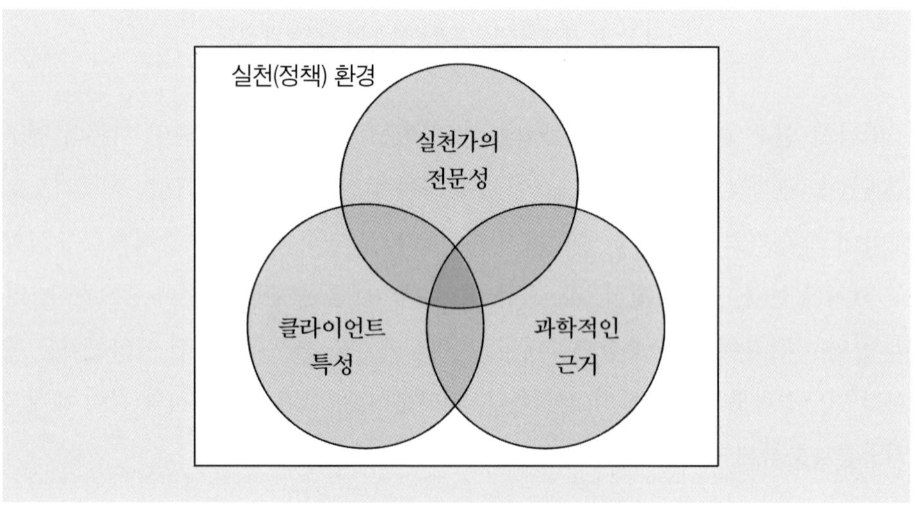

[그림 1-5] 근거기반실천의 실천 모형

그렇다면 여기서 과학적인 근거는 무엇을 말하는가라는 질문이 제기될 수 있다. 일반적으로 과학적인 근거는 사례 보고서, 질적 연구, 상관관계연구, 실험조사설계 등 매우 다양하다. 하지만 [그림 1-6]에서 보듯이 효과 검증을 위한 과학적인 근거의 위계 구조에서는 체계적 연구결과분석과 메타분석이 개입의 효과를 평가하는 과학적 근거로서 가장 높은 자리에 위치하고 있음을 알 수 있다(Rubin, 2008).

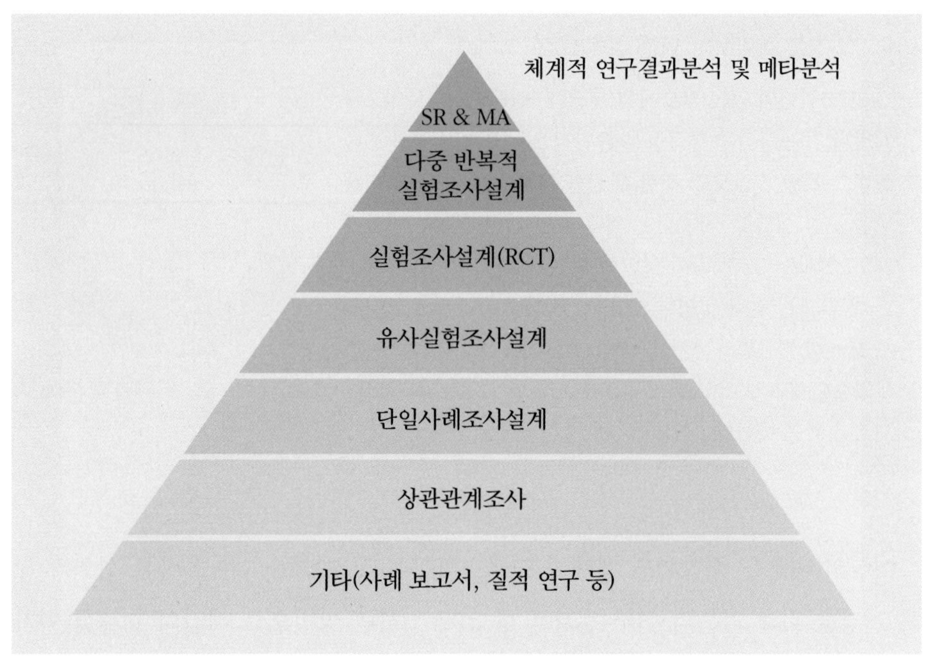

[그림 1-6] 효과 검증을 위한 과학적인 근거의 위계 구조

사례 영아돌연사(sudden infant death syndrome: SIDS)

1950년대에서 1990년대까지 100,000명 이상의 영아가 돌연 사망하였다. 이는 소아과 의사 벤자민 스포크 박사의 충고에 따라 많은 소아과 의사들이 영아를 침대에 엎드려 재우게 한 결과라는 비판을 받게 되었다.

왜냐하면 지난 50여년 동안 이어진 아기를 엎드려 재우라는 충고는 1970년부터 등장한, 아기를 이러한 방식으로 재우는 것은 위험하다는 과학적 근거와 정면으로 대치되는 것이었다……(Gilbert et al., 2005). 즉, 이 현상은 과학적 근거에 기초하지 않고 실천에 대한 의사결정을 내린 전형적인 사례라고 할 수 있다.

이후 1990년대 초반 연구자들은 영아들이 엎드려 자는 것이 아니라(face down) 등을 대고 잠을 자면(sleep on their backs) 영아돌연사의 위험이 최소 50%는 감소하게 됨을 인식하게 되었다. 이후로 유아에 대해 'Back to sleep' 캠페인이 일어나게 되었다(Borenstein et al., 2009, p. xxi).

사례 **조산을 예방하기 위한 스테로이드 치료**

조산 위험이 있는 산모에게 저렴한 비용의 스테로이드를 처방한 결과를 다룬 연구들을 종합적으로 분석한 결과 스테로이드 처방이 산모의 조산 위험을 크게 낮추고 영아의 생명을 구한 것으로 나타났다. 이후 조산 위험이 있는 산모에게는 스테로이드 처방이 일반화 되었다.

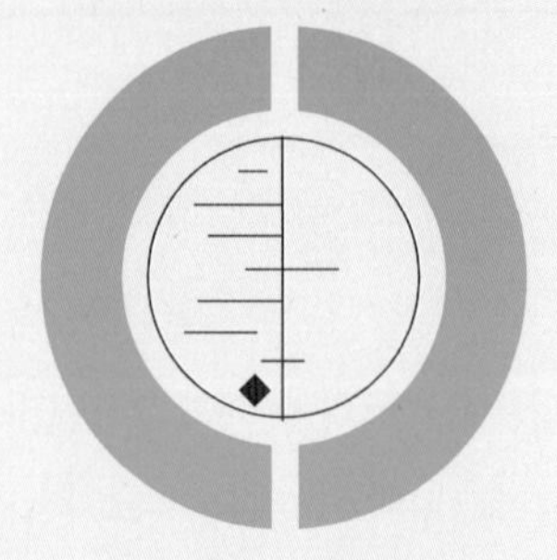

이 결과는 앞서 설명한 Archie Cochrane 박사의 요청으로 체계적 연구결과분석을 시행하여 이를 널리 유포하는 전문학술단체인 Cochrane Collaboration의 로고로 사용되고 있다. 특히 그림의 왼쪽 부분이 치료 효과를 나타내고 있다.

이상의 내용을 종합하면 체계적 연구결과분석 및 메타분석은 올바른 실천과 정책 결정을 위해 기존의 연구 결과를 종합(분석)하는 방법으로 개입의 효과를 평가하는 근거로서 최상위에 있다(Sackett, Richardson, Rosenberg, & Hayes, 1997). 그리고 근거기반실천에 있어 양질의 메타분석 결과는 가장 설득력 있는 과학적 근거를 제공한다(Harbour & Miller, 2001)고 알려져 있다.

5. 메타분석의 단계

앞서 정의한 대로 메타분석이란 기존 연구에서 도출된 결과를 체계적으로 분석하는 계량적 분석 방법으로써 일반적으로 체계적 연구결과분석의 한 부분으로 수행된다. 즉, 메타분석은 기존의 연구에서 도출된 결과를 통계적 방법을 통해 체계적으로 분석하는 것을 의미한다. 따라서 연구자들에게 객관적이고 투명하며, 반복할 수 있도록 만들어 준다.

이러한 연구에 대한 종합적 접근 방법으로써 메타분석의 가치는 다음과 같다.

- 모수를 더 정확하게 추정(better parameter estimates)
- 다중 결과를 분석, 평가(assessment of outcomes in multiple domains)

- 결과에 영향을 줄 만한 요인 분석(moderator analysis)
- 오류와 왜곡을 최소화(minimizing error and bias)

이제 메타분석의 진행 과정, 즉 메타분석의 단계에 대해 살펴보자. 메타분석은 일반적인 조사 연구의 단계인 연구 주제 선정, 문헌의 검색, 데이터 수집, 데이터 분석, 결과 보고서 작성의 순서와 비슷하다. 일반적으로 메타분석의 구체적인 단계를 정리하면 〈표 1-3〉과 같다.

〈표 1-3〉 메타분석의 5단계와 7단계

5단계	7단계
1. 연구 주제 선정 및 연구 질문 제기	1. 연구 주제 선정 및 연구 질문 제기
2. 관련 문헌(연구 결과)의 체계적 검색	2. 관련 문헌(연구 결과) 검색 및 선정
3. 데이터 추출 및 코딩	3. 개별 연구의 질 평가, 데이터 추출 및 코딩
4. 데이터 분석	4. 효과 크기 계산
	5. 동질성 검증 및 잠재적 조절 효과 검증
	6. 연구 결과 해석 및 데이터 오류 검증
5. 결과 보고서 작성	7. 결과 보고서 작성

출처: Beyne, 2010; Littell et al., 2008.

Tip 메타분석 수행에 필요한 요건

- 연구 분야에 대한 전문 지식과 경험
- 문헌 검색 및 선정 등 정보과학 분야의 전문성
- 계량적 분석에 대한 전문성과 지식

1) 연구 주제 선정 및 연구 질문

메타분석의 첫 단계는 여느 다른 조사 연구와 마찬가지로 연구 질문을 구체적으로 제기하는 것이다. 이 제기된 연구 질문에 따라 보통 다음 사항을 결정한다.

- 포함될 연구(Studies to be included)
- 효과 크기의 유형(Type of effect size analyzed)
- 코딩하게 될 연구의 특성(Study characteristics coded)
- 분석 방법(Methods of analysis)

연구 질문 사례

- 멘토링이 청소년의 자아존중감을 높이는 효과가 있는가?
- 근거기반실천 훈련이 근거기반실천 태도를 변화시키는 효과가 있는가?
- 변혁적 리더십(또는 사회적 가치 인식)에 남녀 간 차이가 있는가?
- 조산 위험이 있는 산모에게 스테로이드 치료가 효과가 있는가?
- 급성 심근경색 환자에게 혈전용해제가 유용한가?
- 낙상 위험이 있는 노인에게 비타민 D가 낙상 위험을 줄이는가?
- 간접흡연이 배우자의 폐암 발생률을 높이는가?
- 유아 언어 프로그램이 유아 언어 발달에 미치는 효과는?

2) 관련 문헌 검색

연구 질문이 결정되면 그다음 단계는 연구에 포함할 관련 문헌을 검색하고 이를 찾아내는 것이다. 문헌 검색에 앞서 연구의 선정 기준을 명확히 하는 것이 중요하며, 이 연구의 선정 기준은 일반적으로 연구 대상자, 개입 방법, 비교집단, 연구 결과, 연구 유형을 의미하는 PICOS로 정리할 수 있다.

- P: 연구 대상자(population or participants)
- I: 개입(치료) 방법 및 프로그램(intervention)

- C: 비교집단(comparison)
- O: 연구(개입) 결과(outcomes)
- S: 연구 설계 유형(study designs)

PICOS 사례

- P: 11~18세 청소년(adolescents)
- I: 학교에서 실시되는 멘토링(school-based mentoring)
- C: 비교집단(no treatment or alternative treatment group)
- O: 학업성취도, 태도, 자아존중감 등(academic achievement, attitude, behavior, self-esteem)
- S: 실험 및 유사실험조사설계(randomized and quasi-experimental designs)

출처: Wood & Mayo-Wilson, 2012, p. 258.

이 PICOS에 따라 연구 결과의 선정 기준이 정해지면 이제 본격적으로 관련 문헌, 즉 연구 결과를 검색하게 된다. 이때 검색 방법은 관련 학술 데이터베이스(예: PsychINFO, Medline, PubMed, ERIC 등)를 기본으로 하고 여기에 관련 저널에 대한 직접 수작업 검색(hand search), 회색문헌(grey literature) 검색, 적합도가 높은 연구 논문의 참고문헌 검색, 연구자 직접 접촉하는 방법 등을 활용한다.

[그림 1-7]은 관련 문헌, 즉 연구 결과(데이터)를 검색하고 선정하는 과정을 기술하는 다이어그램이다. 이 그림은 일반적으로 체계적 연구결과분석과 메타분석 연구 결과 보고에서 기본적으로 요구하는 사항이다(Moher, Liberati, Tetzlatt, & Altman, 2009).

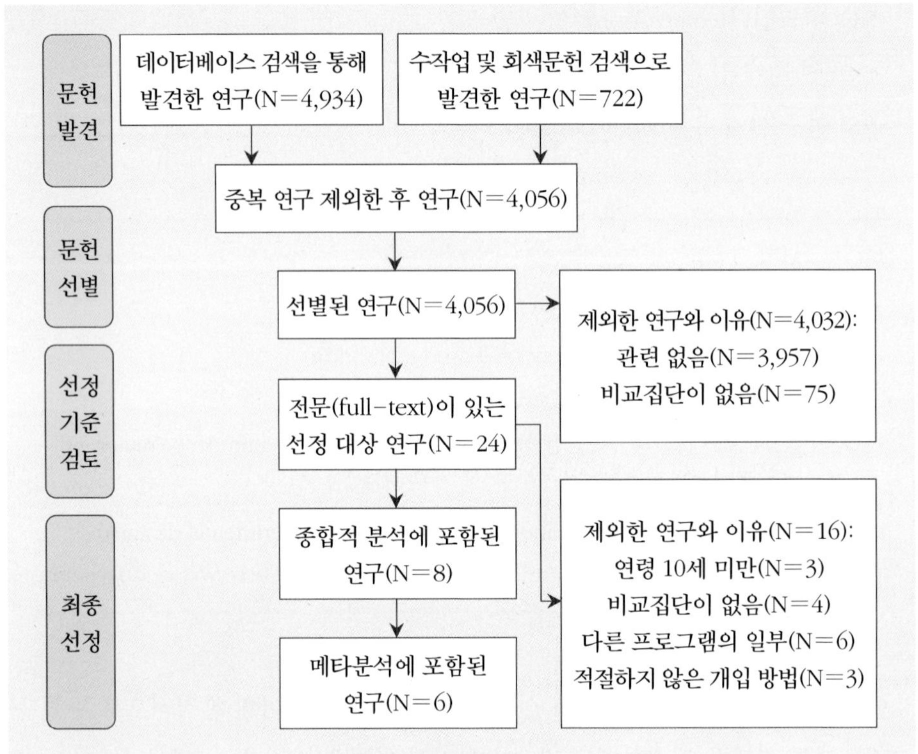

[그림 1-7] PRISMA flowchart

출처: Wood & Mayo-Wilson, 2012, p. 259에서 재구성.

3) 연구의 질 검증 및 데이터 코딩

2단계에서 선정된 연구들에 대한 질(study quality) 검증을 우선 실시하고 이어서 선정된 연구에서 적절한 데이터를 추출해서 분석을 위한 코딩 작업을 하는 단계가 바로 세 번째 단계다. 먼저 메타분석을 위해서는 선정된 연구의 질을 검증해야 한다. 여기에는 Cochrane Collaboration에서 개발한 Risk of Bias 검증 도구를 사용하는 것이 일반적이다. 예를 들어, 실험 조사인 경우 무작위 배정(random assignment), 비공개 배정(allocation concealment), 집단 배정 미인지 및 측정집단 미인지(blinding), 집단 참여자 중도 탈락(attrition bias), 선별적 결과 보고(outcome-reporting bias) 여부를 검증하는 것이 일반적이다. [그림 1-8]은 Cochrane Collaboration의 RevMan 도구를 통한 개별 연구의 질 검증 결과다.

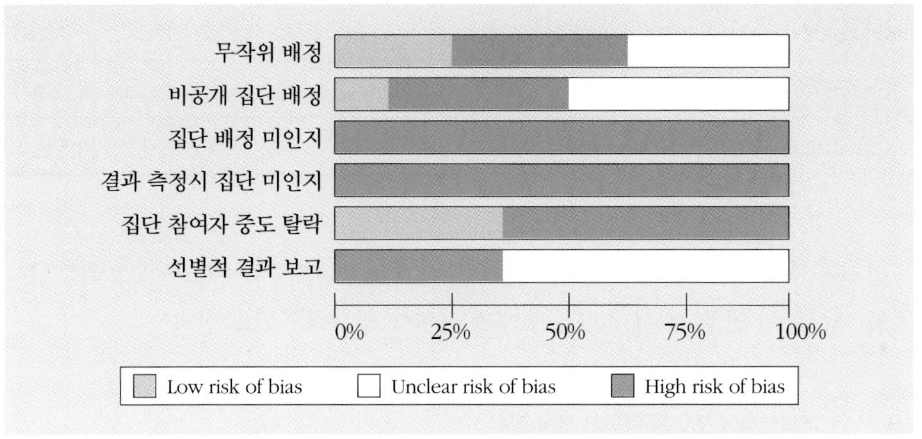

[그림 1-8] 메타분석에 포함된 연구들에 대한 Risk of bias 분석 결과

한편 데이터 코딩으로는 일반적으로 연구 이름, 출간 연도, 출간 유형, 표본의 특성, 개입의 특성(개입 기간, 횟수 등), 연구 유형, 집단 배정 방법, 측정 도구, 효과 크기 등에 대한 내용을 코딩하게 된다(〈표 1-4〉 참조).

〈표 1-4〉 ADHD아동에 대한 CBT 효과에 대한 코딩(사례)

연구 이름	실험N	통제N	RCT	연도	표본 크기	학술지	세션 수	세션 시간	척도 신뢰도	효과 크기(g)
Bae(2013)	12	6	No	2013	18	No	12	50		1.07268
Cho(2004)	17	5	Yes	2004	22	No	8	50		0.70000
Du et al. (2003)	7	8	No	2003	15	Yes	9	35	0.68	0.62708
Hong(2013)	12	6	Yes	2013	18	No	12	50	0.84	1.09803
Jang(2007)	8	8	No	2007	16	Yes	18	55	0.87	1.23488
Jang et al. (2008)	8	8	No	2008	16	Yes	18	55	0.78	0.90541
Kang(2006)	15	15	No	2006	30	No	20	40		0.62470
Kang et al. (2006)	10	10	Yes	2006	20	Yes	20	75	0.78	0.81263

Kim(2002)	10	10	Yes	2002	20	No	12	40		1.78681
Kim(2009)	10	10	Yes	2009	20	No	10	50	0.88	4.46971
Kim(2012)	6	6	Yes	2012	12	No	12	40	0.84	0.54338

그리고 종종 〈표 1-5〉과 같이 메타분석에 포함된 연구에 대한 특성을 설명하는 표를 제시하여 연구 결과(데이터)에 대한 설명을 구체화하기도 한다.

〈표 1-5〉 메타분석에 포함된 연구의 특성 제시(사례)

연구	멘토링 대상자				멘토		
	프로그램	표본 수	학년	여학생 비율(%)	수	연령	여성 비율(%)
Aseltine et al. (2000)	주1회, 2개월	505	6			65+	
Bernstein et al. (2009)	주1회, 6개월	2,573	4~8	53	974	82.5%>18	72
Herrera et al. (2007)	주1회, 5개월	1,139	4~9	54	554	52%>18	72
Karcher (2008)	주1회, 3개월	525	5~8	66	292	70% 대학생	73
LoSciuto et al. (1996)		729	6	53		65+	
McPartland et al. (1991)	주2회, 24개월	311	6				
Portwood et al. (2005)	주1회, 8개월	208	4~12	52	211	46	80
Whiting et al. (2007)	주1회, 24개월	82	5~6	49	30	대학생	

출처: Wood & Mayo-Wilson, 2012, Table 2, p. 264에서 재구성.

4) 데이터 분석

메타분석의 네 번째 단계는 코딩한 데이터를 분석하는 단계다. 여기서는 각 연구의 효과 크기를 우선적으로 계산한 후 통계적 유의성을 살펴보며, 평균 효과 크기와 통계적 유의성을 보게 된다. 그리고 각 효과 크기를 잘 표현해 주는 forest plot을 기본적으로 제시한다([그림 1-9], [그림 1-10] 참조).

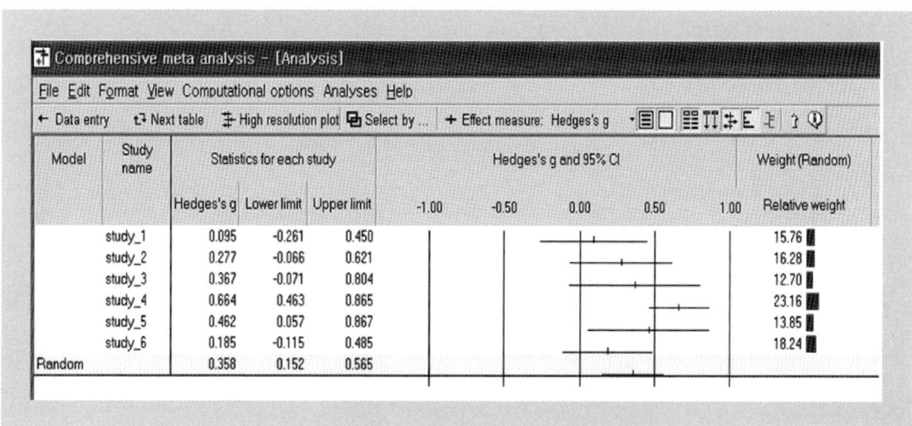

Comprehensive meta analysis - [Analysis]
File Edit Format View Computational options Analyses Help
Data entry Next table High resolution plot Select by ... Effect measure: Hedges's g
Model | Study name | Statistics for each study | Hedges's g and 95% CI | Weight (Random)
Hedges's g | Lower limit | Upper limit | -1.00 -0.50 0.00 0.50 1.00 | Relative weight
study_1 0.095 -0.261 0.450 15.76
study_2 0.277 -0.066 0.621 16.28
study_3 0.367 -0.071 0.804 12.70
study_4 0.664 0.463 0.865 23.16
study_5 0.462 0.057 0.867 13.85
study_6 0.185 -0.115 0.485 18.24
Random 0.358 0.152 0.565

[그림 1-9] 각 연구의 효과 크기와 평균 효과 크기

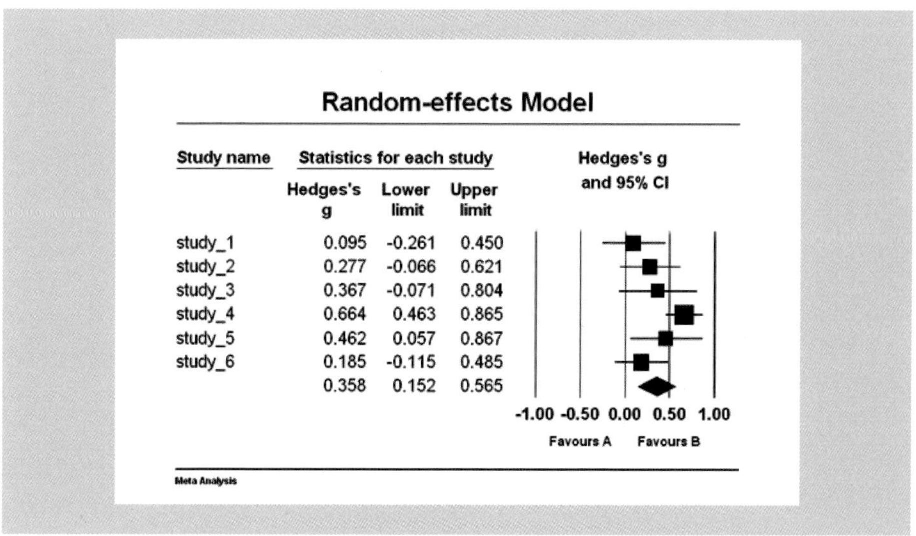

Random-effects Model
Study name | Statistics for each study | Hedges's g and 95% CI
Hedges's g | Lower limit | Upper limit
study_1 0.095 -0.261 0.450
study_2 0.277 -0.066 0.621
study_3 0.367 -0.071 0.804
study_4 0.664 0.463 0.865
study_5 0.462 0.057 0.867
study_6 0.185 -0.115 0.485
0.358 0.152 0.565
-1.00 -0.50 0.00 0.50 1.00
Favours A Favours B
Meta Analysis

[그림 1-10] 각 연구의 효과 크기와 평균 효과 크기를 제시한 forest plot

출처: Borenstein et al., 2009 재구성.

5) 결과 보고

일반적으로 메타분석 결과에 대한 보고는 여타 연구 결과 보고와 비슷하며, 연구 결과 구성은 다음과 같다.

- 서론(Introduction)
- 연구 방법(Method)
- 분석 결과(Results)
- 논의(Discussion)
- 참고문헌(References)
- 부록(Appendices)

사례 청소년에 대한 학교 기반 멘토링의 효과: 체계적 연구결과분석 및 메타분석

1) 서론(이론적 배경, 선행연구……)
2) 연구 방법(포함될 연구의 기준, 연구 선정, 데이터 분석……)
3) 분석 결과(대상자 특성, 개입 방법, 연구의 질, 개입 효과……)
4) 논의 및 함의
5) 결론
   - 이해 관계의 명시(Declaration of Conflicting Interests)
   - 재정 지원(Funding)
   - 참고문헌(References)

출처: Wood & Mayo-Wilson, 2012.

제2장 메타분석에 대한 기본 이해

메타분석을 이해하려면 먼저 가장 기본적인 분석 결과인 [그림 2-1]과 같은 Forest Plot을 이해해야 한다. 이 그림에는 각 개별 연구의 효과 크기, 통계적 유의성(정밀성), 가중치를 제시하고 있으며, 나아가 개별 연구를 종합한 전체(평균) 효과 크기와 통계적 유의성을 제시한다.

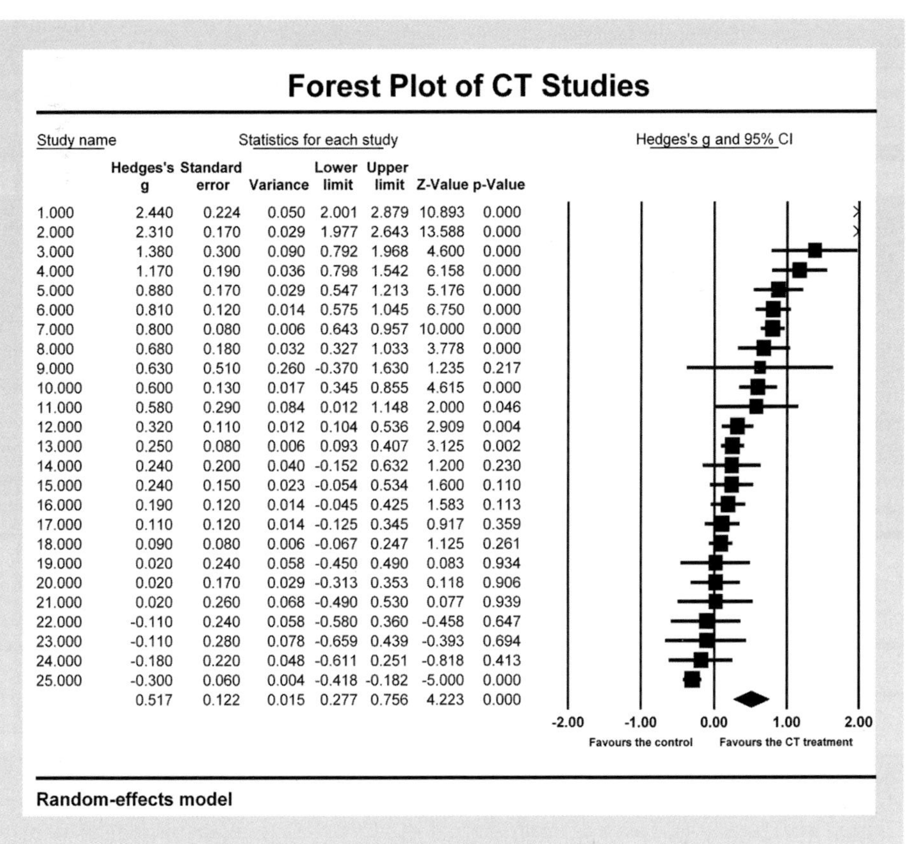

Study name	Hedges's g	Standard error	Variance	Lower limit	Upper limit	Z-Value	p-Value
1.000	2.440	0.224	0.050	2.001	2.879	10.893	0.000
2.000	2.310	0.170	0.029	1.977	2.643	13.588	0.000
3.000	1.380	0.300	0.090	0.792	1.968	4.600	0.000
4.000	1.170	0.190	0.036	0.798	1.542	6.158	0.000
5.000	0.880	0.170	0.029	0.547	1.213	5.176	0.000
6.000	0.810	0.120	0.014	0.575	1.045	6.750	0.000
7.000	0.800	0.080	0.006	0.643	0.957	10.000	0.000
8.000	0.680	0.180	0.032	0.327	1.033	3.778	0.000
9.000	0.630	0.510	0.260	-0.370	1.630	1.235	0.217
10.000	0.600	0.130	0.017	0.345	0.855	4.615	0.000
11.000	0.580	0.290	0.084	0.012	1.148	2.000	0.046
12.000	0.320	0.110	0.012	0.104	0.536	2.909	0.004
13.000	0.250	0.080	0.006	0.093	0.407	3.125	0.002
14.000	0.240	0.200	0.040	-0.152	0.632	1.200	0.230
15.000	0.240	0.150	0.023	-0.054	0.534	1.600	0.110
16.000	0.190	0.120	0.014	-0.045	0.425	1.583	0.113
17.000	0.110	0.120	0.014	-0.125	0.345	0.917	0.359
18.000	0.090	0.080	0.006	-0.067	0.247	1.125	0.261
19.000	0.020	0.240	0.058	-0.450	0.490	0.083	0.934
20.000	0.020	0.170	0.029	-0.313	0.353	0.118	0.906
21.000	0.020	0.260	0.068	-0.490	0.530	0.077	0.939
22.000	-0.110	0.240	0.058	-0.580	0.360	-0.458	0.647
23.000	-0.110	0.280	0.078	-0.659	0.439	-0.393	0.694
24.000	-0.180	0.220	0.048	-0.611	0.251	-0.818	0.413
25.000	-0.300	0.060	0.004	-0.418	-0.182	-5.000	0.000
	0.517	0.122	0.015	0.277	0.756	4.223	0.000

[그림 2-1] 인지치료 효과에 대한 메타분석 결과

출처: Bernard & Borokhovski, 2009 재구성.

포인트 **메타분석의 주요 용어**

- 효과 크기(effect size): 표준화된 평균 차이(d), 상관관계(r), 승산비(OR) 등
- 통계적 유의성 또는 정밀성(precision): 신뢰구간(confidence interval) 또는 유의확률(p-values)
- 가중치(weights)
- 평균 효과 크기(summary effect size)

먼저 [그림 2-2]를 중심으로 앞에서 언급한 주요 용어인 효과 크기, 통계적 유의성(정밀성), 가중치 및 평균 효과 크기를 살펴보자.

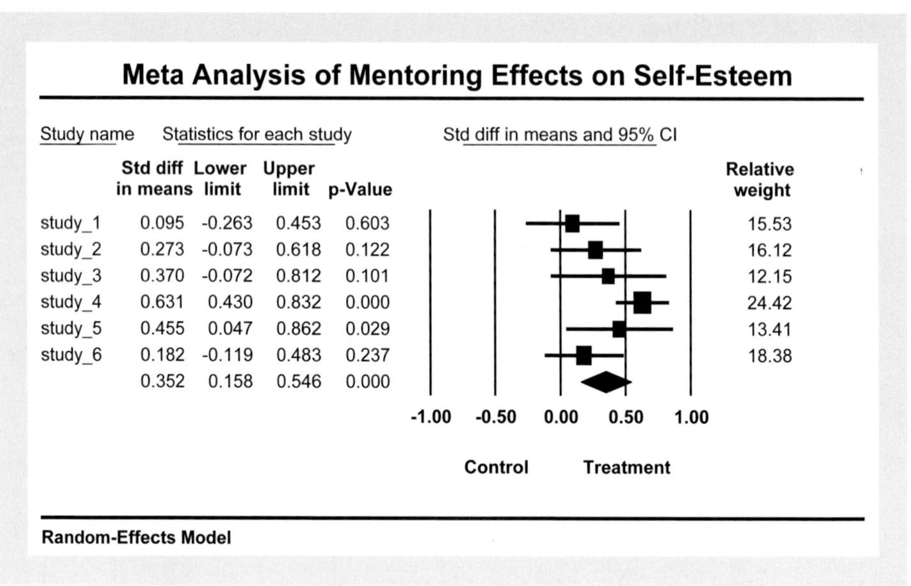

[그림 2-2] 청소년에 대한 멘토링의 자아존중감에 대한 효과(평균 차이)

출처: Borenstein et al., 2009 재구성.

1. 효과 크기

효과 크기(effect size)는 프로그램(개입)의 효과 크기 또는 변수 간 관계의 크기를 표현한 값을 말한다(예: 멘토링의 효과, 어휘력의 남녀 간 차이, 업무 역량과 업무 수행도와의 관계 등). 이는 메타분석에서 분석 단위(the unit of currency in a meta-analysis)에 해당한다. 일반적으로 효과 크기의 유형으로는 표준화된 평균 차이(Cohen's d, Hedges' g), 두 집단의 비율(Risk ratio, Odds ratio, Risk difference), 두 변수 간의 상관관계(Fisher's Z) 그리고 이러한 효과 크기를 일반화한 용어로 Point estimate을 사용하기도 한다. 메타분석의 순서로는 우선 개별 연구의 효과 크기를 계산하고, 개별 연구 간의 효과 크기의 일관성을 검토하며, 평균 효과 크기를 산출하고 유의성을 검토하게 된다.

[그림 2-2]에서 효과 크기를 표현함에 있어 사각형(square)은 개별 연구의 효과 크기를 나타내고, 사각형의 크기는 가중치, 사각형의 위치는 효과 크기의 방향(+ 또한 -) 그리고 사각형의 가운데 위치는 크기(magnitude of the effect)를 표현한다. 한편 다이아몬드(diamond)는 전체 효과 크기, 즉 평균 효과 크기(mean effect size 또는 summary effect size)를 나타낸다.

2. 통계적 유의성

각 연구의 효과 크기는 신뢰구간(confidence interval)으로 경계를 갖는데, 이 신뢰구간은 각 연구에서 추정된 효과 크기의 통계적 유의성(statistical significance)을 나타낸다. 즉, 신뢰구간이 제로(0) 값을 포함하지 않을 때 통계적으로 유의하다고 한다. 이 신뢰구간은 효과 크기의 정밀성(precision)을 나타내기도 하는데(Borenstein, Hedges, Higgins, & Rothstein, 2009), [그림 2-2]에서 보는 바와 같이 하한선(Lower limit)과 상한선(Upper limit)으로 제시되는 신뢰구간이 짧을수록 효과 크기가 정밀하다고 할 수 있다.

유의확률

한편 각 연구에는 (귀무)가설검증을 위한 유의확률이 있다(the p-value for a test of null). 여기서 귀무가설은 모집단에 있어서 차이는 제로(0)이거나 상관관계는 제로(0)다. 하지만 이 유의확률(p-value)은 단지 귀무가설(즉, 효과 크기=0)만을 검증할 뿐이다. 즉, 유의확률이 유의한 경우는 단지 효과 크기가 제로(0)가 아니라는 사실을 말할 뿐이거나 상관관계가 제로(0)가 아니라는 사실을 말할 수 있을 뿐이다.

포인트 **유의확률 vs. 신뢰구간**

유의확률 값과 신뢰구간은 보통 일치하는데, 즉 95% 수준의 신뢰구간이 0값(the null value)을 포함하지 않을 경우에만 유의확률 값이 0.05보다 작게 나타난다.

출처: Borenstein et al., 2009, p. 5.

전통적인 통계적 검증(귀무가설 검증, p-value)은 표본의 크기에 많은 영향을 받으며(다음 사례 참조) 구체적이지 못하다. 즉, 귀무가설(모집단에서 차이가 없다 또는 상관관계가 없다)을 기각하거나 기각하지 않거나 하는 것은 추정 결과가 제로 값과 유의하게 다르다 또는 다르지 않다를 해석하는 것으로서 이는 그다지 구체적인 설명이 되지 못한다. 따라서 가설검증(p-value)보다는 구체적인 신뢰구간을 이용하는 것이 필요하다. 신뢰구간은 모수(true population value)가 속할 구간(estimated range)을 제시해 주기 때문에 더 구체적이라고 할 수 있다. 최근 들어 의학 및 사회과학에서는 신뢰구간을 활용하는 것이 더 보편화되고 있다(Higgins & Green, 2011).

사례 표본의 크기에 영향을 받는 유의확률

r	df	p-value	Sig.
0.25	50	0.0739	ns
0.25	100	0.0113	P<.05
0.25	150	0.0019	P<.01

출처: 진윤아, 2011.

3. 가중치

메타분석에서는 일차적인 데이터 분석이나 이차적 데이터 분석과는 달리 각 연구에 가중치(weights)를 부여하는데, 이 가중치는 개별 연구별로 다르게 부여된다. [그림 2-2]에서 보는 것처럼 사각형의 크기는 각 연구마다 서로 다른데, 이 사각형의 크기는 각 연구에 배정된 가중치의 크기를 반영하고 있다. 그리고 이 가중치는 평균 효과 크기를 계산할 때 활용된다. 즉, 가중치가 큰 연구들은 정밀성이 높은(즉, 신뢰구간이 짧은) 연구들이며, 가중치가 작은 연구들은 정밀성이 낮은(즉, 신뢰구간이 긴) 연구들이다. 이 가중치는 일반적으로 분산의 역수(inverse of the variance)로 계산되며, 표본이 클수록(즉, 분산이 작을수록) 높은 가중치가 부여된다([그림 2-3] 참조).

$$W = \frac{1}{V}$$

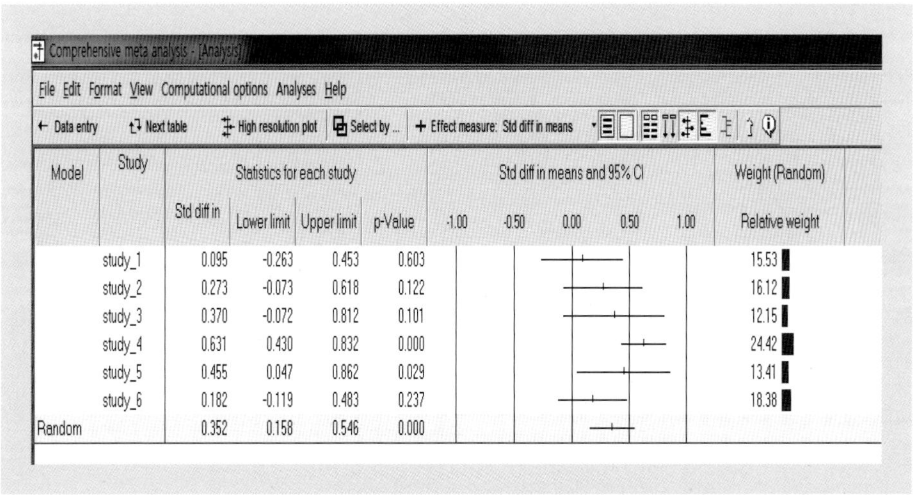

Comprehensive meta analysis - [Analysis]

File Edit Format View Computational options Analyses Help

← Data entry Next table High resolution plot Select by ... + Effect measure: Std diff in means

Model	Study	Statistics for each study				Std diff in means and 95% CI	Weight (Random)
		Std diff in	Lower limit	Upper limit	p-Value	-1.00 -0.50 0.00 0.50 1.00	Relative weight
	study_1	0.095	-0.263	0.453	0.603		15.53
	study_2	0.273	-0.073	0.618	0.122		16.12
	study_3	0.370	-0.072	0.812	0.101		12.15
	study_4	0.631	0.430	0.832	0.000		24.42
	study_5	0.455	0.047	0.862	0.029		13.41
	study_6	0.182	-0.119	0.483	0.237		18.38
Random		0.352	0.158	0.546	0.000		

[그림 2-3] 각 연구의 가중치를 보여 주는 메타분석 결과

4. 평균 효과 크기

앞에서 설명한대로 메타분석의 주요 내용 중 한 가지는 평균 효과 크기를 계산하는 것이다. 즉, 각 개별 연구의 효과 크기에 가중치를 부여해서 전체 연구의 효과 크기, 즉 평균 효과 크기를 산출한다. 그리고 이 평균 효과 크기의 유의성을 판단하게 되어 평균 효과 크기의 의미를 설명하게 된다. [그림 2-2]와 [그림 2-3]에서 보는 바와 같이 전체 6개의 연구 중 개별 연구의 효과 크기가 통계적으로 유의한 것은 두 개의 연구(study_4, study_5)에 해당되지만 전체적으로 볼 때 평균 효과 크기는 0.352(95% CI: 0.158~0.546)로 통계적으로 유의하다고 하겠다.

이때 각 연구의 효과 크기가 비교적 비슷하다면, 즉 연구 간 일관성을 보인다면 평균 효과 크기는 전체 연구의 효과 크기를 대표하는 것으로 인정할 수 있다. 일반적으로 평균 효과 크기를 전체 효과 크기(overall effect), 효과의 가중평균(weighted mean effect) 또는 평균 효과 크기(mean effect size) 등으로 부른다.

제3장 효과 크기

1. 효과 크기 의미
2. 효과 크기 유형
3. 효과 크기 해석
4. 효과 크기 계산
   1) 연속형 데이터의 효과 크기 계산
   2) 이분형 데이터의 효과 크기 계산
   3) 상관관계 데이터의 효과 크기 계산
   4) 효과 크기의 전환
5. CMA를 활용한 효과 크기 계산
   1) 연속형 데이터
   2) 이분형 데이터
   3) 상관관계 데이터

보통 연구들은 개입의 결과를 집단 간에 비교하여 효과성을 검증한다. 예를 들면, 백신을 접종한 집단과 접종하지 않은 집단 간에 결핵 감염 여부를 비교한다. 또는 두 가지 유형의 다이어트 방법의 체중 감량 효과를 비교한다. 이러한 집단 간 비교에서 서로 다른 연구 결과를 어떻게 비교할 것인가가 주요한 질문이 될 것이다. 이 경우에 효과 크기(effect size: ES)를 활용한다면 각 집단 간의 효과를 과학적으로 비교할 수 있다. 즉, 개입의 결과를 효과 크기라는 표준화된 단위로 만들어서 비교하게 되는 것이다. 그래서 일반적으로 메타분석의 주요 내용은 다음과 같이 정리할 수 있다.

- 효과 크기의 평균과 통계적 유의미성 확인
- 효과 크기의 일관성 확인 및 동질성 검증
- 효과 크기의 이질성에 대한 설명

1. 효과 크기 의미

효과 크기는 개입(치료)의 효과(impact of an intervention)를 나타낸다. 예를 들면, 결핵(TB) 감염 위험에 대한 치료 백신의 효과, 학업 성적에 대한 교수법의 효과, 청소년의 정서적 안정감에 있어서 멘토링의 효과 등을 나타낸다. 효과 크기는 개입의 효과만을 나타내는 것이 아니라 두 변수 간의 관계 및 방향(strength and direction of a relationship among variables)을 나타내는 데 활용되기도 한다. 예를 들면 다음과 같다.

- 어휘력 검사에서 남녀 간의 차이
- 간접흡연에 노출된 경우와 그렇지 않은 경우의 폐암 발생률 차이
- 학업성취도와 자기효능감의 관계

이러한 효과 크기는 학문에 따라 약간 다르게 활용되는데, 이를 보다 엄밀하게 설명하면 다음 〈표 3-1〉과 같이 정리할 수 있다. 하지만 이 양자는 동일한 용어로,

그리고 동일한 의미로 사용되는 것이 일반적이다.

〈표 3-1〉 효과 크기의 엄밀한 구분

치료 효과	효과 크기
승산 비율, 이벤트 발생 비율 (odds ratio, risk ratio)	표준화된 평균 차이 또는 상관관계 (standardized mean difference or correlations)
보통 의학 관련 분야	보통 사회과학 분야
치료 효과는 주로 실험집단과 비교집단 간의 치료(개입)의 차이를 통해 개입의 효과를 나타내는 데 적합	효과 크기는 두 변수 간의 관계의 정도나 두 집단 간의 차이를 계량화하는 데 적합(예: 남녀 간의 차이, 실험집단과 통제집단의 차이 등)

출처: Borenstein et al., 2009, p. 17.

2. 효과 크기 유형

효과 크기의 유형은 우선 다음과 같이 구분할 수 있다.

- 주로 두 집단 간의 평균 차이를 검증(d)
- 두 변수 간의 관계의 정도를 검증(r)
- 두 집단에 있어서 어떤 이벤트(치료, 성공 등)의 발생 비율을 검증(OR, RR, RD)

이러한 효과 크기 유형을 표로 정리하면 〈표 3-2〉, [그림 3-1]과 같다.

〈표 3-2〉 효과 크기의 유형

데이터 유형	효과 크기	부호
연속형 일원적 데이터	• 표준화된 평균 차이(Cohen's d) • 교정된 표준화된 평균 차이(Hedges' g)	d g
연속형 이원적 데이터	• 상관관계계수(r)	r
이분형 데이터[1]	• 이벤트 발생 비율(Risk ratio) • 승산 비율(Odds ratio) • 이벤트 발생 비율 차이(Risk difference)	RR OR RD

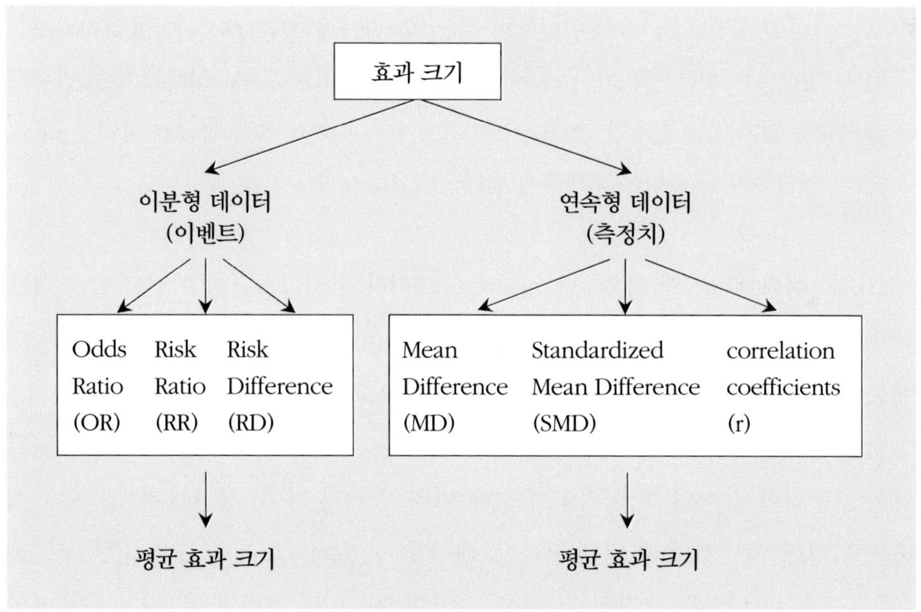

[그림 3-1] 효과 크기에 대한 유형

출처: Beyne, 2010.

1) 일반적으로 이분형 데이터(dichotomous data, 예: 성별, 공공 대 민간)라고 부르지만 엄밀하게 말하면 이항 데이터(binary data, 예: 치료 여부, 성공 여부)라고 하는 것이 더 정확하다.

3. 효과 크기 해석

효과 크기에 대한 해석이 단순한 퍼센트 차이나 비율처럼 용이하지는 않지만 일반적으로 효과 크기에 대한 해석은 대체로 다음과 같이 정리할 수 있다.

"……효과 크기는 표준편차의 단위(standard deviation units)로 표시된 것이어서 어떤 연구 간에도 비교할 수 있고 메타분석에서도 활용할 수 있다……."(Beeson & Robey, 2006, p. 163)

"……만약 d가 0.2로 산출되었다면 이는 두 집단의 평균 차이가 1표준편차의 10분의 2에 해당되는 것이다. Cohen(1988, p. 21)에 따르면 d는 여타의 측정 단위에 영향을 받지 않는 순수한 단위다. 그리고 d가 2.0이라는 것은 평균의 차이가 2표준편차만큼 차이가 있다는 의미를 말한다……."(Lietz, 2006, p. 327)

그리고 이항데이터의 경우 risk ratio=0.80이라면 실험집단의 이벤트 발생 확률이 통제집단에 비해 20% 낮은 것이고, 만약 risk ratio=3.0이라면 실험집단의 이벤트 발생 확률이 통제집단에 비해 3배 높다는 의미다.

이를 정리하면 효과 크기는 어떤 개입에 따른 두 집단의 효과를 비교하는 단위로서 표준화한 값이며, 데이터의 유형에 따라 평균의 차이, 상관관계계수의 차이 또는 이벤트 발생 비율의 차이 등으로 해석할 수 있다. 효과 크기에 대한 구분은 〈표 3-3〉, 〈표 3-4〉 그리고 그 해석은 [그림 3-2] ~ [그림 3-4]에서 보는 바와 같다.

〈표 3-3〉 효과 크기의 구분

효과 크기(d)	구분	백분위 비율(%) 증가 지표
+0.10	작은 크기	50 to 54
+0.20		50 to 58
+0.30		50 to 62

+0.40	중간 크기	50 to 66
+0.50		50 to 69
+0.60		50 to 73
+0.70		50 to 76
+0.80	큰 크기	50 to 79
+0.90		50 to 82
+1.00		50 to 84

출처: Cohen, 1988.

〈표 3-4〉 효과 크기의 또 다른 구분

	r	d1	d2
작은 크기	0.1	0~0.32	4.0
중간 크기	0.3	0.33~0.55	7.0
큰 크기	0.5	0.56~	10.1

r: 상관관계계수(Cohen, 1988)

d1: 일반 표준화된 평균 차이(Lipsey & Wilson, 2001)

d2: 단일사례조사의 경우(Beeson & Robey, 2006)

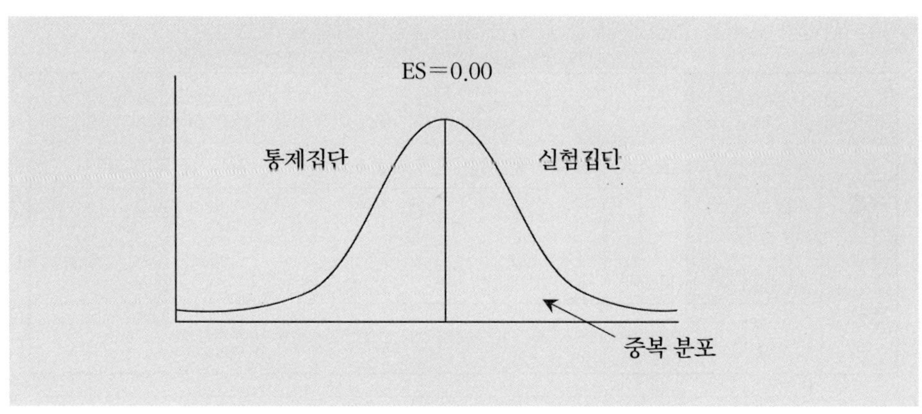

[그림 3-2] 효과 크기가 0인 경우(zero effect size)

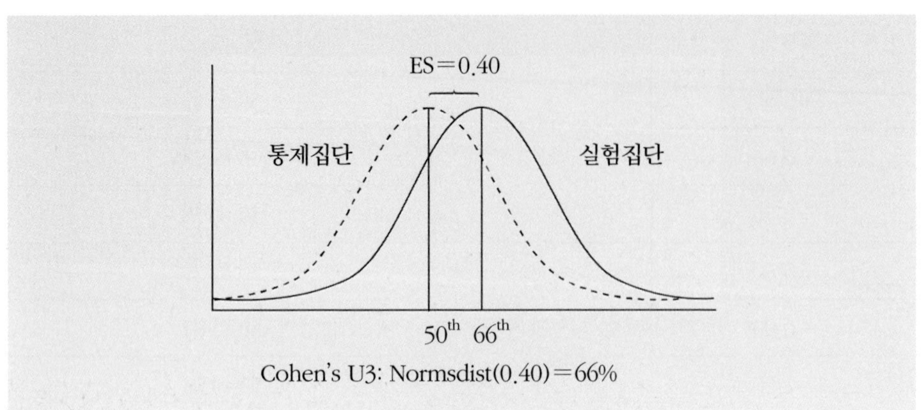

[그림 3-3] 효과 크기가 중간 정도인 경우(medium effect size)

출처: Rosenthal & Rubin, 1983.

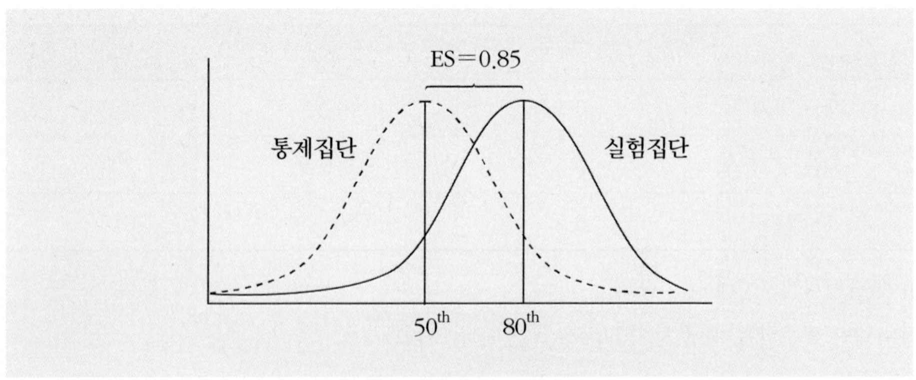

[그림 3-4] 효과 크기가 큰 경우(large effect size)

Tip 개입의 효과를 검증할 때 주로 활용되는 실험연구 설계 유형

	순수실험조사설계: A (expermental designs)	유사실험조사설계: B (quasi-experimental designs)	전실험조사설계: C (per-experimental designs)
유형 1	통제집단전후비교조사	비동일통제집단전후비교조사	단일집단전후비교조사
	R O_1 × O_2 R O_3 O_4	O_1 × O_2 O_3 O_4	O_1 × O_2
유형 2	통제집단후 비교조사		
	R × O_1 R O_2		

독립집단, 즉 두 집단 (independent groups)

단일집단 (dependent (matched) group)

* 보통 순수실험조사설계를 RCT(Randomized Controlled Trial)라고 부른다.

참고로 효과 크기를 해석할 때 좀 더 일반적인 해석을 위해 Cohen(1988)이 제시한 누적 표준화된 분포를 의미하는 U3 그리고 Rosenthal과 Rubin(1983)이 제시한 두 집단, 즉 실험집단과 통제집단의 성공률을 비교하는 Bionomial Effect Size Display (BESD)를 효과 크기 유형인 d, r과 비교하면 <표 3-5>와 같이 나타낼 수 있다.

<표 3-5> 효과 크기(d), 상관관계, U3 및 BESD의 비교

d	r	U3	BESD	
			통제집단 성공률	실험집단 성공률
0.1	0.05	54	0.47	0.52
0.2	0.10	58	0.45	0.55
0.3	0.15	62	0.42	0.57
0.4	0.20	66	0.40	0.60
0.5	0.24	69	0.38	0.62
0.6	0.29	73	0.35	0.64
0.7	0.33	76	0.33	0.66
0.8	0.37	79	0.31	0.68
0.9	0.41	82	0.29	0.70
1.0	0.45	84	0.27	0.72
1.1	0.48	86	0.26	0.74
1.2	0.51	88	0.24	0.75
1.3	0.54	90	0.23	0.77
1.4	0.57	92	0.21	0.78
1.5	0.60	93	0.20	0.80
1.6	0.62	95	0.19	0.81
1.7	0.65	96	0.17	0.82
1.8	0.67	96	0.16	0.83
1.9	0.69	97	0.15	0.84
2.0	0.71	98	0.14	0.85

출처: Lipsey & Wilson, 2001, p. 153에서 재구성.

4. 효과 크기 계산[2)]

1) 연속형 데이터의 효과 크기 계산

(1) 두 집단(사후검사), 즉 통제집단후비교조사의 경우

포인트

일반적으로 두 집단 간 비교연구의 연구 결과에서 주로 보고되는 통계치는 다음과 같다.

- 평균, 표준편차, 표본 크기(means, SDs, sample sizes)가 제시된 경우
- 통계적 유의성 수치(t-values, F-values 등)가 제시된 경우
- 정확한 유의확률값(예: p=.013 등)이 제시된 경우
- 추정된 유의확률값이 대략적(예: p<.05 등)으로 제시된 경우

보통 연구 결과에서는 두 집단의 평균, 표준편차, 표본 크기가 제시된 경우가 가장 일반적이며, 이 경우가 메타분석에서 가장 선호되는 경우다. 예를 들어, 청소년들의 자아존중감에 대한 멘토링 프로그램의 효과(사후검사)의 경우를 분석해 보자.

〈표 3-6〉 실험집단과 통제집단의 평균, 표준편차, 표본 크기

연구 이름	실험집단			통제집단		
	M1	SD1	N1	M2	SD2	N2
study_1	47	11	60	46	10	60
study_2	49	11	65	46	11	65
study_3	49	14	40	44	13	40
study_4	47	10	200	41	9	200
study_5	49	11	50	44	11	45

2) 여기서 사용한 데이터는 일부 Borenstein et al., 2009, 87-102에 나오는 데이터를 수정 보완하였음을 밝힌다.

study_6	48	11	85	46	11	85

(M1, M2: 평균　SD1, SD2: 표준편차　N1, N2: 표본 크기)

표준화된 평균 차이

이 경우 다음 공식을 이용하여 먼저 표준화된 평균 차이(Cohen's d)를 계산한다.

〈공식 3-1〉

ES_1	두 집단	t 또는 F값이 제시된 경우
Effect Size(ES)	$D = \overline{X_1} - \overline{X_2}$　　$d = \frac{\overline{X_1} - \overline{X_2}}{S_p}$	$d = t\sqrt{\frac{n_1 + n_2}{n_1 n_2}}$
표준화된 평균 차이(SMD)	$S_p = \sqrt{\frac{(n_1 - 1)S_1^2 + (n_2 - 1)S_2^2}{(n_1 + n_2 - 2)}}$	$d = \sqrt{\frac{F(n_1 + n_2)}{n_1 n_2}}$

먼저 평균 차이(Raw mean difference)를 계산해 보자.

$$D = \overline{X_1} - \overline{X_2}$$

〈표 3-7〉 실험집단과 통제집단의 평균 차이

연구 이름	M1	SD1	N1	M2	SD2	N2	D
study_1	47	11	60	46	10	60	1
study_2	49	11	65	46	11	65	3
study_3	49	14	40	44	13	40	5
study_4	47	10	200	41	9	200	6
study_5	49	11	50	44	11	45	5
study_6	48	11	85	46	11	85	2

d를 계산하기 위해서는 통합표준편차(Pooled standard deviation)가 필요하며, 그 공식은 다음과 같다.

$$S_p = \sqrt{\frac{(n_1 - 1)S_1^2 + (n_2 - 1)S_2^2}{(n_1 + n_2 - 2)}}$$

〈표 3-8〉 실험집단과 통제집단의 통합 표준편차

연구 이름	M1	SD1	N1	M2	SD2	N2	D	S_p
study_1	47	11	60	46	10	60	1	10.512
study_2	49	11	65	46	11	65	3	11.000
study_3	49	14	40	44	13	40	5	13.509
study_4	47	10	200	41	9	200	6	9.513
study_5	49	11	50	44	11	45	5	11.000
study_6	48	11	85	46	11	85	2	11.000

이제 Cohen's d, 즉 표준화된 평균 차이(Standardized mean difference)를 다음과 같이 계산할 수 있다.

$$d = \frac{\overline{X_1} - \overline{X_2}}{S_p}$$

〈표 3-9〉 표준화된 평균 차이(Cohen's d)

연구 이름	M1	SD1	N1	M2	SD2	N2	D	S_p	d
study_1	47	11	60	46	10	60	1	10.512	0.095
study_2	49	11	65	46	11	65	3	11.000	0.273
study_3	49	14	40	44	13	40	5	13.509	0.370
study_4	47	10	200	41	9	200	6	9.513	0.631

study_5	49	11	50	44	11	45	5	11.000	0.455
study_6	48	11	85	46	11	85	2	11.000	0.182

다음 공식을 이용하여 d에 대한 분산(variance of d)을 계산할 수 있다.

〈공식 3-2〉

ES_1		비고
V_d	$\frac{1}{n_1}+\frac{1}{n_2}+\frac{d^2}{2(n_1+n_2)}$	$\frac{(n_1+n_2)}{n_1 n_2}+\frac{d^2}{2(n_1+n_2)}$

〈표 3-10〉 표준화된 평균 차이(d)와 그 분산

연구 이름	M1	SD1	N1	M2	SD2	N2	D	S_p	d	V_d
study_1	47	11	60	46	10	60	1	10.512	0.095	0.033
study_2	49	11	65	46	11	65	3	11.000	0.273	0.031
study_3	49	14	40	44	13	40	5	13.509	0.30	0.051
study_4	47	10	200	41	9	200	6	9.513	0.631	0.010
study_5	49	11	50	44	11	45	5	11.000	0.455	0.043
study_6	48	11	85	46	11	85	2	11.000	0.182	0.024

교정된 표준화된 평균 차이

이제 Cohen's d를 교정한 평균 차이(Hedges' g)를 계산해 보자. Cohen's d는 표본이 작을 경우 효과 크기를 과대 추정하는 경향이 있다. 따라서 이를 교정해 주는 Hedges' g가 필요하다(Hedges & Olkin, 1985). 또한 연구에서 표본이 큰 연구와 작은 연구가 섞여 있을 때는 모두 g로 전환해 주는 작업이 필요하다(Bernard & Borokhovski, 2009).

〈공식 3-3〉

g (교정된 ES) (Hedges' g)	$g = J \times d\ (J:\ correction\ \ factor)$ $J = \left[1 - \frac{3}{4(n_1 + n_2) - 9}\right]$ or $\left(1 - \frac{3}{4df - 1}\right)$	Cohen's d는 샘플이 작을 때 과대평가되는 경향이 있다. N=60, g is 99% of d N=20, g is 96% of d N=10, g is 90% of d
V_g	$V_g = J^2 \times V_d$	

이를 위해 먼저 교정지수(correction factor)인 J를 계산한다.

$$J = \left[1 - \frac{3}{4(n_1 + n_2) - 9}\right] \text{ or } \left(1 - \frac{3}{4df - 1}\right)$$

〈표 3-11〉 교정된 표준화된 평균 차이를 계산하기 위한 교정지수

연구 이름	M1	SD1	N1	M2	SD2	N2	D	S_p	d	V_d	J
study_1	47	11	60	46	10	60	1	10.512	0.095	0.033	0.994
study_2	49	11	65	46	11	65	3	11.000	0.273	0.031	0.994
study_3	49	14	40	44	13	40	5	13.509	0.370	0.051	0.990
study_4	47	10	200	41	9	200	6	9.513	0.631	0.010	0.998
study_5	49	11	50	44	11	45	5	11.000	0.455	0.043	0.992
study_6	48	11	85	46	11	85	2	11.000	0.182	0.024	0.996

그러고 나서 교정된 효과 크기, 즉 Hedges' g를 계산한다.

$$g = J \times d$$

〈표 3-12〉 교정된 표준화된 평균 차이(g)

연구 이름	M1	SD1	N1	M2	SD2	N2	D	S_p	d	V_d	J	g
study_1	47	11	60	46	10	6	1	10.512	0.095	0.033	0.994	0.095
study_2	49	11	65	46	11	65	3	11.000	0.273	0.031	0.994	0.271
study_3	49	14	40	44	13	40	5	13.509	0.370	0.051	0.990	0.367
study_4	47	10	200	41	9	200	6	9.513	0.631	0.010	0.998	0.630
study_5	49	11	50	44	11	45	5	11.000	0.455	0.043	0.992	0.451
study_6	48	11	85	46	11	85	2	11.000	0.182	0.024	0.996	0.181

이제 교정된 효과 크기, 즉 g의 분산을 계산한다.

$$V_g = J^2 \times V_d$$

〈표 3-13〉 교정된 표준화된 평균 차이(g)의 분산

연구 이름	M1	SD1	N1	M2	SD2	N2	D	S_p	d	V_d	J	g	V_g
study_1	47	11	60	46	10	60	1	10.512	0.095	0.033	0.994	0.095	0.033
study_2	49	11	65	46	11	65	3	11.000	0.273	0.031	0.994	0.271	0.031
study_3	49	14	40	44	13	40	5	13.509	0.370	0.051	0.990	0.367	0.050
study_4	47	10	200	41	9	200	6	9.513	0.631	0.010	0.998	0.630	0.010
study_5	49	11	50	44	11	45	5	11.000	0.455	0.043	0.992	0.451	0.043
study_6	48	11	85	46	11	85	2	11.000	0.182	0.024	0.996	0.181	0.023

효과 크기의 표준오차와 신뢰구간

이제 각 연구의 표준오차(standard error)와 신뢰구간(confidence interval)을 산출한다. 효과 크기의 표준오차는 모집단에서의 표준편차의 추정치를 말한다. 표본이 작을수록 표준오차는 커지고 표본이 클수록 표준오차는 작아진다.

〈공식 3-4〉

ES_1		비고
SE_g (g의 표준오차)	$SE_g = \sqrt{V_g}$	표본이 작으면 표준오차는 커지고 표본이 크면 표준오차는 작아진다. $SE = \frac{SD}{\sqrt{n}}$
신뢰구간(95%)	$CI = g \pm (1.96 \times SE_g)$	표본이 클수록 신뢰구간이 작아진다(more precise).
Z값, 유의확률	$Z = \frac{g}{SE_g}$	$p = (1 - NORMSDIST(Z))^* \ 2$

효과 크기의 신뢰구간(95% Confidence Interval: CI)은 모수(parameter)가 존재할 추정구간을 의미한다. 표준오차가 작을수록(표본이 클수록), 신뢰구간의 폭은 좁아진다. 따라서 2장에서 살펴본 정밀성(precision), 즉 모집단 추정 값의 정밀성이 커지게 된다. 이때 신뢰구간이 0을 포함하지 않으면 그 값은 통계적으로 유의하다. 즉, p값이 0.05보다 작으므로 귀무가설(g=0 or the true effect is zero)을 기각하게 된다.

이제 산출된 각 연구의 효과 크기, 표준오차, 신뢰구간, 유의확률(p-vlaue)은 다음과 같다.

〈표 3-14〉 효과 크기, 표준오차, 신뢰구간 및 유의확률

연구 이름	D	S_p	d	V_d	J	g	V_g	SE	LL	UL	Z	P
study_1	1	10.512	0.095	0.033	0.994	0.095	0.033	0.182	−0.261	0.450	0.521	0.603
study_2	3	11.000	0.273	0.031	0.994	0.271	0.031	0.175	−0.072	0.614	1.548	0.122
study_3	5	13.509	0.370	0.051	0.990	0.367	0.050	0.223	−0.071	0.804	1.641	0.101
study_4	6	9.513	0.631	0.010	0.998	0.630	0.010	0.102	0.429	0.830	6.156	0.000
study_5	5	11.000	0.455	0.043	0.992	0.451	0.043	0.206	0.046	0.855	2.184	0.029
study_6	2	11.000	0.182	0.024	0.996	0.181	0.023	0.153	−0.119	0.481	1.183	0.237

이 결과는 [그림 3-5]에서 보는 바와 같이 메타분석 전문 소프트웨어인 CMA

(Comprehensive Meta-Analysisy)로 분석한 결과와 동일함을 알 수 있다.

Comprehensive meta analysis - [Analysis]

File Edit Format View Computational options Analyses Help

← Data entry ↹ Next table High resolution plot Select by ... + Effect measure: Hedges's g

Model	Study name	Statistics for each study						
		Hedges's g	Standard error	Variance	Lower limit	Upper limit	Z-Value	p-Value
	study_1	0.0945	0.1815	0.0329	-0.2612	0.4503	0.5208	0.6025
	study_2	0.2711	0.1752	0.0307	-0.0722	0.6145	1.5476	0.1217
	study_3	0.3665	0.2233	0.0499	-0.0712	0.8043	1.6412	0.1008
	study_4	0.6295	0.1023	0.0105	0.4291	0.8299	6.1559	0.0000
	study_5	0.4509	0.2064	0.0426	0.0463	0.8555	2.1842	0.0290
	study_6	0.1810	0.1530	0.0234	-0.1189	0.4809	1.1829	0.2369

[그림 3-5] CMA로 분석한 결과

참고) 유의수준(Confidence level)과 유의확률(p-Value)

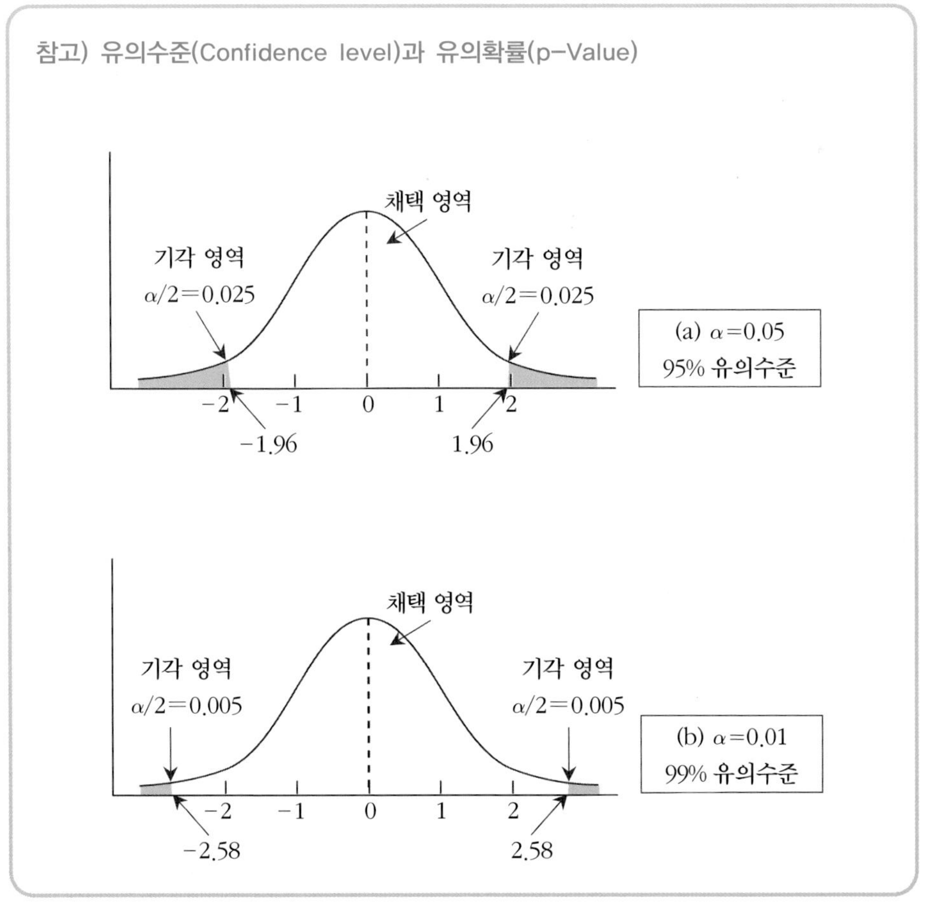

가중치와 평균 효과 크기 계산

이제 평균 효과 크기, 즉 가중 평균 효과 크기를 계산해 보자. 이 평균 효과 크기를 계산하기 위해서는 먼저 가중치를 구해야 한다. 왜냐하면 각 연구의 특성이 다르므로 그 특성(여기서는 표본의 크기)을 반영한 가중치가 부여되어야 평균 효과 크기를 제대로 산출할 수 있기 때문이다.

〈공식 3-5〉

W_i 가중치(weight)	inverse variance $W_i = \frac{1}{V}$ $W_i = \frac{1}{(SE)^2}$	표본이 큰 경우 가중치가 크다. (proportional to the sample size)
평균 효과 크기 $(M, \overline{g}, \overline{d})$	$M = \frac{\sum W_i g_i}{\sum W_i}$ weighted mean effect size summary effect overall effect	$V_M = \frac{1}{\sum W}$ $SE_M = \sqrt{V_M}$ $LL_M = M - (1.96 \times SE_M)$ $UL_M = M + (1.96 \times SE_M)$ $Z = \frac{M}{SE_M}$ $p = (1 - NORMSDIST(Z))* 2$

가중치

일반적으로 가중치(Weight)는 분산의 역수이며, 표본이 클수록 가중치가 크게 된다.

$$W_i = \frac{1}{V_i}$$

〈표 3-15〉 각 연구의 가중치

연구 이름	D	S_p	d	V_d	J	g	V_g	W
study_1	1	10.512	0.095	0.033	0.994	0.095	0.033	30.352
study_2	3	11.000	0.273	0.031	0.994	0.271	0.031	32.582
study_3	5	13.509	0.370	0.051	0.990	.367	0.050	20.048
study_4	6	9.513	0.631	0.010	0.998	0.630	0.010	95.623
study_5	5	11.000	0.455	0.043	0.992	0.451	0.043	23.468
study_6	2	11.000	0.182	0.024	0.996	0.181	0.023	42.706

이제 평균 효과 크기를 계산하기 위해 각 효과 크기에 가중치를 곱한 값, 즉 가중 효과 크기를 구한다.

〈표 3-16〉 각 연구의 가중치와 가중 효과 크기

연구 이름	D	S_p	d	V_d	J	g	V_g	W	Wg
study_1	1	10.512	0.095	0.033	0.994	0.095	0.033	30.352	2.869
study_2	3	11.000	0.273	0.031	0.994	0.271	0.031	32.582	8.834
study_3	5	13.509	0.370	0.051	0.990	0.367	0.050	20.048	7.349
study_4	6	9.513	0.631	0.010	0.998	0.630	0.010	95.623	60.197
study_5	5	11.000	0.455	0.043	0.992	0.451	0.043	23.468	10.581
study_6	2	11.000	0.182	0.024	0.996	0.181	0.023	42.706	7.730
								244.779	97.559

평균 효과 크기

평균 효과 크기(Mean effect)는 다음 공식에서 보듯이 가중치를 곱한 효과 크기의 합, 즉 가중 효과 크기의 합을 가중치의 합으로 나눈 값이다. 그리고 이는 CMA로 분석한 결과와 동일하다([그림 3-6] 참조).

$$W_i = \frac{1}{V_i} \qquad M = \frac{\sum W_i g_i}{\sum W_i} \qquad M = \frac{97.559}{244.779} = 0.3986$$

Model	Study name	Hedges's g	Standard error	Variance	Lower limit	Upper limit	Z-Value	p-Value
	study_1	0.0945	0.1815	0.0329	-0.2612	0.4503	0.5208	0.6025
	study_2	0.2711	0.1752	0.0307	-0.0722	0.6145	1.5476	0.1217
	study_3	0.3665	0.2233	0.0499	-0.0712	0.8043	1.6412	0.1008
	study_4	0.6295	0.1023	0.0105	0.4291	0.8299	6.1559	0.0000
	study_5	0.4509	0.2064	0.0426	0.0463	0.8555	2.1842	0.0290
	study_6	0.1810	0.1530	0.0234	-0.1189	0.4809	1.1829	0.2369
Fixed		0.3986	0.0639	0.0041	0.2733	0.5238	6.2356	0.0000

[그림 3-6] CMA로 분석한 평균 효과 크기

평균 효과 크기와 표준오차

이제 평균 효과 크기의 표준오차와 신뢰구간, 그리고 통계적 유의성을 검증해 보자. 이때 효과 크기 평균의 표준오차는 각 표본 효과 크기의 평균에 대한 표집분포의 표준편차를 의미한다.

〈표 3-17〉 평균 효과 크기, 표준편차 및 95% 신뢰구간

평균 효과 크기	M	0.3986
분산	V_M	0.0041
표준오차	SE_M	0.0639
신뢰구간		
하한선(95%)	LL_M	0.2733
상한선(95%)	UL_M	0.5238
귀무가설(M=0) 검증		
Z값	Z	6.2356
유의확률(단측 검증)	p1	0.0000
유의확률(양측 검증)	p2	0.0000

$$M = \frac{\Sigma W_i g_i}{\Sigma W_i} \qquad LL_M = M - (1.96 \times SE_M)$$
$$UL_M = M + (1.96 \times SE_M)$$
$$V_M = \frac{1}{\Sigma W} \qquad SE_M = \sqrt{V_M} \qquad Z = \frac{M}{SE_M}$$
$$p = (1 - NORMSDIST(Z))^{*}\, 2$$

〈표 3-17〉의 결과는 CMA로 분석했을 경우 [그림 3-7]에서 보는 바와 같이 그 결과가 일치함을 알 수 있다.

Comprehensive meta analysis - [Analysis]

File Edit Format View Computational options Analyses Help

← Data entry | Next table | High resolution plot | Select by ... | + Effect measure: Hedges's g

Model	Study name	Statistics for each study						
		Hedges's g	Standard error	Variance	Lower limit	Upper limit	Z-Value	p-Value
	study_1	0.0945	0.1815	0.0329	-0.2612	0.4503	0.5208	0.6025
	study_2	0.2711	0.1752	0.0307	-0.0722	0.6145	1.5476	0.1217
	study_3	0.3665	0.2233	0.0499	-0.0712	0.8043	1.6412	0.1008
	study_4	0.6295	0.1023	0.0105	0.4291	0.8299	6.1559	0.0000
	study_5	0.4509	0.2064	0.0426	0.0463	0.8555	2.1842	0.0290
	study_6	0.1810	0.1530	0.0234	-0.1189	0.4809	1.1829	0.2369
Fixed		0.3986	0.0639	0.0041	0.2733	0.5238	6.2356	0.0000

[그림 3-7] CMA로 분석한 평균 효과 크기, 표준오차 및 유의확률

Tip 연구 결과에서 t값, F값 및 유의확률이 제시된 경우

① t값 또는 F값이 제시된 경우(공식에 대입하며, 반드시 효과 크기의 부호를 명시한다.)

결과 제시: t(60) = +2.66(n_1 = 31, n_2 = 31)

$$d = \pm t\sqrt{\frac{n_1 + n_2}{n_1 n_2}} = +2.66\sqrt{\frac{31+31}{961}} = +2.66\sqrt{0.254} = 0.676$$

결과 제시: F(1,61) = +7.076

$$d = \pm\sqrt{\frac{F(n_1 + n_2)}{n_1 n_2}} = \sqrt{\frac{7.076(62)}{961}}$$

$$d = \sqrt{0.457} = 0.676$$

② p값이 제시된 경우(표에서 t값을 찾으며, 반드시 효과 크기의 부호를 명시한다.)

결과 제시: t(60) is sig. p=0.01
p=0.01 (df=60)을 t-분포 표에서 찾는다.
t=2.66

$$d=\pm t\sqrt{\frac{n_1+n_2}{n_1 n_2}}=+2.66\sqrt{\frac{31+31}{961}}$$

$$d=2.66\sqrt{0.254}=0.676$$

③ p<α 제시된 경우(표에서 t값을 추정하며, 이 경우 역시 효과 크기의 부호를 명시한다.)

결과 제시: p<.05, n1=31, n2=31

$$\text{추정}+t(60)=+2.00,\ \ TINV(0.05,60)=2.000$$

$$d=\pm t_{\alpha=.05}\sqrt{\frac{n_1+n_2}{n_1 n_2}}=+2.00\sqrt{\frac{62}{961}}=+2.00\sqrt{0.065}=2.00(0.255)=0.51$$

이 값은 앞에서 산출된 0.676에 비하면 75% 정도만 정확하다.

출처: Bernard & Borokhovski, 2009.

〈표 3-18〉 t-분포 표

cum. prob	$t_{.50}$	$t_{.75}$	$t_{.80}$	$t_{.85}$	$t_{.90}$	$t_{.95}$	$t_{.975}$	$t_{.99}$	$t_{.995}$	$t_{.999}$	$t_{.9995}$
one-tail	0.50	0.25	0.20	0.15	0.10	0.05	0.025	0.01	0.005	0.001	0.0005
two-tails	1.00	0.50	0.40	0.30	0.20	0.10	0.05	0.02	0.01	0.002	0.001
df											
1	0.000	1.000	1.376	1.963	3.078	6.314	12.71	31.82	63.66	318.31	636.62
2	0.000	0.816	1.061	1.386	1.886	2.920	4.303	6.965	9.925	22.327	31.599
3	0.000	0.765	0.978	1.250	1.638	2.353	3.182	4.541	5.841	10.215	12.924
4	0.000	0.741	0.941	1.190	1.533	2.132	2.776	3.747	4.604	7.173	8.610
5	0.000	0.727	0.920	1.156	1.476	2.015	2.571	3.365	4.032	5.893	6.869
6	0.000	0.718	0.906	1.134	1.440	1.943	2.447	3.143	3.707	5.208	5.959
7	0.000	0.711	0.896	1.119	1.415	1.895	2.365	2.998	3.499	4.785	5.408
8	0.000	0.706	0.889	1.108	1.397	1.860	2.306	2.896	3.355	4.501	5.041
9	0.000	0.703	0.883	1.100	1.383	1.833	2.262	2.821	3.250	4.297	4.781
10	0.000	0.700	0.879	1.093	1.372	1.812	2.228	2.764	3.169	4.144	4.587
11	0.000	0.697	0.876	1.088	1.363	1.796	2.201	2.718	3.106	4.025	4.437
12	0.000	0.695	0.873	1.083	1.356	1.782	2.179	2.681	3.055	3.930	4.318
13	0.000	0.694	0.870	1.079	1.350	1.771	2.160	2.650	3.012	3.852	4.221
14	0.000	0.692	0.868	1.076	1.345	1.761	2.145	2.624	2.977	3.787	4.140
15	0.000	0.691	0.866	1.074	1.341	1.753	2.131	2.602	2.947	3.733	4.073
16	0.000	0.690	0.865	1.071	1.337	1.746	2.120	2.583	2.921	3.686	4.015
17	0.000	0.689	0.863	1.069	1.333	1.740	2.110	2.567	2.898	3.646	3.965
18	0.000	0.688	0.862	1.067	1.330	1.734	2.101	2.552	2.878	3.610	3.922
19	0.000	0.688	0.861	1.066	1.328	1.729	2.093	2.539	2.861	3.579	3.883
20	0.000	0.687	0.860	1.064	1.325	1.725	2.086	2.528	2.845	3.552	3.850
21	0.000	0.686	0.859	1.063	1.323	1.721	2.080	2.518	2.831	3.527	3.819
22	0.000	0.686	0.858	1.061	1.321	1.717	2.074	2.508	2.819	3.505	3.792
23	0.000	0.685	0.858	1.060	1.319	1.714	2.069	2.500	2.807	3.485	3.768
24	0.000	0.685	0.857	1.059	1.318	1.711	2.064	2.492	2.797	3.467	3.745
25	0.000	0.684	0.856	1.058	1.316	1.708	2.060	2.485	2.787	3.450	3.725
26	0.000	0.684	0.856	1.058	1.315	1.706	2.056	2.479	2.779	3.435	3.707
27	0.000	0.684	0.855	1.057	1.314	1.703	2.052	2.473	2.771	3.421	3.690
28	0.000	0.683	0.855	1.056	1.313	1.701	2.048	2.467	2.763	3.408	3.674
29	0.000	0.683	0.854	1.055	1.311	1.699	2.045	2.462	2.756	3.396	3.659
30	0.000	0.683	0.854	1.055	1.310	1.697	2.042	2.457	2.750	3.385	3.646
40	0.000	0.681	0.851	1.050	1.303	1.684	2.021	2.423	2.704	3.307	3.551
60	0.000	0.679	0.848	1.045	1.296	1.671	2.000	2.390	2.660	3.232	3.460
80	0.000	0.678	0.846	1.043	1.292	1.664	1.990	2.374	2.639	3.195	3.416
100	0.000	0.677	0.845	1.042	1.290	1.660	1.984	2.364	2.626	3.174	3.390
1000	0.000	0.675	0.842	1.037	1.282	1.646	1.962	2.330	2.581	3.098	3.300
z	0.000	0.674	0.842	1.036	1.282	1.645	1.960	2.326	2.576	3.090	3.291
	0%	50%	60%	70%	80%	90%	95%	98%	99%	99.8%	99.9%
	Confidence Level										

(2) 두 집단(사전-사후검사), 즉 통제집단전후비교조사의 경우

일반적으로 두 집단(사전-사후검사)인 경우 다음과 같은 연구 결과를 보고한다.

> 예) 결과 제시:
> D_T(사후-사전) $M_{diff}=7.5$ $SD_{diff}=4.80$
> D_C(사후-사전) $M_{diff}=8.5$ $SD_{diff}=4.70$

여기서는 다문화교육의 효과성을 검증한 연구를 사례로 하여 두 집단(사전-사후검사)의 효과 크기를 계산해 보자(황성동, 임혁, 윤성호, 2012). 보통 일차적 분석의 결과를 [그림 3-8]과 같이 제시한다.

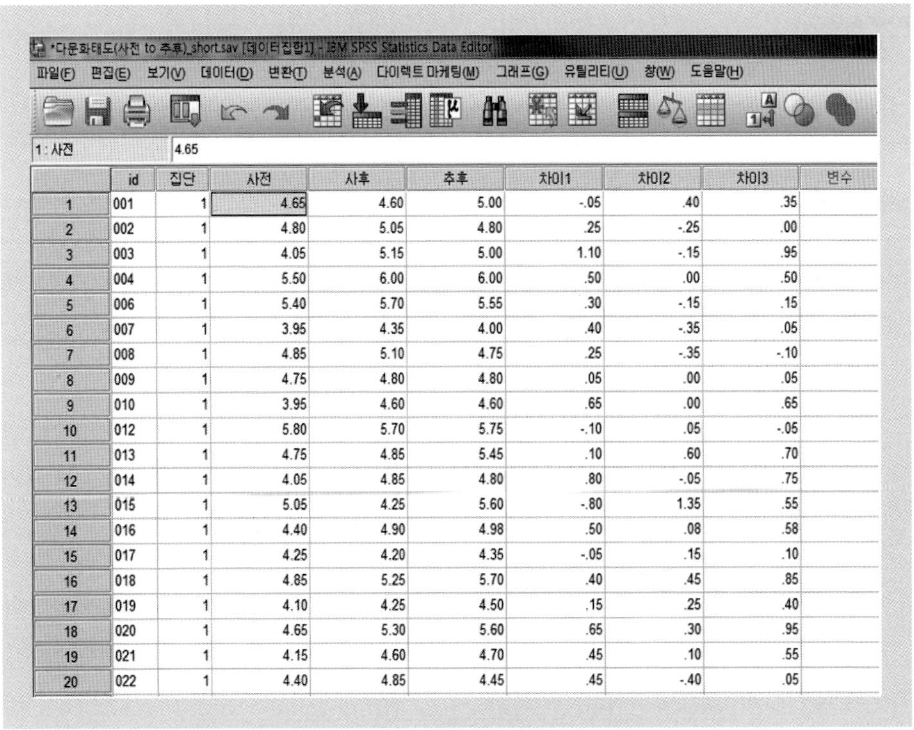

*다문화태도(사전 to 추후)_short.sav [데이터집합1] - IBM SPSS Statistics Data Editor

파일(F) 편집(E) 보기(V) 데이터(D) 변환(T) 분석(A) 다이렉트 마케팅(M) 그래프(G) 유틸리티(U) 창(W) 도움말(H)

1 : 사전 4.65

	id	집단	사전	사후	추후	차이1	차이2	차이3	변수
1	001	1	4.65	4.60	5.00	-.05	.40	.35	
2	002	1	4.80	5.05	4.80	.25	-.25	.00	
3	003	1	4.05	5.15	5.00	1.10	-.15	.95	
4	004	1	5.50	6.00	6.00	.50	.00	.50	
5	006	1	5.40	5.70	5.55	.30	-.15	.15	
6	007	1	3.95	4.35	4.00	.40	-.35	.05	
7	008	1	4.85	5.10	4.75	.25	-.35	-.10	
8	009	1	4.75	4.80	4.80	.05	.00	.05	
9	010	1	3.95	4.60	4.60	.65	.00	.65	
10	012	1	5.80	5.70	5.75	-.10	.05	-.05	
11	013	1	4.75	4.85	5.45	.10	.60	.70	
12	014	1	4.05	4.85	4.80	.80	-.05	.75	
13	015	1	5.05	4.25	5.60	-.80	1.35	.55	
14	016	1	4.40	4.90	4.98	.50	.08	.58	
15	017	1	4.25	4.20	4.35	-.05	.15	.10	
16	018	1	4.85	5.25	5.70	.40	.45	.85	
17	019	1	4.10	4.25	4.50	.15	.25	.40	
18	020	1	4.65	5.30	5.60	.65	.30	.95	
19	021	1	4.15	4.60	4.70	.45	.10	.55	
20	022	1	4.40	4.85	4.45	.45	-.40	.05	

[그림 3-8] 두 집단의 사전-사후 차이를 비교할 수 있는 데이터

앞 데이터를 분석하면, 즉 두 집단 간 t-검증(사전-사후 차이)을 실시하면 다음과

같은 결과를 얻을 수 있다.

〈표 3-19〉 두 집단 간 사전-사후 차이 검증(t-검증) 결과

		N	M	SD	S.E	t	p
차이 1 (사전-사후)	실험	45	.378	.440	.066	4.264	.000
	통제	47	.036	.323	.047		

이 결과를 가지고 다음 공식을 활용하면 다음과 같이 사전-사후의 평균 차이, 사전-사후 차이의 통합 표준편차, 그리고 효과 크기 *d*값을 구할 수 있다.

〈공식 3-6〉

$$d_{diff} = \frac{\overline{D_T} - \overline{D_C}}{S_{diff_p}} \quad S_{diff_p} = \sqrt{\frac{(n_1 - 1)S_1^2 + (n_2 - 1)S_2^2}{(n_1 + n_2 - 2)}}$$

〈표 3-20〉 두 집단 간 사전-사후 차이에 대한 효과 크기 계산

연구 이름	M1	SD1	N1	M2	SD2	N2	M1-M2	S_p	d
study1	0.378	0.440	45	0.036	0.323	47	0.342	0.385	0.889

앞에서 본 두 집단의 사후검사 경우와 달리 사전-사후검사의 경우 이러한 기본 계산 방식을 가지고 효과 크기를 구하게 된다. 이제 본격적으로 통제집단전후비교조사의 효과 크기를 구해 보자.

우리가 다음과 같은 다문화교육프로그램의 효과를 검증한 연구들로부터 〈표 3-21〉의 데이터를 얻었다고 가정해 보자.

〈표 3-21〉 두 집단 간 사전-사후 차이 데이터

연구 이름	M1	SD1	N1	M2	SD2	N2
study_1	0.378	0.440	45	0.036	0.323	47
study_2	0.100	0.586	44	0.016	0.362	45
study_3	0.288	0.529	44	0.047	0.383	45
study_4	0.476	0.543	45	0.015	0.384	47
study_5	0.406	0.401	44	0.053	0.370	45
study_6	0.280	0.469	45	0.057	0.390	47
study_7	0.171	0.89	44	0.042	0.542	45
1: 실험집단의 차이(차이의 평균, 차이의 표준편차)						
2: 통제집단의 차이(차이의 평균, 차이의 표준편차)						

이 데이터를 가지고 앞에서 본 공식을 활용하면 다음과 같은 차이의 평균, 차이의 통합표준편차, 효과 크기(d)를 얻을 수 있다.

〈표 3-22〉 두 집단 간 사전-사후 차이에 대한 효과 크기 계산

연구 이름	M1	SD1	N1	M2	SD2	N2	M1-M2	S_p	d
study_1	0.378	0.440	45	0.036	0.323	47	0.342	0.385	0.889
study_2	0.100	0.586	44	0.016	0.362	45	0.084	0.486	0.173
study_3	0.288	0.529	44	0.047	0.383	45	0.241	0.461	0.523
study_4	0.476	0.543	45	0.015	0.384	47	0.461	0.469	0.984
study_5	0.406	0.401	44	0.053	0.370	45	0.353	0.386	0.915
study_6	0.280	0.469	45	0.057	0.390	47	0.223	0.430	0.518
study_7	0.171	0.896	44	0.042	0.542	45	0.129	0.738	0.175

이제 다음 공식을 이용하여 효과 크기(d)의 분산을 구해 보자.

ES_1		비고
V_d	$\frac{1}{n_1}+\frac{1}{n_2}+\frac{d^2}{2(n_1+n_2)}$	$\frac{(n_1+n_2)}{n_1 n_2}+\frac{d^2}{2(n_1+n_2)}$

〈표 3-23〉 두 집단 간 사전-사후 차이에 대한 효과 크기 및 분산

연구 이름	M1	SD1	N1	M2	SD2	N2	M1−M2	S_p	d	V_d
study_1	0.378	0.440	45	0.036	0.323	47	0.342	0.385	0.889	0.048
study_2	0.100	0.586	44	0.016	0.362	45	0.084	0.486	0.173	0.045
study_3	0.288	0.529	44	0.047	0.383	45	0.241	0.461	0.523	0.046
study_4	0.476	0.543	45	0.015	0.384	47	0.461	0.469	0.984	0.049
study_5	0.406	0.401	44	0.053	0.370	45	0.353	0.386	0.915	0.050
study_6	0.280	0.469	45	0.057	0.390	47	0.223	0.430	0.518	0.045
study_7	0.171	0.896	44	0.042	0.542	45	0.129	0.738	0.175	0.045

나머지 계산 및 공식 적용은 앞의 두 집단(사후검사)의 경우와 동일하다. 그리고 결과는 다음 그림에서 보는 바와 같이 CMA를 이용한 분석 결과와 동일하다.

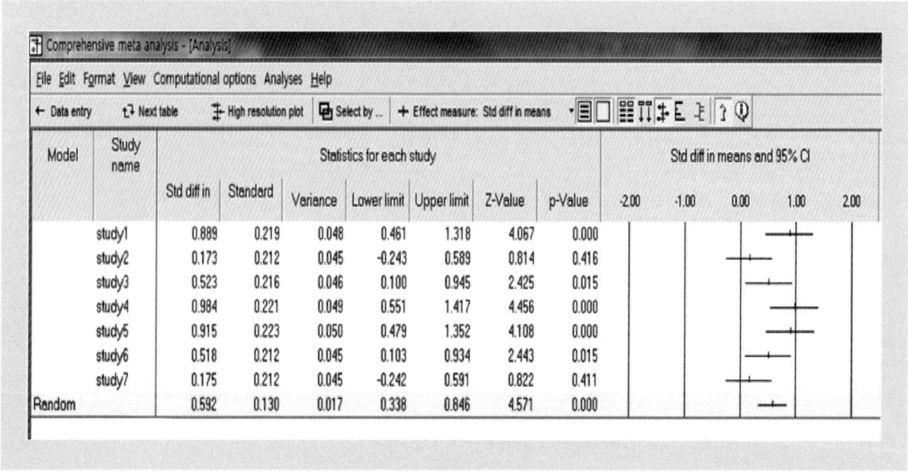

Model	Study name	Std diff in	Standard	Variance	Lower limit	Upper limit	Z-Value	p-Value
	study1	0.889	0.219	0.048	0.461	1.318	4.067	0.000
	study2	0.173	0.212	0.045	-0.243	0.589	0.814	0.416
	study3	0.523	0.216	0.046	0.100	0.945	2.425	0.015
	study4	0.984	0.221	0.049	0.551	1.417	4.456	0.000
	study5	0.915	0.223	0.050	0.479	1.352	4.108	0.000
	study6	0.518	0.212	0.045	0.103	0.934	2.443	0.015
	study7	0.175	0.212	0.045	-0.242	0.591	0.822	0.411
Random		0.592	0.130	0.017	0.338	0.846	4.571	0.000

[그림 3-9] CMA로 분석한 평균 효과 크기, 표준오차 및 유의확률

(3) 단일집단(사전–사후검사)

일반적으로 단일집단(사전–사후검사)인 경우 다음과 같이 연구 결과에서 보고된다. 이 경우에는 두 집단의 경우와는 조금 다른 공식을 활용하게 되며, 여기서는 사전–사후검사의 상관관계 계수가 필요하다.

> 예) 결과 제시:
> Mean(사후=8.5, 사전=7.5) r(사전–사후)=0.80 SD_{change}=2.98

$$d_{change} = \frac{\overline{Y}_{post} - \overline{Y}_{pre}}{SD_{change} \,/\, \sqrt{2(1 - r_{pre-past})}}$$

$$= \frac{8.5 - 7.5}{2.98 \,/\, \sqrt{2(1 - 0.80)}} = 0.21$$

여기서는 〈표 3–24〉와 같은 근거기반실천(EBP) 교육 훈련 프로그램의 효과 검증 결과(단일집단전후비교조사연구)의 데이터를 활용해서 효과 크기를 계산해 보자.

〈표 3-24〉 단일집단 사전-사후 차이에 대한 데이터

연구 이름	mean_pre	sd_pre	mean_post	sd_post	pre/post correlation	N
마음재단	3.79	0.383	3.99	0.425	0.938	11
가정복지회	3.50	0.333	3.89	0.453	0.576	14
대구_1	3.60	0.387	3.91	0.420	0.760	39
대구_2	3.82	0.508	4.02	0.530	0.539	39
부산_1	3.82	0.430	3.97	0.407	0.520	50
부산_2	3.47	0.403	3.68	0.362	0.376	50
대학원	3.83	0.240	4.13	0.326	0.391	15

먼저 다음 공식을 활용하여 각 연구의 효과 크기와 분산을 계산하면 〈표 3-25〉와 같은 결과를 얻을 수 있다.

〈공식 3-7〉

Standardized difference	$d = \frac{\overline{X_1} - \overline{X_2}}{S_p}$ $S_p = \frac{S_{diff}}{\sqrt{2(1-r)}}$	$V_d = \left(\frac{1}{n} + \frac{d^2}{2n}\right) \times 2(1-r)$ $SE_d = \sqrt{V_d}$
paired difference SD	$S_{diff} =$ $\sqrt{S_1^2 + S_2^2 - (2 \times r \times S_1 \times S_2)}$	$SE_{diff} = \frac{S_{diff}}{\sqrt{n}}$ $J = 1 - \left(\frac{3}{4df - 1}\right) \quad df = n - 1$

〈표 3-25〉 단일집단 사전-사후 차이에 대한 효과 크기 및 분산

연구 이름	D	S_{diff}	S_p	d	V_d	J	g	V_g
마음재단	0.20	0.148	0.421	0.475	0.013	0.923	0.439	0.011
가정복지회	0.39	0.377	0.410	0.952	0.088	0.941	0.896	0.078
대구_1	0.31	0.281	0.406	0.764	0.016	0.980	0.748	0.015
대구_2	0.20	0.499	0.519	0.385	0.025	0.980	0.377	0.024
부산_1	0.15	0.411	0.419	0.358	0.020	0.985	0.352	0.020
부산_2	0.21	0.429	0.384	0.547	0.029	0.985	0.539	0.028
대학원	0.30	0.320	0.290	1.033	0.125	0.945	0.977	0.111

이하 나머지 계산은 앞의 두 집단(사후검사 또는 사전-사후검사)의 경우와 동일하며, 그 결과는 CMA를 활용한 분석 결과와 일치함을 알 수 있다([그림 3-10], [그림 3-11] 참조).

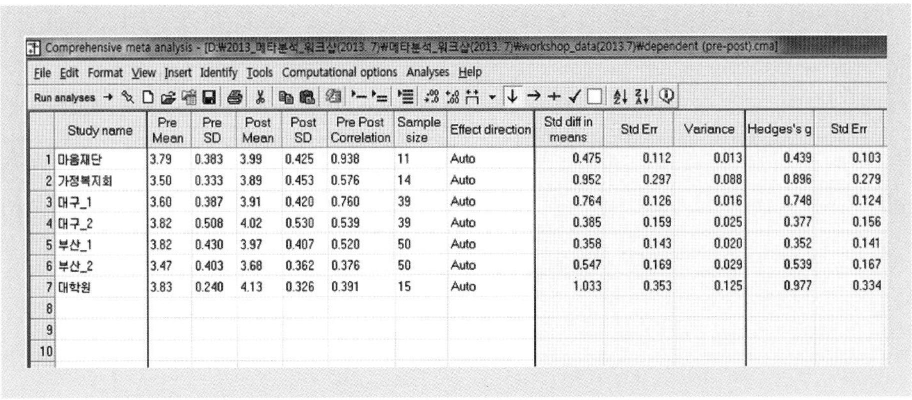

Comprehensive meta analysis - [D:₩2013_메타분석_워크샵(2013. 7)₩메타분석_워크샵(2013. 7)₩workshop_data(2013.7)₩dependent (pre-post).cma]

File Edit Format View Insert Identify Tools Computational options Analyses Help

Run analyses

	Study name	Pre Mean	Pre SD	Post Mean	Post SD	Pre Post Correlation	Sample size	Effect direction	Std diff in means	Std Err	Variance	Hedges's g	Std Err
1	마음재단	3.79	0.383	3.99	0.425	0.938	11	Auto	0.475	0.112	0.013	0.439	0.103
2	가정복지회	3.50	0.333	3.89	0.453	0.576	14	Auto	0.952	0.297	0.088	0.896	0.279
3	대구_1	3.60	0.387	3.91	0.420	0.760	39	Auto	0.764	0.126	0.016	0.748	0.124
4	대구_2	3.82	0.508	4.02	0.530	0.539	39	Auto	0.385	0.159	0.025	0.377	0.156
5	부산_1	3.82	0.430	3.97	0.407	0.520	50	Auto	0.358	0.143	0.020	0.352	0.141
6	부산_2	3.47	0.403	3.68	0.362	0.376	50	Auto	0.547	0.169	0.029	0.539	0.167
7	대학원	3.83	0.240	4.13	0.326	0.391	15	Auto	1.033	0.353	0.125	0.977	0.334
8													
9													
10													

[그림 3-10] CMA로 분석한 평균 효과 크기(d) 및 분산

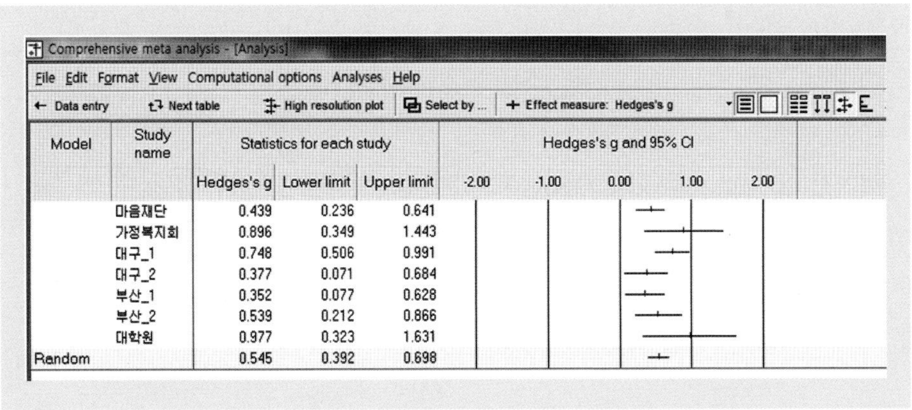

Comprehensive meta analysis - [Analysis]

File Edit Format View Computational options Analyses Help

← Data entry | Next table | High resolution plot | Select by ... | + Effect measure: Hedges's g

Model	Study name	Statistics for each study			Hedges's g and 95% CI
		Hedges's g	Lower limit	Upper limit	-2.00 -1.00 0.00 1.00 2.00
	마음재단	0.439	0.236	0.641	
	가정복지회	0.896	0.349	1.443	
	대구_1	0.748	0.506	0.991	
	대구_2	0.377	0.071	0.684	
	부산_1	0.352	0.077	0.628	
	부산_2	0.539	0.212	0.866	
	대학원	0.977	0.323	1.631	
Random		0.545	0.392	0.698	

[그림 3-11] CMA로 분석한 평균 효과 크기(g) 및 95% 신뢰구간

2) 이분형 데이터의 효과 크기 계산

메타분석에서 데이터가 이분형 데이터[3]인 경우 구하는 효과 크기는 앞에서 본 표준화된 평균 효과 차이(d, g)와는 다른 이벤트 발생 비율(Risk ratio: RR)과 승산 비율(Odds ratio: OR)이다.

3) 이분형(dichotomous) 데이터의 경우 그 데이터의 속성이 '예', '아니요' 또는 '성공', '실패' 등으로 이분화될 경우 이러한 데이터를 특히 이항(binary) 데이터라고 부른다. 하지만 여기서는 이분형 데이터와 이항 데이터를 상호 호환적으로 사용하고자 한다.

(1) 이벤트 발생 비율과 승산 비율

예를 들어, 이분형 데이터 사례로 BCG백신의 효과를 분석하는 데 Risk ratio(이벤트 발생 비율)와 Odds ratio(승산 비율)의 의미를 생각해 보자. 먼저 risk와 odds의 개념을 살펴보면, risk는 전체 중에서 이벤트가 발생할 경우를 말하고, odds는 이벤트가 일어나지 않는 경우에 비해 일어날 경우를 말한다([그림 3-12] 참조).

Risk of TB with BCG: $\frac{10}{100} = 0.10$

Odds of TB with BCG: $\frac{10}{90} = 0.11$

	TB+	TB−	Total
실험	10	90	100
통제	14	86	100

[그림 3-12] risk와 odds의 비교

여기서 risk ratio 및 odds ratio는 [그림 3-13]에서 보듯이 두 집단, 즉 실험집단과 통제집단의 risk 및 odds를 비교한 값, 즉 비율을 말한다.

$$Risk\ ratio = \frac{\text{실험집단 } risk}{\text{통제집단 } risk}$$

$$Odds\ ratio = \frac{\text{실험집단 } odds}{\text{통제집단 } odds}$$

	이벤트	No 이벤트	Total
실험	a	b	n_1
통제	c	d	n_2

$$Risk\ ratio = \frac{\frac{a}{n_1}}{\frac{c}{n_2}}$$

$$Odds\ ratio = \frac{\frac{a}{b}}{\frac{c}{d}}$$

[그림 3-13] 이벤트 발생 비율과 승산 비율의 비교

출처: Veroniki & Mavridis, 2011 재구성.

즉, Risk ratio는 어떤 이벤트가 일어날 확률에 대한 두 집단의 비율을 비교한 값을 의미하며, Odds ratio는 어떤 이벤트가 일어나지 않을 확률에 비해 그 이벤트가 일어날 확률에 대한 두 집단의 비율을 비교한 값이다. 즉, 다음 보기에서 Risk ratio = 0.71, Odds ratio = 0.68로 계산된다.

	TB+	TB−	Total
실험	10	90	100
통제	14	86	100

$$RR = \frac{\frac{10}{100}}{\frac{14}{100}} = 0.71 \qquad OR = \frac{\frac{10}{90}}{\frac{14}{86}} = 0.68$$

그러면 이제 Risk 및 Odds를 비교해 보자. 〈표 3-26〉에서 보는 것처럼 이벤트 발생 확률이 작을 경우 risk와 odds의 차이는 작지만, 이벤트 발생 확률이 커질수록 그 차이는 커진다. 그리고 risk와 odds는 다음 공식에 의해 상호 전환된다(Veroniki & Mavridis, 2011).

〈표 3-26〉 Risk와 Odds의 비교

Event	Total	Risk	Odds
5	100	0.05	0.0526
50	100	0.5	1
90	100	0.90	9

$$Risk = \frac{odds}{1 + odds} \qquad Odds = \frac{risk}{1 - risk}$$

이벤트 발생 비율(Risk ratio)과 승산 비율(Odds ratio)의 해석

이 두 가지 효과 크기에 대한 해석은, 예를 들어 risk ratio의 경우 RR = 3.0이라면 실험집단이 통제집단에 비해 이벤트가 발생할 확률이 3배 높다는 의미이고, 만약 RR = 0.25라면 실험집단의 이벤트 발생률이 통제집단에 비해 75% 낮다는 의미다.

물론 RR=1.0이라면 실험집단과 통제집단의 이벤트 발생률이 동일하다는 의미다. 그리고 OR=2.0이라면 이벤트가 발생하지 않을 경우에 비해 이벤트가 발생할 경우가 통제집단에 비해 실험집단이 두 배가 된다는 의미다.

Log Risk Ratio(LogRR) 및 Log Odds Ratio(LogOR)

그런데 이벤트 발생 비율이나 승산 비율을 계산할 때는 단순한 Risk ratio나 Odds ratio를 이용하는 것이 아니라 다음 공식을 활용하여 로그를 취한 Log risk ratio 및 Log odds ratio를 활용한다.

〈공식 3-8〉

		이벤트	no 이벤트	N	
	실험	A	B	n_1	
	통제	C	D	n_2	
이벤트 발생 비율	$\frac{A/n_1}{C/n_2}$	LogRiskRatio=ln(RiskRatio) RiskRatio=Exp(LogRiskRatio)			$V_{LogRiskRatio} = \frac{1}{A} - \frac{1}{n_1} + \frac{1}{C} - \frac{1}{n_2}$
승산 비율	$\frac{A/B}{C/D} = \frac{AD}{BC}$	LogOddsRatio=ln(OddsRatio)			$V_{LogOddsRatio} = \frac{1}{A} + \frac{1}{B} + \frac{1}{C} + \frac{1}{D}$

포인트 **로그로 전환하는 이유**

> 승산비(OR)는 0에서 ∞의 범위이므로 비대칭(asymmetric)이다. 따라서 승산비에 로그값을 취한 log(OR)는 −∞에서 ∞의 범위이므로 대칭(symmetric)이 된다.

logOR 및 logRR로 전환할 경우 우선 수치를 비교하기가 용이하다는 장점이 있다. 즉, Log(OR)의 범위는 (−∞, ∞)이며, Log(RR)의 범위는 [−∞, log (1/통제집단 이벤트 발생률)]이 된다. 0의 경우 효과 크기가 없음(neutral value)을 나타내며, 또 다른 장점으로는 좌우 대칭(symmetric)이 된다는 점이다. 즉, log(OR)는 정규분포를 따르며, log(RR)도 RR보다 정규분포에 더 가깝다(Veroniki & Mavridis, 2011).

사례 로그 전환의 의미

예를 들어, 노인들의 정보 활용 역량이 기부 여부에 미치는 영향에 대한 연구가 있다면 이 경우 종속변수는 이분형 데이터인 기부 여부가 된다. 이 경우 두 변수 간의 관계를 산포도로 그리면 [그림 3-14]와 같다(홍세희, 2012).

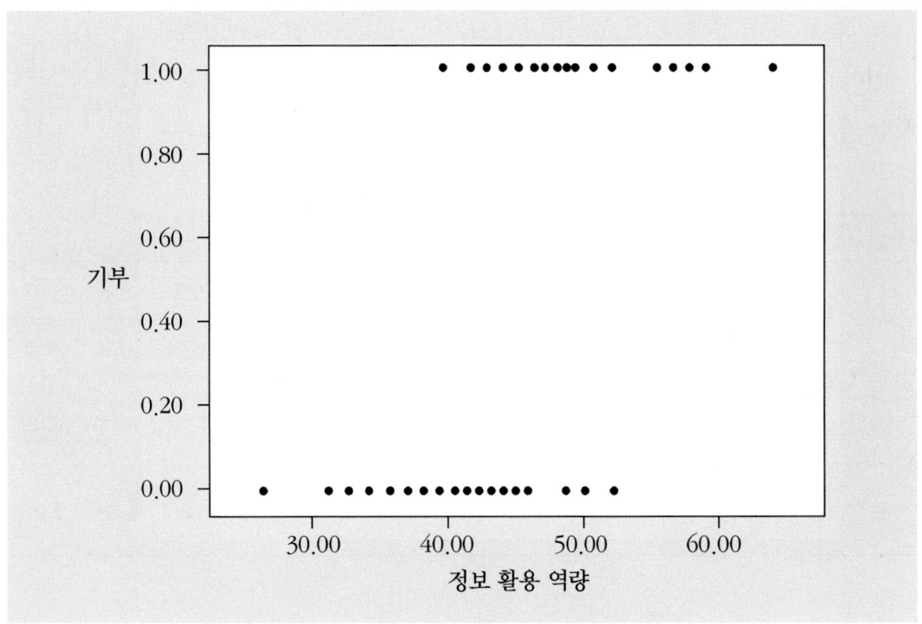

[그림 3-14] 정보 활용 역량과 기부의 산포도

이 경우 기부 확률을 로짓(logit)으로 전환하면 독립변수와 로짓의 관계를 선형함수로 표현할 수 있다. 이를 위해 먼저 승산(odds)을 계산한 후 여기에 로그값을 취하여 로짓으로 만든다.

$$승산: \frac{p}{1-p}$$

이를 위해 먼저 확률과 승산의 관계를 만들면 〈표 3-27〉과 같다.

〈표 3-27〉 확률과 승산의 관계

발생할 확률 (p)		0.1	0.2	0.3	0.4	0.5	0.6	0.7	0.8	0.9
발생하지 않을 확률 ($1-p$)		0.9	0.8	0.7	0.6	0.5	0.4	0.3	0.2	0.1
승산	$\frac{p}{1-p}$	0.11	0.25	0.43	0.67	1.00	1.50	2.33	4.00	9.00

$$\text{로짓: } \ln\left(\frac{p}{1-p}\right)$$

여기서 승산($p/1-p$)에 자연로그($\log_e$, $e=2.718$)를 취하면 로짓을 계산하게 되며, 이를 정리하면 〈표 3-28〉과 같다.

〈표 3-28〉 확률, 승산 및 로짓의 관계

p		0.1	0.2	0.3	0.4	0.5	0.6	0.7	0.8	0.9
$1-p$		0.9	0.8	0.7	0.6	0.5	0.4	0.3	0.2	0.1
승산	$\frac{p}{1-p}$	0.11	0.25	0.43	0.67	1.00	1.50	2.33	4.00	9.00
로짓	$\ln(\frac{p}{1-p})$	−2.20	−1.39	−0.85	−0.41	0.00	0.41	0.85	1.39	2.20

〈표 3-28〉에서 보는 바와 같이 로짓의 경우 좌우대칭이 된다. 따라서 [그림 3-15]에서 보는 것처럼 두 변수 '정보 활용 역량'과 '기부 여부'는 선형관계로 표현된다.

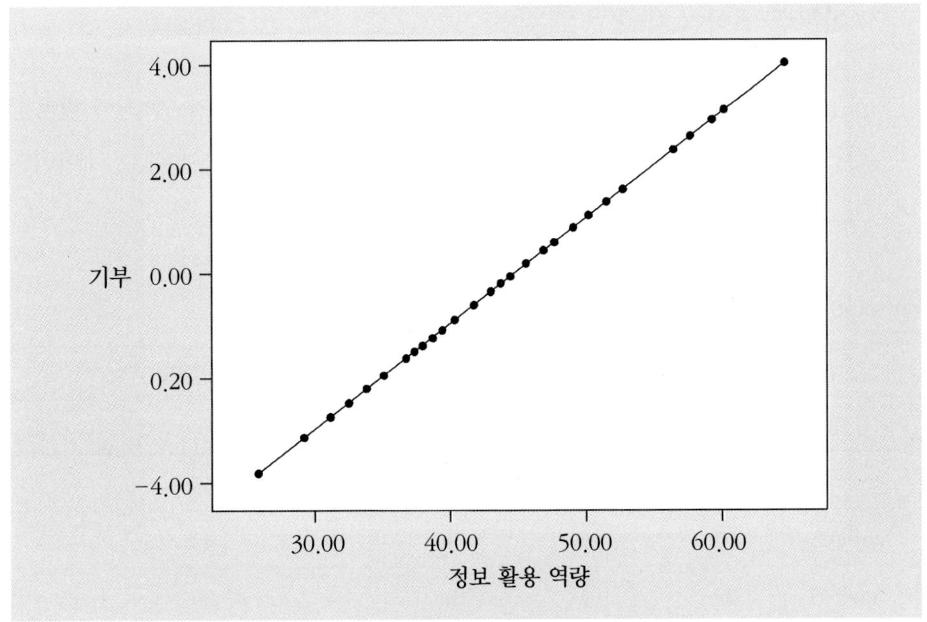

[그림 3-15] 정보 활용 역량과 기부의 선형관계

출처: 홍세희, 2012 재구성.

(2) 이벤트 발생률 차이

이벤트 발생률 차이(Risk difference: RD)는 실험집단과 통제집단의 이벤트 발생률(risk)의 차이를 의미하는 단순한 개념이지만 이것을 임상적인 맥락에서 이해하기란 쉽지 않다. 이벤트 발생률 차이는 상대적 개념이 아니라 절대적 개념을 말하며, 실제 메타분석에 사용되는 경우는 흔하지 않다.

〈공식 3-9〉

이벤트 발생률 차이	$\left(\frac{A}{n_1}\right)-\left(\frac{C}{n_2}\right)$	$V_{RiskDiff}=\frac{AB}{n_1^3}+\frac{CD}{n_2^3}$

Tip Number Needed to Treat(NNT)

NNT는 어떤 이벤트가 발생할 케이스를 하나 더 추가하기 위해 필요한 (치료를 받아야 할) 케이스 수를 의미한다. 예를 들어, NNT=5이면 TB가 발생할 케이스를 하나 더 얻기 위해 5명의 케이스가 백신을 접종 받아야 한다. NNT=1/RD, 즉 RD의 역수로서 RD가 작을수록 NNT는 커진다.

(3) 이분형 데이터 사례

이제 실제 이분형 데이터를 활용하여 효과 크기를 계산해 보자. 여기서 활용할 데이터는 대학생의 취업동아리 활동 유무가 취업에 미치는 영향에 대한 데이터이며, 〈표 3-29〉와 같다.

〈표 3-29〉 취업동아리 활동의 취업 효과에 대한 데이터

	실험집단			통제집단		
연구 이름	Events1	Non-Events1	Total N1	Events2	Non-Events2	Total N2
study_1	16	49	65	12	53	65
study_2	10	30	40	8	32	40
study_3	19	61	80	14	66	80
study_4	80	320	400	25	375	400
study_5	11	29	40	8	32	40
study_6	18	47	65	16	49	65

이항 데이터인 경우 효과 크기는 주로 이벤트 발생 비율과 승산 비율로 계산하는데, 여기서는 공식을 활용하여 승산 비율을 계산해 보자.

ES_2	이항 데이터				V
		Events	Non-Events	N	
	실험	A	B	n_1	
	통제	C	D	n_2	
승산 비율	$\frac{A/B}{C/D}=\frac{AD}{BC}$ LogOddsRatio=ln(OddsRatio)				$V_{LogOddsRatio}=\frac{1}{A}+\frac{1}{B}+\frac{1}{C}+\frac{1}{D}$

우선 앞의 공식을 통해 Excel을 이용하여 효과 크기를 계산하면 〈표 3-30〉과 같다.

〈표 3-30〉 취업동아리 활동의 취업에 대한 효과의 승산비 및 로그 승산비

연구 이름	Events1	Non-Events1	Total N1	Events2	Non-Events2	Total N2	OR	lnOR	V_{lnOR}
study_1	16	49	65	12	53	65	1.442	0.366	0.185
study_2	10	30	40	8	32	40	1.333	0.288	0.290
study_3	19	61	80	14	66	80	1.468	0.384	0.156
study_4	80	320	400	25	375	400	3.750	1.322	0.058
study_5	11	29	40	8	32	40	1.517	0.417	0.282
study_6	18	47	65	16	49	65	1.173	0.159	0.160

앞의 결과는 [그림 3-16]과 같이 CMA를 이용한 결과와 동일함을 알 수 있다.

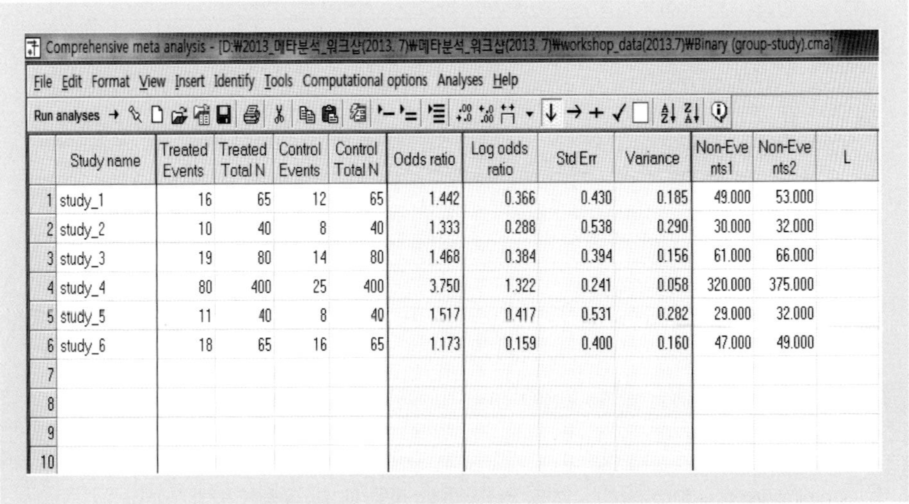

Comprehensive meta analysis - [D:₩2013_메타분석_워크샵(2013. 7)₩메타분석_워크샵(2013. 7)₩workshop_data(2013.7)₩Binary (group-study).cma]

File Edit Format View Insert Identify Tools Computational options Analyses Help

Run analyses

	Study name	Treated Events	Treated Total N	Control Events	Control Total N	Odds ratio	Log odds ratio	Std Err	Variance	Non-Events1	Non-Events2	L
1	study_1	16	65	12	65	1.442	0.366	0.430	0.185	49.000	53.000	
2	study_2	10	40	8	40	1.333	0.288	0.538	0.290	30.000	32.000	
3	study_3	19	80	14	80	1.468	0.384	0.394	0.156	61.000	66.000	
4	study_4	80	400	25	400	3.750	1.322	0.241	0.058	320.000	375.000	
5	study_5	11	40	8	40	1.517	0.417	0.531	0.282	29.000	32.000	
6	study_6	18	65	16	65	1.173	0.159	0.400	0.160	47.000	49.000	
7												
8												
9												
10												

[그림 3-16] 취업동아리 활동의 취업 효과를 계산한 결과(Odds ratio, LogOR)

나머지 가중치 계산 및 평균 효과 크기도 다음과 같이 얻을 수 있다(〈표 3-31〉, 〈표 3-32〉 참조).

〈표 3-31〉 취업동아리 활동의 취업 효과

Name	Y (=lnOR)	V_y (=V_{lnOR})	W	WY
study_1	0.366	0.185	5.402	1.978
study_2	0.288	0.290	3.453	0.993
study_3	0.384	0.156	6.427	2.469
study_4	1.322	0.058	17.155	22.675
study_5	0.417	0.282	3.551	1.480
study_6	0.159	0.160	6.260	0.998
			42.248	30.594

〈표 3-32〉 평균 효과 크기, 표준편차 및 95% 신뢰구간

평균 효과 크기	M	0.7241
분산	V_M	0.0237
표준오차	SE_M	0.1539
신뢰구간		
하한선(95%)	LL_M	0.4226
상한선(95%)	UL_M	1.0257
귀무가설(M=0) 검증		
Z값	Z	4.7068
유의확률(단측 검증)	p1	0.0000
유의확률(양측 검증)	p2	0.0000

Tip 이분형 데이터에서 가중치 계산 방법

① 분산의 역수(inverse variance: IV): 가장 흔히 사용하는 방법
② Mantel-Haenszel(MH) 방법: 이벤트 발생비율이 작을 때 더 유용한 방법
③ Peto Odds Ratio: 집단 크기가 같고 이벤트 발생이 아주 드문 경우 최선의 방법

출처: Higgins & Green, 2011.

3) 상관관계 데이터의 효과 크기 계산

효과 크기 계산에서 상관관계 데이터는 가장 계산이 용이한 데이터다. 여기서는 〈표 3-33〉에서 보는 데이터를 사용해서 효과 크기를 산출해 보자.

〈표 3-33〉 학업성취도와 자기효능감 간의 관계 연구

연구 이름	상관계수	n
study_1	0.530	40
study_2	0.650	90
study_3	0.450	25
study_4	0.230	400
study_5	0.730	60
study_6	0.450	50

데이터가 상관관계 데이터인 경우 효과 크기 계산 공식은 다음과 같다. 여기서는 상관계수 r을 Fisher's Z로 전환한다. 그 이유는 Fisher's Z값이 r보다는 더 정규분포를 따르기 때문이다.

〈공식 3-10〉

ES_3		V
상관계수 (r)		$V_r = \frac{(1-r^2)^2}{n-1}$
전환	Fisher's z $Z = 0.5 \times \ln\left(\frac{1+r}{1-r}\right)$	$V_z = \frac{1}{n-3}$ $SE_z = \sqrt{V_z}$
다시 전환	$r = \frac{e^{2z}-1}{e^{2z}+1}$	

이제 앞의 공식을 이용하여 효과 크기를 계산하면 우선 〈표 3-34〉와 같은 결과를 얻을 수 있다.

〈표 3-34〉 상관계수 및 Fisher's Z

연구 이름	상관계수	n	Z_r	V_z
study_1	0.530	40	0.590	0.027
study_2	0.650	90	0.775	0.011
study_3	0.450	25	0.485	0.045
study_4	0.230	400	0.234	0.003
study_5	0.730	60	0.929	0.018
study_6	0.450	50	0.485	0.021

이 결과는 CMA 분석 결과([그림 3-17])와 동일함을 알 수 있다.

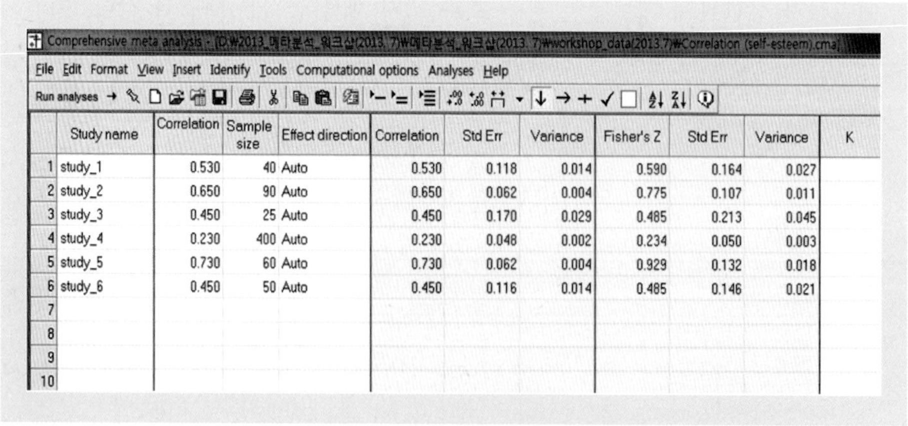

Comprehensive meta analysis - [D:₩2013_메타분석_워크샵(2013. 7)₩메타분석_워크샵(2013. 7)₩workshop_data(2013.7)₩Correlation (self-esteem).cma]

File Edit Format View Insert Identify Tools Computational options Analyses Help

	Study name	Correlation	Sample size	Effect direction	Correlation	Std Err	Variance	Fisher's Z	Std Err	Variance	K
1	study_1	0.530	40	Auto	0.530	0.118	0.014	0.590	0.164	0.027	
2	study_2	0.650	90	Auto	0.650	0.062	0.004	0.775	0.107	0.011	
3	study_3	0.450	25	Auto	0.450	0.170	0.029	0.485	0.213	0.045	
4	study_4	0.230	400	Auto	0.230	0.048	0.002	0.234	0.050	0.003	
5	study_5	0.730	60	Auto	0.730	0.062	0.004	0.929	0.132	0.018	
6	study_6	0.450	50	Auto	0.450	0.116	0.014	0.485	0.146	0.021	
7											
8											
9											
10											

[그림 3-17] 학업성취도와 자기효능감의 관계에 대한 효과 크기 분석 결과

이제 앞에서 활용한 평균 효과 크기 계산 공식을 활용하여 상관관계에 대한 효과 크기를 계산해 보면 〈표 3-35〉와 〈표 3-36〉 같은 결과를 얻을 수 있다.

〈표 3-35〉 상관계수, Fisher's Z, 가중치

연구 이름	상관계수	n	Y (Z_r)	V_y (V_z)	W	WY
study_1	0.530	40	0.590	0.027	37.000	21.835
study_2	0.650	90	0.775	0.011	87.000	67.451
study_3	0.450	25	0.485	0.045	22.000	10.663
study_4	0.230	400	0.234	0.003	397.000	92.973
study_5	0.730	60	0.929	0.018	57.000	52.937
study_6	0.450	50	0.485	0.021	47.000	22.781
					647.000	268.641

〈표 3-36〉 평균 효과 크기, 표준편차 및 95% 신뢰구간

평균 효과 크기	M	0.4152
분산	V_M	0.0015
표준오차	SE_M	0.0393
신뢰구간		
하한선(95%)	LL_M	0.3382
상한선(95%)	UL_M	0.4923
귀무가설(M=0) 검증		
Z값	Z	10.5614
유의확률(단측 검증)	p1	0.0000
유의확률(양측 검증)	p2	0.0000

이 결과는 다음 CMA를 이용한 분석 결과와 동일하다.

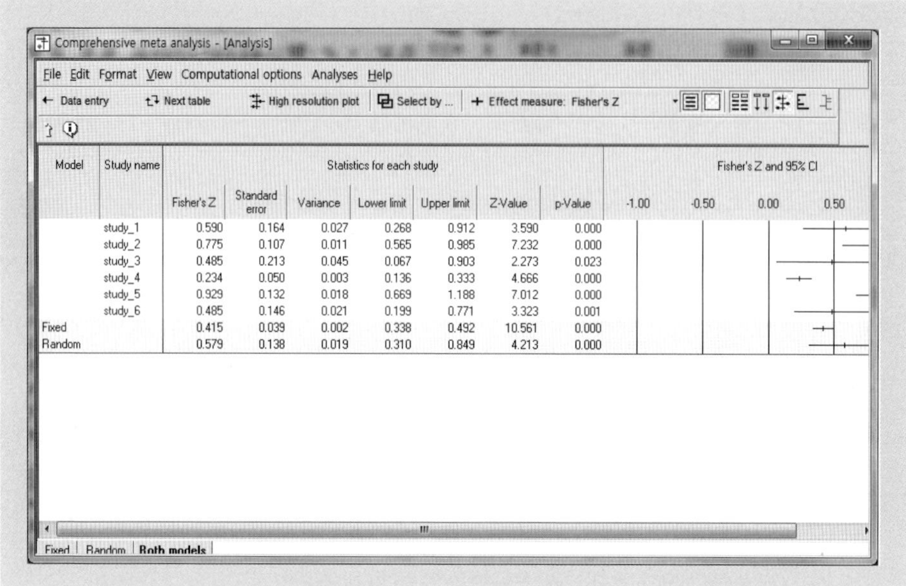

Model	Study name	Fisher's Z	Standard error	Variance	Lower limit	Upper limit	Z-Value	p-Value
	study_1	0.590	0.164	0.027	0.268	0.912	3.590	0.000
	study_2	0.775	0.107	0.011	0.565	0.985	7.232	0.000
	study_3	0.485	0.213	0.045	0.067	0.903	2.273	0.023
	study_4	0.234	0.050	0.003	0.136	0.333	4.666	0.000
	study_5	0.929	0.132	0.018	0.669	1.188	7.012	0.000
	study_6	0.485	0.146	0.021	0.199	0.771	3.323	0.001
Fixed		0.415	0.039	0.002	0.338	0.492	10.561	0.000
Random		0.579	0.138	0.019	0.310	0.849	4.213	0.000

[그림 3-18] 학업성취도와 자기효능감과의 관계에 대한 결과(평균 효과 크기)

4) 효과 크기의 전환

다양한 유형의 데이터에서 산출된 효과 크기는 [그림 3-19]과 같이 상호 전환이 가능하며, 이 공식은 다음과 같다(Borenstein et al., 2009, pp. 45-49).

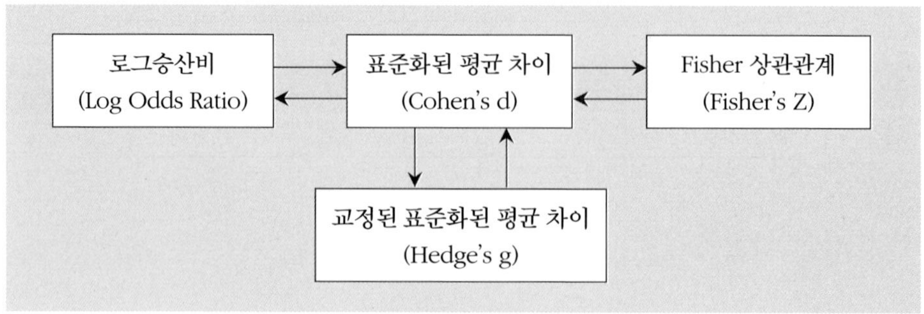

[그림 3-19] 다양한 효과 크기의 상호 전환

출처: Borenstein et al., 2009, p. 46에서 재구성.

먼저 표준화된 평균 차이(d)에서 로그승산비(log odds ratio)로 전환하는 경우 다음 공식을 활용한다.

$$LogOddsRatio = d\frac{\pi}{\sqrt{3}}$$

$$V_{LogOddsRatio} = V_d\frac{\pi^2}{3}$$

로그승산비(log odds ratio)에서 표준화된 평균 차이(d)로 전환하는 경우에는 다음 공식을 활용한다.

$$d = LogOddsRatio \times \frac{\sqrt{3}}{\pi}$$

$$d = \frac{\ln(OR)}{1.814}$$

$$V_d = V_{LogOddsRatio} \times \frac{3}{\pi^2}$$

상관계수(r)에서 표준화된 평균 차이(d)로 전환하는 경우에는 다음 공식을 활용한다.

$$d = \frac{2r}{\sqrt{1-r^2}}$$

$$V_d = \frac{4V_r}{(1-r^2)^3}$$

표준화된 평균 차이(d)에서 상관계수(r)로 전환하는 경우는 다음 공식을 활용한다.

$$r = \frac{d}{\sqrt{d^2+a}}$$

$n_1 \neq n_2$이면 교정지수(a)는

$$a = \frac{(n_1+n_2)^2}{n_1 n_2}$$

만약 n_1과 n_2를 정확히 알 수 없다면 $n_1 = n_2$이라고 가정하고 $a = 4$로 인정한다.

$$V_r = \frac{a^2 V_d}{(d^2 + a)^3}$$

이러한 공식을 보기와 함께 정리하면 다음과 같다.

〈표 3-37〉 효과 크기의 전환 공식 및 보기

전환	공식	보기
1) d에서 로그승산비로 전환	$Log\,Odds\,Ratio = d\frac{\pi}{\sqrt{3}}$ $V_{Log\,Odds\,Ratio} = V_d\frac{\pi^2}{3}$ $\pi = 3.14159$	$d = 0.370,\ V_d = 0.051$이면 $Log\,Odds\,Ratio = 0.370 \times \frac{3.1416}{\sqrt{3}} = 0.671$ $V_{Log\,Odds\,Ratio} = 0.051 \times \frac{3.1416^2}{3} = 0.168$
2) 로그 승산비에서 d로 전환	$d = Log\,Odds\,Ratio \times \frac{\sqrt{3}}{\pi}$ $V_d = V_{Log\,Odds\,Ratio} \times \frac{3}{\pi^2}$	$Log\,Odds\,Ratio = 0.671$, 분산은 $V_{Log\,Odds\,Ratio} = 0.168$ $d = 0.671 \times \frac{\sqrt{3}}{3.1416} = 0.370$ $V_d = 0.168 \times \frac{3}{3.1416^2} = 0.051$
3) r에서 d로 전환	$d = \frac{2r}{\sqrt{1-r^2}}$ $V_d = \frac{4V_r}{(1-r^2)^3}$	$r = 0.50,\ V_r = 0.0058$이면 $d = \frac{2 \times 0.50}{\sqrt{1-0.50^2}} = 1.1547$ $V_d = \frac{4 \times 0.0058}{(1-0.50^2)^3} = 0.0550$

4) d에서 r로 전환	$$r = \frac{d}{\sqrt{d^2 + a}}$$ $n_1 \neq n_2$이면 교정지수(a)는 $$a = \frac{(n_1 + n_2)^2}{n_1 n_2}$$ 만약 n_1과 n_2를 정확히 알 수 없다면 $n_1 = n_2$이라고 가정하고 $a = 4$로 인정 $$V_r = \frac{a^2 V_d}{(d^2 + a)^3}$$	$n_1 = n_2$, $d = 1.1547$, $V_d = 0.0550$일 때 $$r = \frac{1.1547}{\sqrt{1.1547^2 + 4}} = 0.5000$$ $$V_r = \frac{4^2 \times 0.0550}{(1.1547^2 + 4)^3} = 0.0058$$

출처: Borenstein et al., 2009, pp. 47-49에서 재구성.

이상과 같이 효과 크기 간에는 대체로 상호 전환이 가능함을 알 수 있다. 이제 각 효과 크기(r, Zr, d, logOR)를 상호 비교하면 그 차이는 〈표 3-38〉과 같다.

〈표 3-38〉 r, Zr, d, ln(OR)의 상호 비교

study	r	Zr	d	ln(OR)
1	0.9	1.47	4.13	7.49
2	0.8	1.1	2.67	4.84
3	0.7	0.87	1.96	3.56
4	0.6	0.69	1.5	2.72
5	0.5	0.55	1.15	2.09
6	0.4	0.42	0.87	1.58
7	0.3	0.31	0.63	1.14
8	0.2	0.2	0.41	0.74
9	0.1	0.1	0.2	0.36
10	0	0	0	0.00

11	−0.1	−0.1	−0.2	−0.36
12	−0.2	−0.2	−0.41	−0.74
13	−0.3	−0.31	−0.63	−1.14
14	−0.4	−0.42	−0.87	−1.58
15	−0.5	−0.55	−1.15	−2.09
16	−0.6	−0.69	−1.5	−2.72
17	−0.7	−0.87	−1.96	−3.56
18	−0.8	−1.1	−2.67	−4.84
19	−0.9	−1.47	−4.13	−7.49

〈표 3-38〉에서 보는 것처럼 r보다는 Zr이 Zr보다는 d, ln(OR)이 좌우 대칭이 되며, 정규분포에 더 근접함을 알 수 있다.

5. CMA를 활용한 효과 크기 계산

1) 연속형 데이터

(1) 두 집단(사후검사)의 경우

앞에서 활용한 청소년의 자아존중감에 대한 멘토링의 효과 데이터를 사용해서 분석해 보자.

〈표 3-39〉 자아존중감에 대한 멘토링 데이터

	실험집단			통제집단		
연구 이름	M1	SD1	N1	M2	SD2	N2
study_1	47	11	60	46	10	60
study_2	49	11	65	46	11	65
study_3	49	14	40	44	13	40
study_4	47	10	200	41	9	200
study_5	49	11	50	44	11	45
study_6	48	11	85	46	11	85

먼저 앞의 데이터가 Excel에 입력되어 있다고 가정하고, 이 Excel 데이터를 복사해서 [그림 3-20]과 같이 CMA 창에 붙여 넣는다.

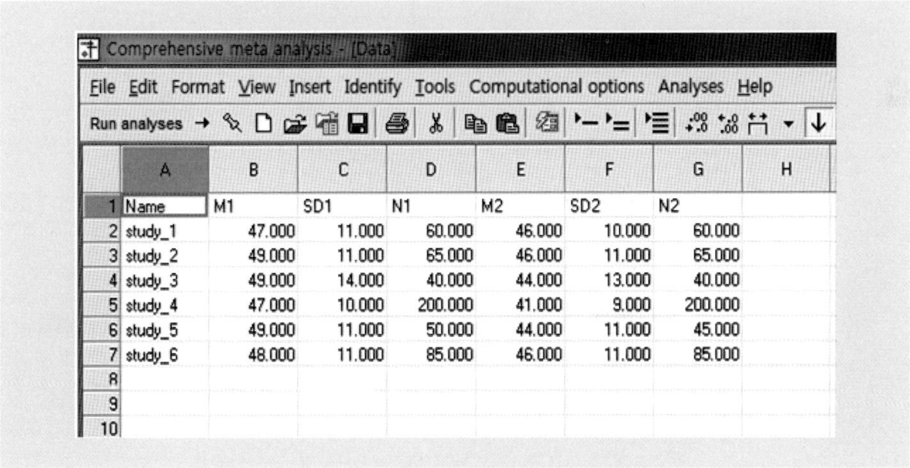

Comprehensive meta analysis - [Data]

File Edit Format View Insert Identify Tools Computational options Analyses Help

Run analyses →

	A	B	C	D	E	F	G	H
1	Name	M1	SD1	N1	M2	SD2	N2	
2	study_1	47.000	11.000	60.000	46.000	10.000	60.000	
3	study_2	49.000	11.000	65.000	46.000	11.000	65.000	
4	study_3	49.000	14.000	40.000	44.000	13.000	40.000	
5	study_4	47.000	10.000	200.000	41.000	9.000	200.000	
6	study_5	49.000	11.000	50.000	44.000	11.000	45.000	
7	study_6	48.000	11.000	85.000	46.000	11.000	85.000	
8								
9								
10								

[그림 3-20] Excel 데이터를 CMA에 갖다 붙인 모습

Format 메뉴에서 첫 행을 변수 이름으로 정의(Use first row as labels)를 클릭한다.

Comprehensive meta analysis - [Data]

File Edit Format View Insert Identify Tools Computational options Analyses Help

Run analyses

	Name	M1	SD1	N1	M2	SD2	N2	H	I
1	study_1	47.000	11.000	60.000	46.000	10.000	60.000		
2	study_2	49.000	11.000	65.000	46.000	11.000	65.000		
3	study_3	49.000	14.000	40.000	44.000	13.000	40.000		
4	study_4	47.000	10.000	200.000	41.000	9.000	200.000		
5	study_5	49.000	11.000	50.000	44.000	11.000	45.000		
6	study_6	48.000	11.000	85.000	46.000	11.000	85.000		
7									
8									
9									
10									
11									
12									
13									
14									

[그림 3-21] 첫 행을 변수 이름으로 정의했을 경우

그리고 첫 열을 연구 이름(Study names)로 정의한다. 이때 커서를 'study_1'에 두어야 한다.

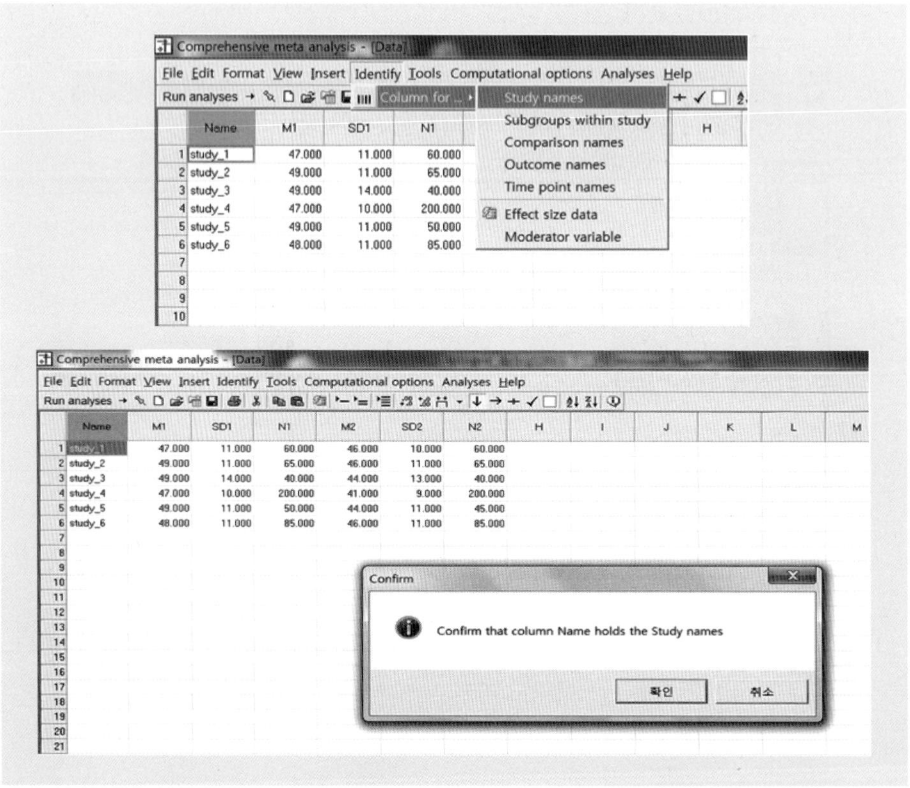

[그림 3-22] 첫 번째 열(column)을 연구 이름으로 정의할 경우

이번에는 효과 크기 데이터를 정의한다.

Comprehensive meta analysis - [Data]

File Edit Format View Insert Identify Tools Computational options Analyses Help

Run analyses → Column for ... ▸

Study names
Subgroups within study
Comparison names
Outcome names
Time point names
Effect size data
Moderator variable

	Study name	M1	SD1	N1	N2	H	I
1	study_1	47.000	11.000	6	60.000		
2	study_2	49.000	11.000	6	65.000		
3	study_3	49.000	14.000	4	40.000		
4	study_4	47.000	10.000	20	200.000		
5	study_5	49.000	11.000	5	45.000		
6	study_6	48.000	11.000	8	85.000		
7							
8							
9							

[그림 3-23] 효과 크기 데이터를 정의할 경우의 모습

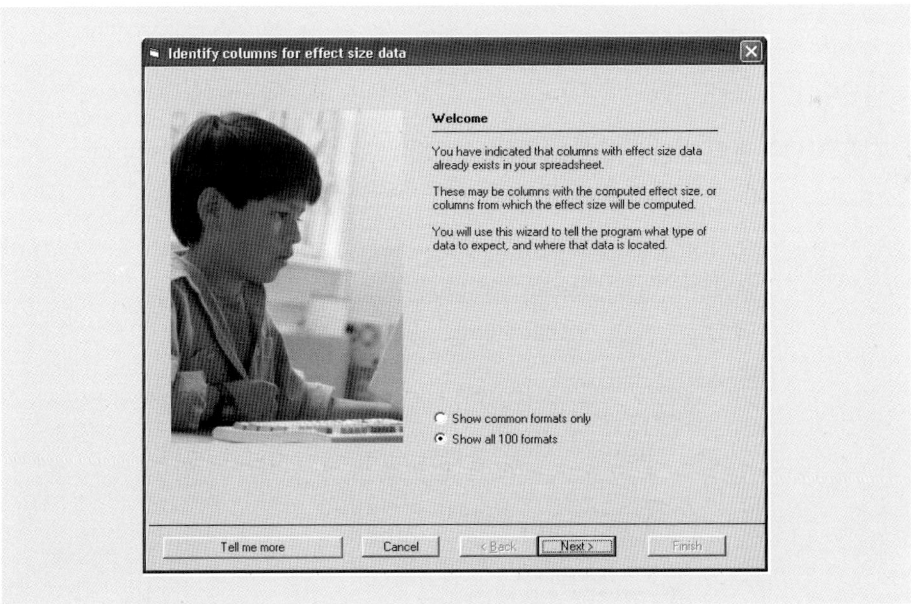

[그림 3-24] 효과 크기 데이터를 정의한 후 첫 번째 창의 모습

먼저 연구 유형을 두 집단 간의 비교 형식으로 한다.

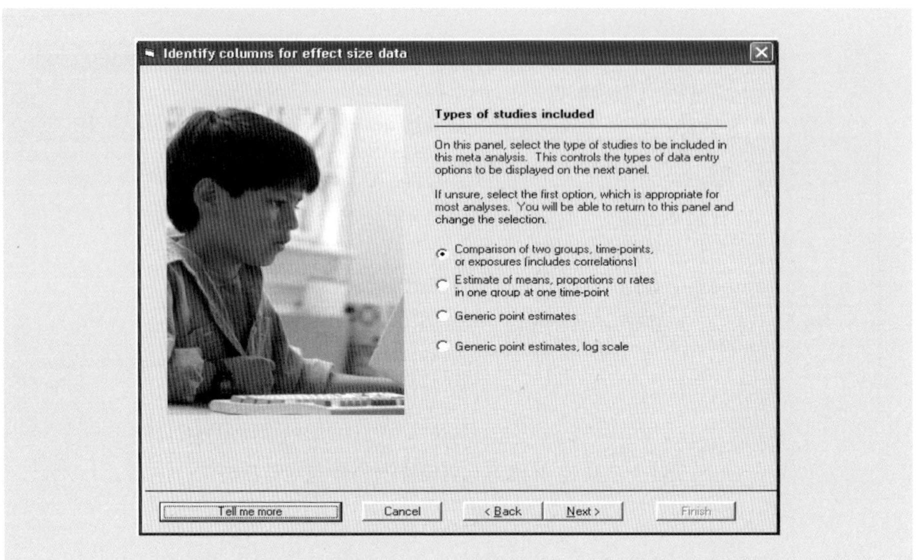

[그림 3-25] 효과 크기 데이터 입력 유형(format)에 대한 선택 메뉴

다음 그림과 같이 데이터 형식을 평균, 표준편차, 표본 크기 포맷을 선택한다.

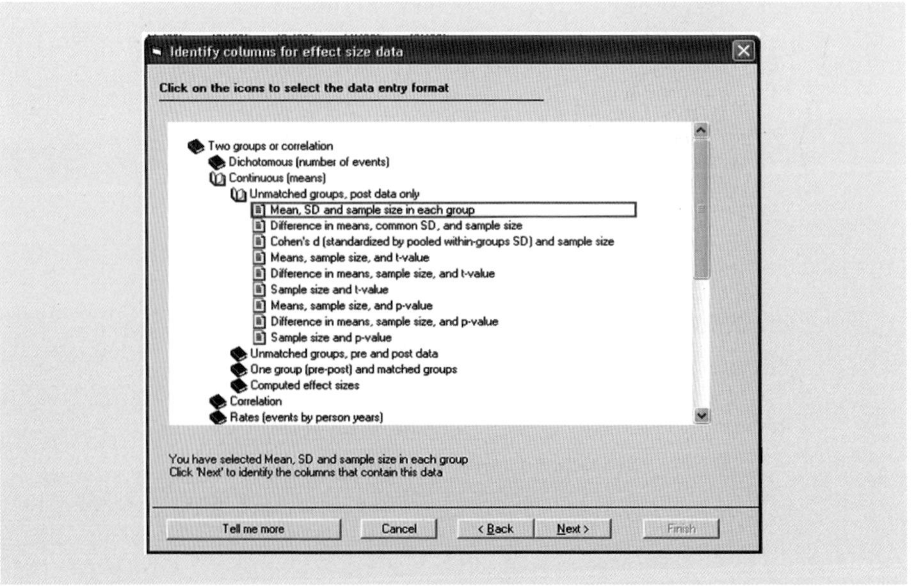

[그림 3-26] 효과 크기 데이터 입력 포맷에서 평균, 표준편차, 표본 크기 선택 메뉴

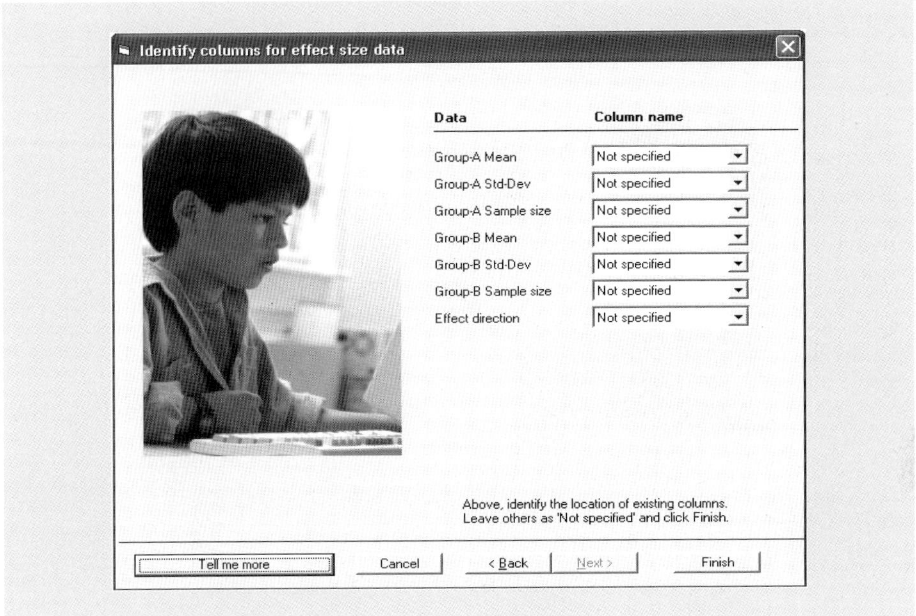

[그림 3-27] 데이터 입력 포맷에서 평균, 표준편차, 표본 크기를 선택했을 경우 메뉴

그러고 나서 이제 각 해당되는 변수를 정의한다.

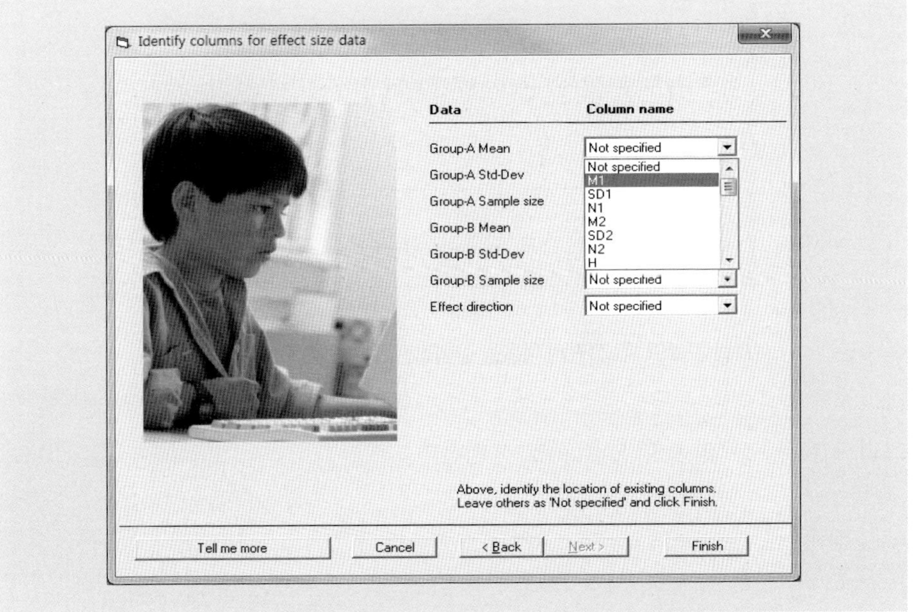

[그림 3-28a] 데이터 입력 포맷에서 평균, 표준편차, 표본 크기를 지정하는 과정

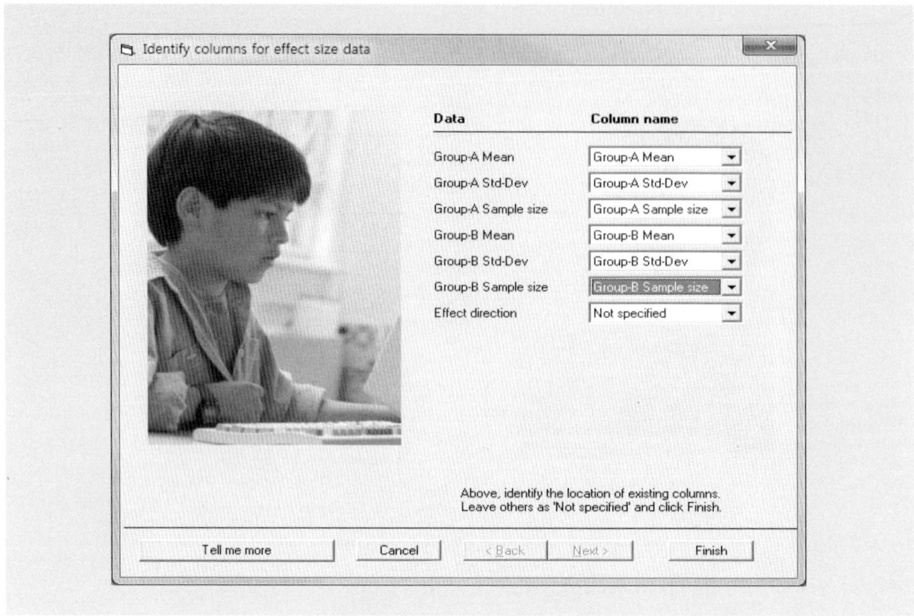

[그림 3-28b] 데이터 입력 포맷에서 평균, 표준편차, 표본 크기를 지정한 후 모습

두 집단의 이름을 정의해 준다(예: 실험집단, 통제집단).

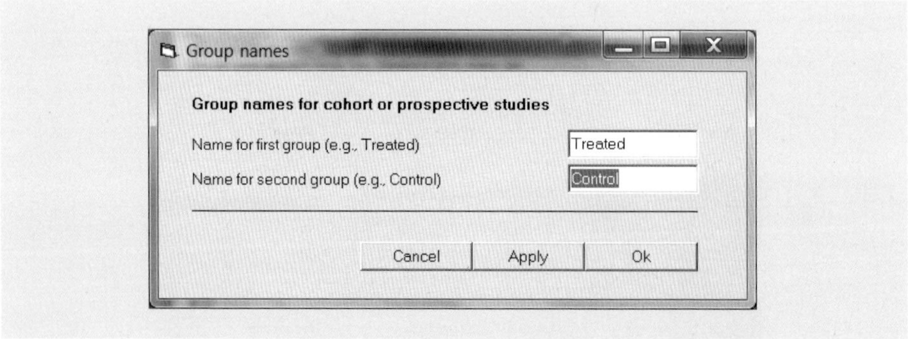

Group names

Group names for cohort or prospective studies

Name for first group (e.g., Treated) Treated

Name for second group (e.g., Control) Control

Cancel Apply Ok

[그림 3-29] 두 집단의 이름을 실험집단, 통제집단으로 지정한 경우

그리고 효과 크기의 방향은 Auto로 선택한다.

Comprehensive meta analysis - [Data]

File Edit Format View Insert Identify Tools Computational options Analyses Help

Run analyses

	Study name	Treated Mean	Treated Std-Dev	Treated Sample size	Control Mean	Control Std-Dev	Control Sample size	Effect direction	Std diff in means	Std Err	Hedges's g	Std Err	Differe in me
1	study_1	47.000	11.000	60	46.000	10.000	60						
2	study_2	49.000	11.000	65	46.000	11.000	65						
3	study_3	49.000	14.000	40	44.000	13.000	40						
4	study_4	47.000	10.000	200	41.000	9.000	200						
5	study_5	49.000	11.000	50	44.000	11.000	45						
6	study_6	48.000	11.000	85	46.000	11.000	85						
7													
8													
9													
10													
11													
12													
13													

Not specified / Auto / Negative / Positive

[그림 3-30] 효과 크기의 방향을 선택하는 메뉴

이제 각 연구의 효과 크기와 표준오차를 보여 준다.

Comprehensive meta analysis - [Data]

File Edit Format View Insert Identify Tools Computational options Analyses Help

Run analyses

	Study name	Treated Mean	Treated Std-Dev	Treated Sample size	Control Mean	Control Std-Dev	Control Sample size	Effect direction	Std diff in means	Std Err	Hedges's g	Std Err	Difference in means	Std Err
1	study_1	47.000	11.000	60	46.000	10.000	60	Auto	0.095	0.183	0.095	0.182	1.000	1.91
2	study_2	49.000	11.000	65	46.000	11.000	65	Auto	0.273	0.176	0.271	0.175	3.000	1.9
3	study_3	49.000	14.000	40	44.000	13.000	40	Auto	0.370	0.226	0.367	0.223	5.000	3.0
4	study_4	47.000	10.000	200	41.000	9.000	200	Auto	0.631	0.102	0.630	0.102	6.000	0.9
5	study_5	49.000	11.000	50	44.000	11.000	45	Auto	0.455	0.208	0.451	0.206	5.000	2.2
6	study_6	48.000	11.000	85	46.000	11.000	85	Auto	0.182	0.154	0.181	0.153	2.000	1.6
7														
8														
9														
10														
11														
12														
13														
14														
15														
16														
17														

[그림 3-31] 각 연구의 효과 크기와 표준오차가 분석된 모습

분석(Run analysis)을 클릭하면 각 연구의 효과 크기와 전체 효과 크기를 보여 준다.

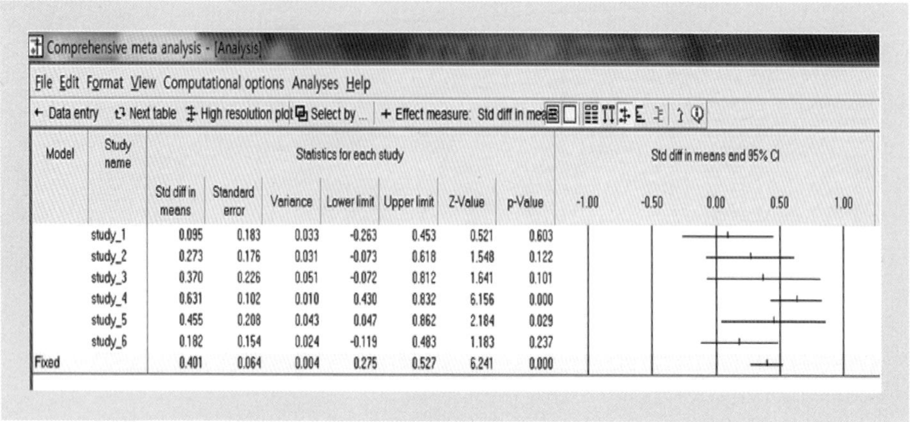

Comprehensive meta analysis - [Analysis]

File Edit Format View Computational options Analyses Help

← Data entry ↻ Next table High resolution plot Select by ... + Effect measure: Std diff in means

Model	Study name	Std diff in means	Standard error	Variance	Lower limit	Upper limit	Z-Value	p-Value
	study_1	0.095	0.183	0.033	-0.263	0.453	0.521	0.603
	study_2	0.273	0.176	0.031	-0.073	0.618	1.548	0.122
	study_3	0.370	0.226	0.051	-0.072	0.812	1.641	0.101
	study_4	0.631	0.102	0.010	0.430	0.832	6.156	0.000
	study_5	0.455	0.208	0.043	0.047	0.862	2.184	0.029
	study_6	0.182	0.154	0.024	-0.119	0.483	1.183	0.237
Fixed		0.401	0.064	0.004	0.275	0.527	6.241	0.000

Std diff in means and 95% CI: -1.00 -0.50 0.00 0.50 1.00

[그림 3-32] 분석 버튼을 클릭한 후 효과 크기가 계산된 모습

여기서 효과 크기의 유형을 Cohen's d에서 Hedges' g로 전환할 수 있다.

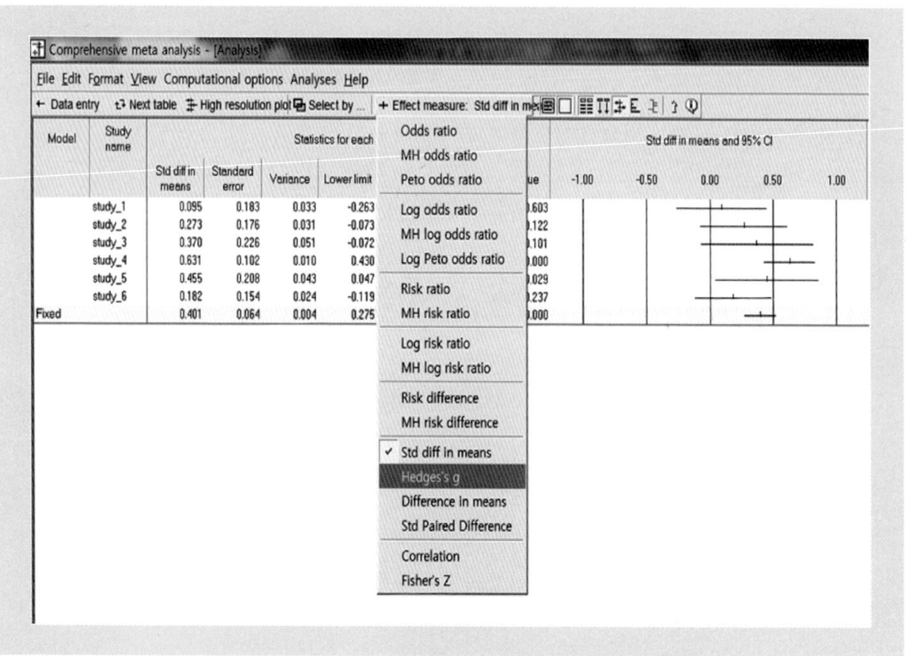

[그림 3-33] 효과 크기의 유형을 Hedges' g로 전환할 경우

그러면 다음과 같이 Hedges' g로 나타난 효과 크기를 보여 준다.

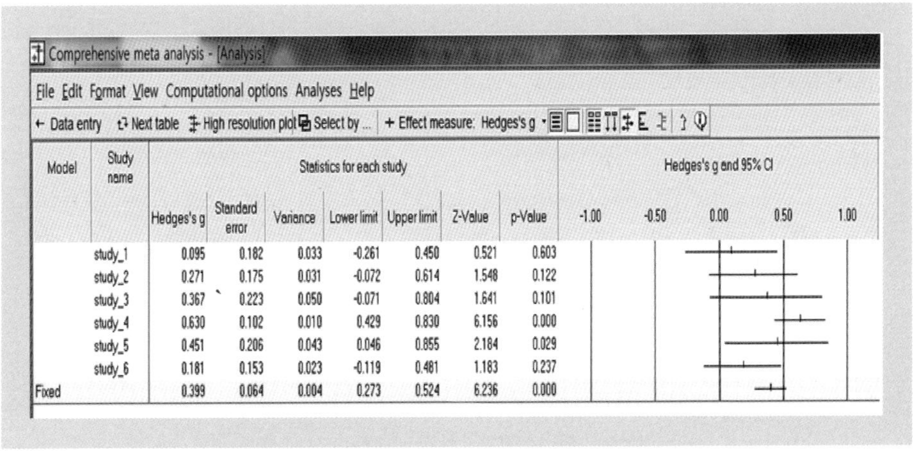

Comprehensive meta analysis - [Analysis]

File Edit Format View Computational options Analyses Help

← Data entry ↻ Next table ‡ High resolution plot Select by ... + Effect measure: Hedges's g

Model	Study name	Statistics for each study							Hedges's g and 95% CI
		Hedges's g	Standard error	Variance	Lower limit	Upper limit	Z-Value	p-Value	-1.00 -0.50 0.00 0.50 1.00
	study_1	0.095	0.182	0.033	-0.261	0.450	0.521	0.603	
	study_2	0.271	0.175	0.031	-0.072	0.614	1.548	0.122	
	study_3	0.367	0.223	0.050	-0.071	0.804	1.641	0.101	
	study_4	0.630	0.102	0.010	0.429	0.830	6.156	0.000	
	study_5	0.451	0.206	0.043	0.046	0.855	2.184	0.029	
	study_6	0.181	0.153	0.023	-0.119	0.481	1.183	0.237	
Fixed		0.399	0.064	0.004	0.273	0.524	6.236	0.000	

[그림 3-34] 효과 크기가 Hedges' g로 전환된 모습

'Next table'을 클릭하면 평균 효과 크기와 효과 크기의 이질성의 정도(Q-value)를 보여 준다.

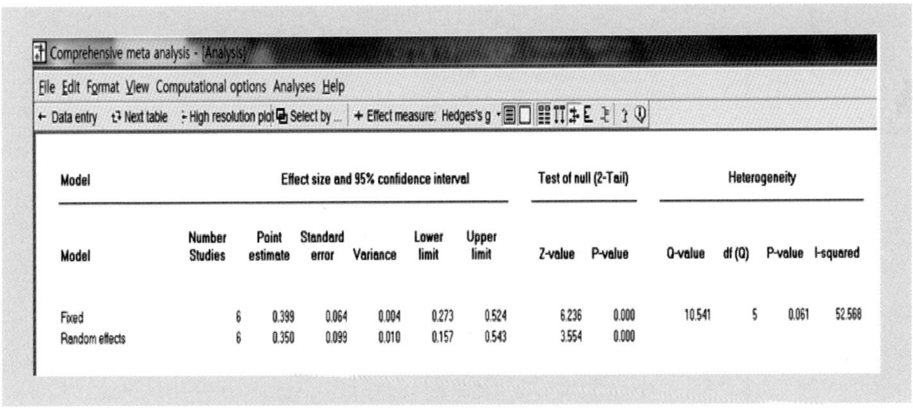

Comprehensive meta analysis - [Analysis]

File Edit Format View Computational options Analyses Help

← Data entry ↻ Next table ‡ High resolution plot Select by ... + Effect measure: Hedges's g

Model	Effect size and 95% confidence interval						Test of null (2-Tail)		Heterogeneity			
Model	Number Studies	Point estimate	Standard error	Variance	Lower limit	Upper limit	Z-value	P-value	Q-value	df (Q)	P-value	I-squared
Fixed	6	0.399	0.064	0.004	0.273	0.524	6.236	0.000	10.541	5	0.061	52.568
Random effects	6	0.350	0.099	0.010	0.157	0.543	3.554	0.000				

[그림 3-35] 평균 효과 크기를 보여 주는 모습

통계치를 보여 주는 곳에서 오른쪽 마우스 버튼을 클릭하면 기본 통계치를 조정할 수 있다.

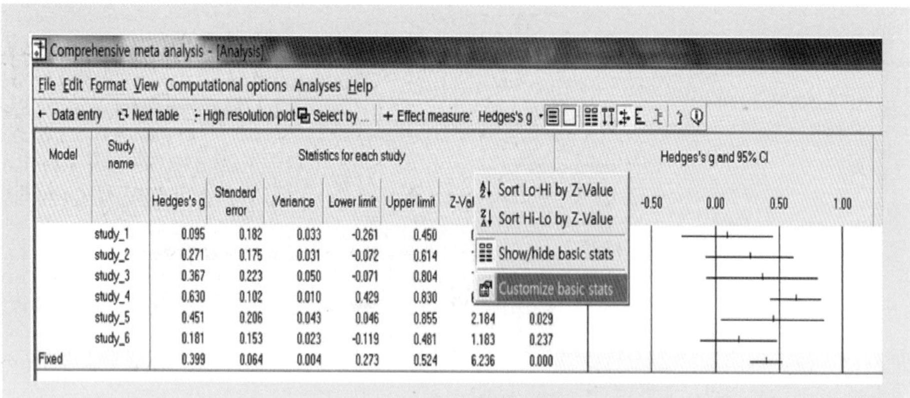

[그림 3-36] 제시되는 통계치에 대한 조절 메뉴

여기서 Hedges' g와 신뢰구간만 선택한다.

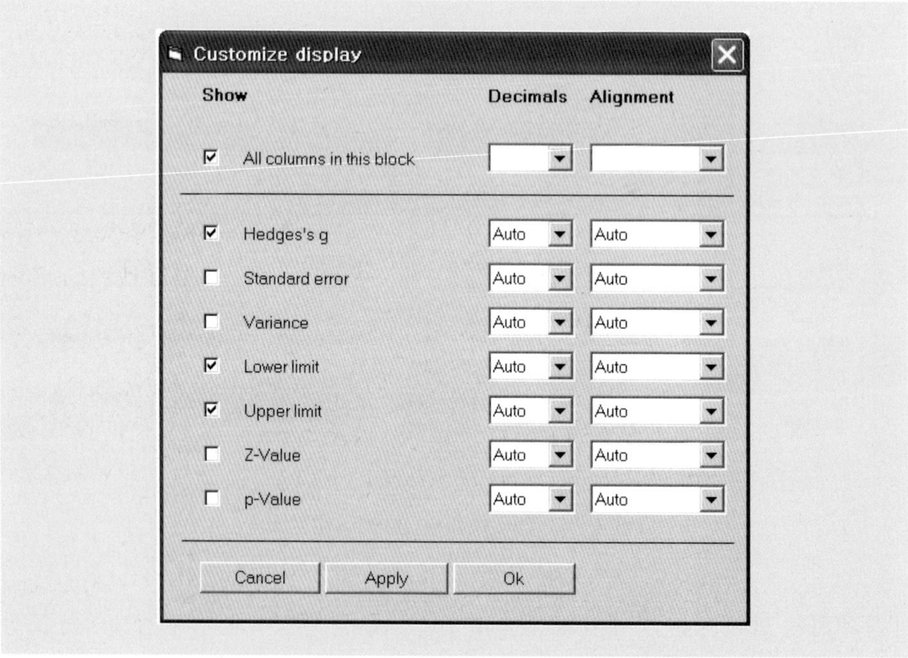

[그림 3-37] 기본 통계치로 Hedges' g, 신뢰구간을 선택한 경우

이제 각 효과 크기와 신뢰구간을 포함하고 있는 forest plot을 보여 준다.

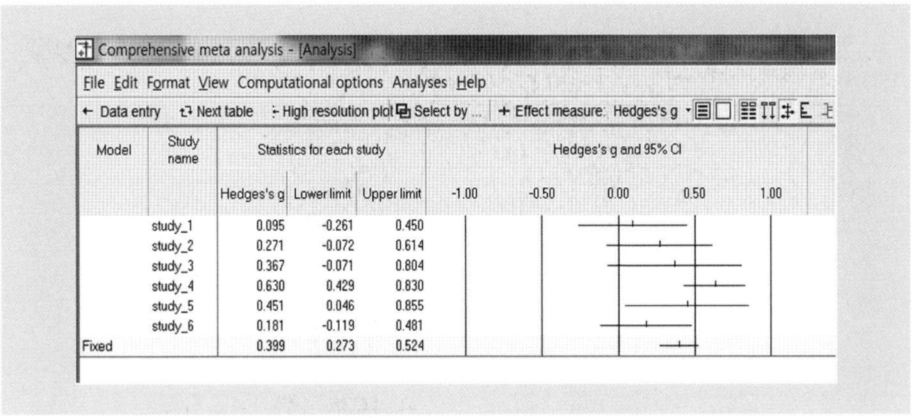

Comprehensive meta analysis - [Analysis]

File Edit Format View Computational options Analyses Help

← Data entry Next table High resolution plot Select by ... + Effect measure: Hedges's g

Model	Study name	Statistics for each study			Hedges's g and 95% CI
		Hedges's g	Lower limit	Upper limit	-1.00 -0.50 0.00 0.50 1.00
	study_1	0.095	-0.261	0.450	
	study_2	0.271	-0.072	0.614	
	study_3	0.367	-0.071	0.804	
	study_4	0.630	0.429	0.830	
	study_5	0.451	0.046	0.855	
	study_6	0.181	-0.119	0.481	
Fixed		0.399	0.273	0.524	

[그림 3-38] 각 연구의 효과 크기와 신뢰구간을 제시하고 있는 forest plot의 모습

그러면 각 연구의 가중치(weight)를 나타낼 수 있다.

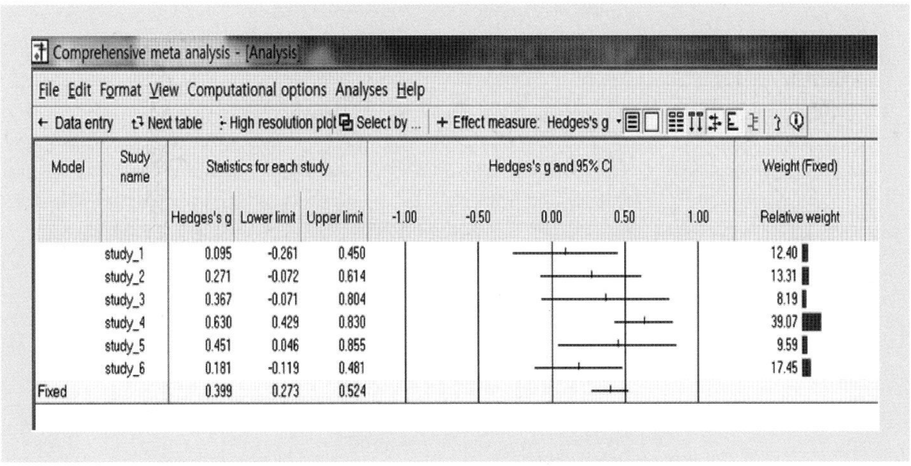

Comprehensive meta analysis - [Analysis]

File Edit Format View Computational options Analyses Help

← Data entry Next table High resolution plot Select by ... + Effect measure: Hedges's g

Model	Study name	Statistics for each study			Hedges's g and 95% CI	Weight (Fixed)
		Hedges's g	Lower limit	Upper limit	-1.00 -0.50 0.00 0.50 1.00	Relative weight
	study_1	0.095	-0.261	0.450		12.40
	study_2	0.271	-0.072	0.614		13.31
	study_3	0.367	-0.071	0.804		8.19
	study_4	0.630	0.429	0.830		39.07
	study_5	0.451	0.046	0.855		9.59
	study_6	0.181	-0.119	0.481		17.45
Fixed		0.399	0.273	0.524		

[그림 3-39] 각 연구의 가중치를 보여 주는 경우

여기서 고해상도 그림(high resolution plot)을 선택하면 forest plot을 보다 선명하게 보여 준다.

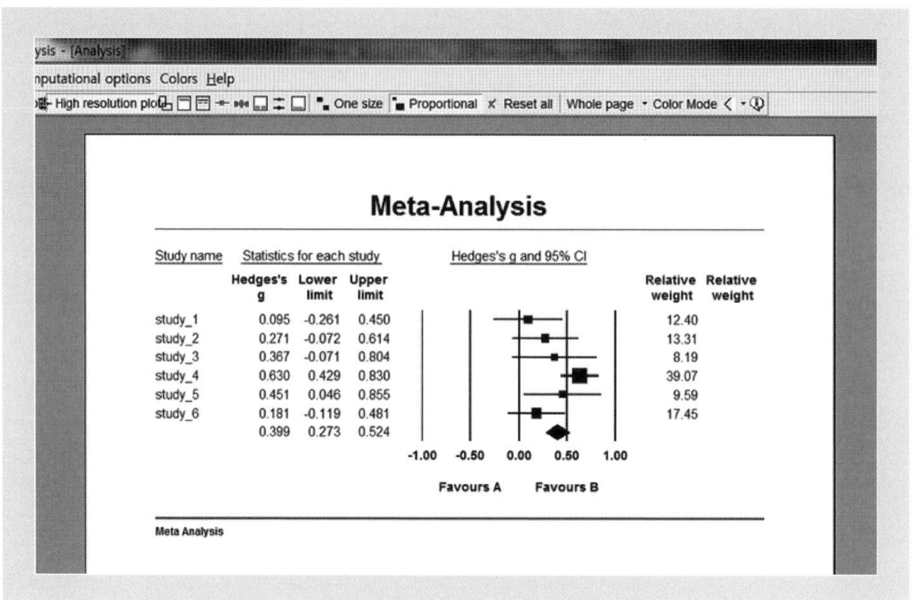

[그림 3-40] 고해상도의 forest plot

이 그림에서 Forest plot의 제목 및 단위 등을 조정할 수 있다.

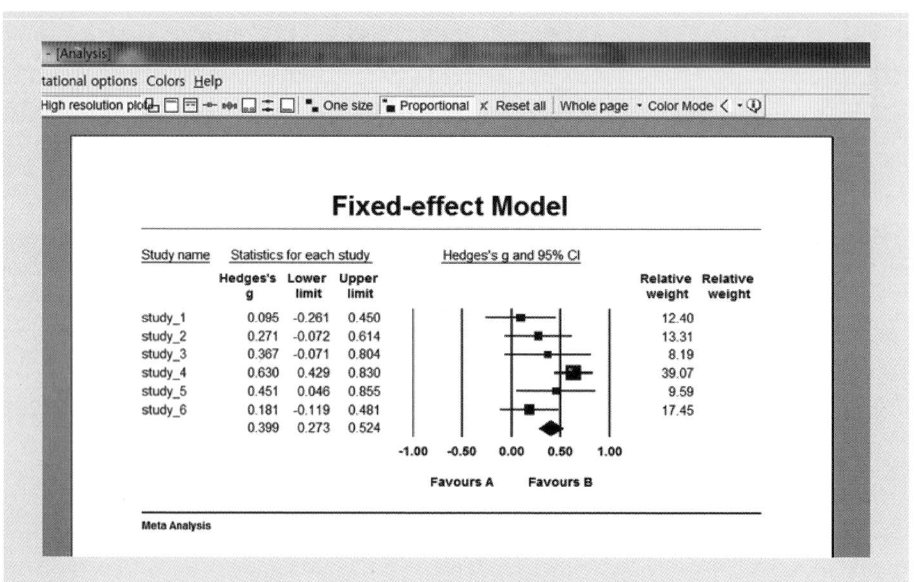

[그림 3-41] forest plot의 제목을 변경한 모습

무선효과모형[4] 탭을 클릭하면 무선효과모형에서의 효과 크기를 보여 준다.

Comprehensive meta analysis - [Analysis]

File Edit Format View Computational options Analyses Help

← Data entry ⇄ Next table ‡ High resolution plot ⧉ Select by ... + Effect measure: Hedges's g

Model	Study name	Statistics for each study			Weight (Random)
		Hedges's g	Lower limit	Upper limit	Relative weight
	study_1	0.095	-0.261	0.450	15.54
	study_2	0.271	-0.072	0.614	16.13
	study_3	0.367	-0.071	0.804	12.23
	study_4	0.630	0.429	0.830	24.30
	study_5	0.451	0.046	0.855	13.46
	study_6	0.181	-0.119	0.481	18.34
Random		0.350	0.157	0.543	

Hedges's g and 95% CI: -1.00 -0.50 0.00 0.50 1.00

[그림 3-42] 무선효과모형을 선택한 경우

다음은 무선효과모형에서의 forest plot을 보여 주고 있다.

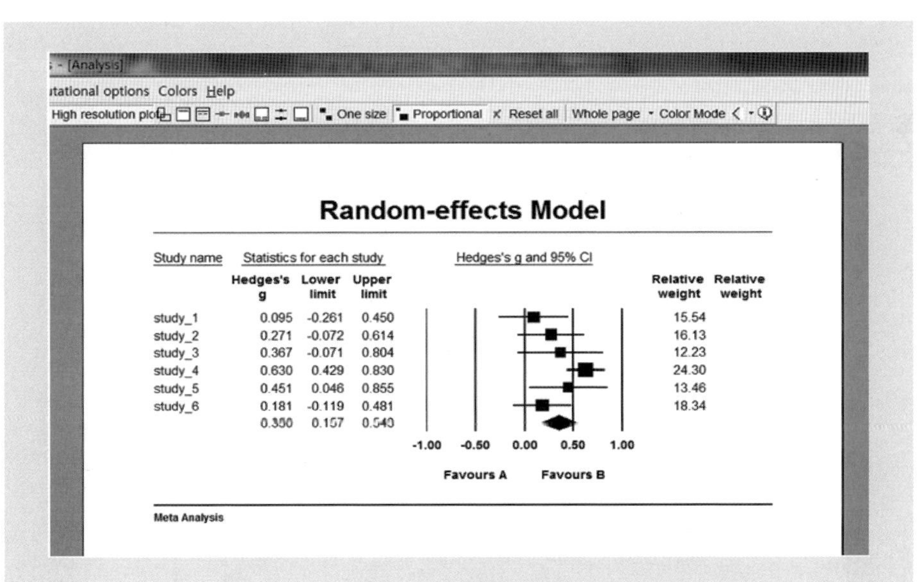

[그림 3-43] 무선효과모형을 보여 주는 forest plot

4) 평균 효과 크기를 계산할 때 선택하는 모형으로, 다음 장에서 보다 구체적으로 다룰 것이다.

하단에 'Both models'를 클릭하면 고정효과모형과 무선효과모형의 결과를 모두 보여 준다.

Comprehensive meta analysis - [Analysis]

File Edit Format View Computational options Analyses Help

← Data entry Next table High resolution plot Select by ... + Effect measure: Hedges's g

Model	Study name	Statistics for each study			Hedges's g and 95% CI
		Hedges's g	Lower limit	Upper limit	-1.00 -0.50 0.00 0.50 1.00
	study_1	0.095	-0.261	0.450	
	study_2	0.271	-0.072	0.614	
	study_3	0.367	-0.071	0.804	
	study_4	0.630	0.429	0.830	
	study_5	0.451	0.046	0.855	
	study_6	0.181	-0.119	0.481	
Fixed		0.399	0.273	0.524	
Random		0.350	0.157	0.543	

[그림 3-44] 고정효과모형과 무선효과모형을 동시에 보여 주는 모습

[그림 3-45]는 고정효과모형과 무선효과모형을 모두 나타내는 고해상도 forest plot이다.

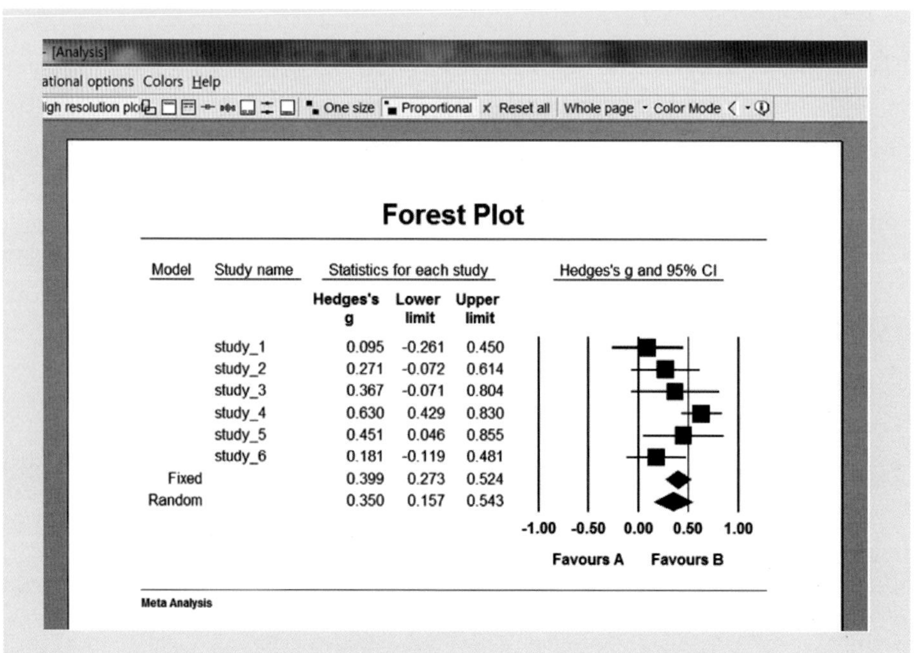

[그림 3-45] 고정효과모형과 무선효과모형을 모두 보여 주는 forest plot

(2) 두 집단(사전-사후검사)의 경우

우리가 앞에서 활용한 사전-사후검사 데이터인 다문화 교육 프로그램의 효과성 검증에 대한 데이터를 여기에서도 활용해 보자.

〈표 3-40〉 다문화 교육 프로그램의 효과성 검증 데이터

연구 이름	M1	SD1	N1	M2	SD2	N2
study_1	0.378	0.440	45	0.036	0.323	47
study_2	0.100	0.586	44	0.016	0.362	45
study_3	0.288	0.529	44	0.047	0.383	45
study_4	0.476	0.543	45	0.015	0.384	47
study_5	0.406	0.401	44	0.053	0.370	45
study_6	0.280	0.469	45	0.057	0.390	47
study_7	0.171	0.89	44	0.042	0.542	45

1: 실험집단의 차이(차이의 평균, 차이의 표준편차)

2: 통제집단의 차이(차이의 평균, 차이의 표준편차)

앞의 데이터를 Excel에서 CMA에 갖다 붙인 후 데이터 정의(독립집단 사전-사후 데이터 탭 활용, 그리고 차이의 평균, 차이의 표준편차, 표본 크기를 선택한다.)

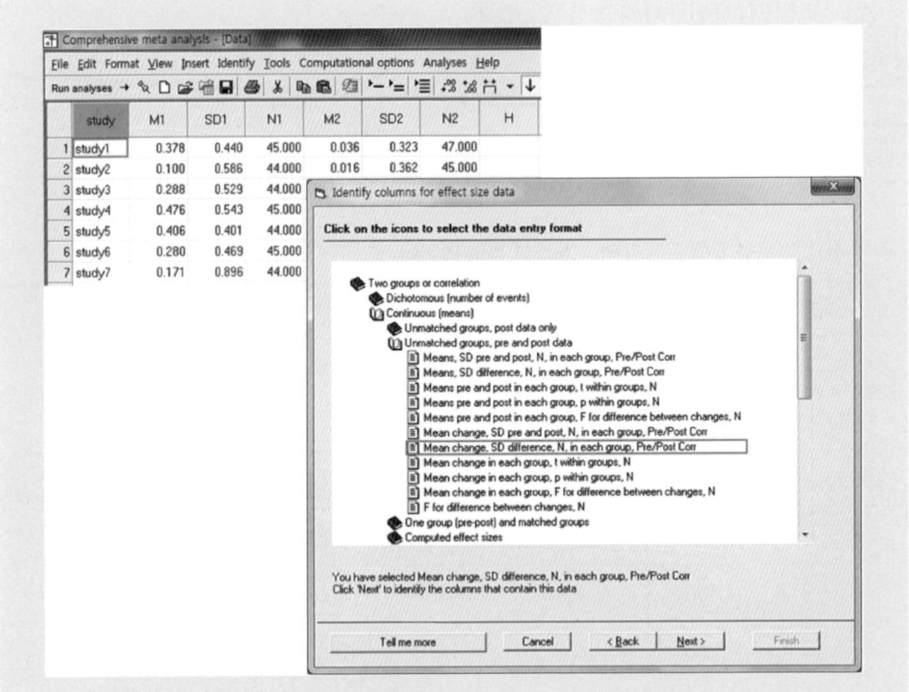

[그림 3-46] 효과 크기의 데이터 유형을 정의하는 모습

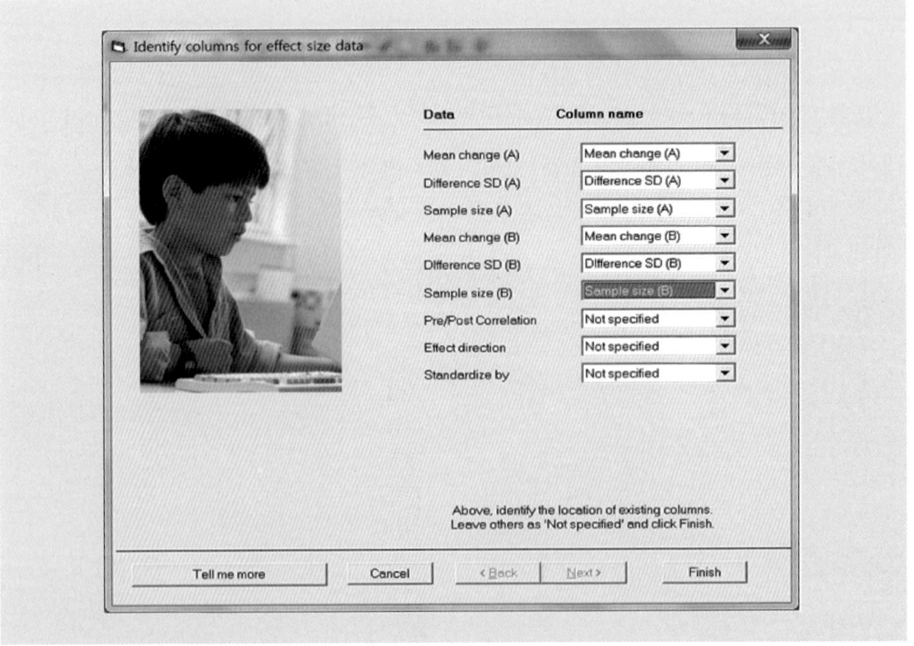

[그림 3-47] 각 집단의 사전-사후 평균 차이, 차이의 표준편차, 표본 크기를 정의하는 모습

그리고 효과 크기의 방향은 'Positive'로, 표준화(Standardized by)는 '차이 점수(Change score)'를 선택한다(여기서 원래 데이터는 사전-사후 차이이므로 + 또는 - 표시가 분명해야 한다).

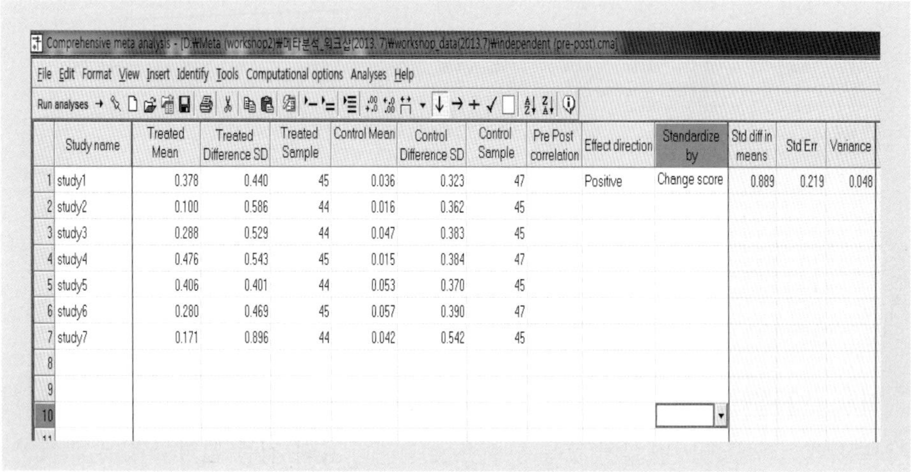

	Study name	Treated Mean	Treated Difference SD	Treated Sample	Control Mean	Control Difference SD	Control Sample	Pre Post correlation	Effect direction	Standardize by	Std diff in means	Std Err	Variance
1	study1	0.378	0.440	45	0.036	0.323	47		Positive	Change score	0.889	0.219	0.048
2	study2	0.100	0.586	44	0.016	0.362	45						
3	study3	0.288	0.529	44	0.047	0.383	45						
4	study4	0.476	0.543	45	0.015	0.384	47						
5	study5	0.406	0.401	44	0.053	0.370	45						
6	study6	0.280	0.469	45	0.057	0.390	47						
7	study7	0.171	0.896	44	0.042	0.542	45						
8													
9													
10													

[그림 3-48] 효과 크기의 방향과 표준화의 기준을 선택하는 모습

이상의 입력을 완료하면 [그림 3-49]와 같은 결과가 나타난다.

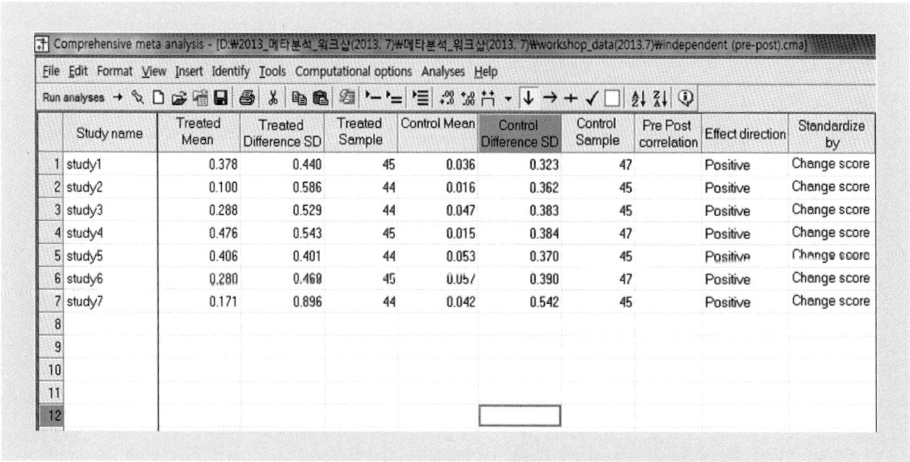

	Study name	Treated Mean	Treated Difference SD	Treated Sample	Control Mean	Control Difference SD	Control Sample	Pre Post correlation	Effect direction	Standardize by
1	study1	0.378	0.440	45	0.036	0.323	47		Positive	Change score
2	study2	0.100	0.586	44	0.016	0.362	45		Positive	Change score
3	study3	0.288	0.529	44	0.047	0.383	45		Positive	Change score
4	study4	0.476	0.543	45	0.015	0.384	47		Positive	Change score
5	study5	0.406	0.401	44	0.053	0.370	45		Positive	Change score
6	study6	0.280	0.469	45	0.057	0.390	47		Positive	Change score
7	study7	0.171	0.896	44	0.042	0.542	45		Positive	Change score
8										
9										
10										
11										
12										

[그림 3-49] 효과 크기 데이터에 대한 정의를 마친 모습

이제 분석(Run analysis)을 실행한다. 분석 결과는 다음과 같다.

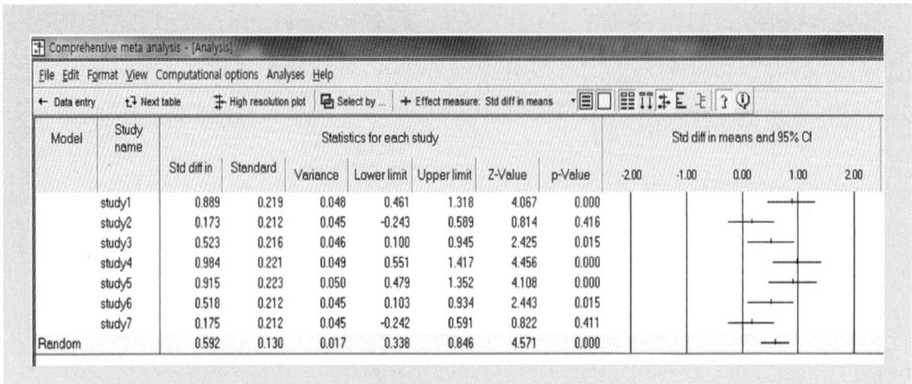

Model	Study name	Std diff in	Standard	Variance	Lower limit	Upper limit	Z-Value	p-Value
	study1	0.889	0.219	0.048	0.461	1.318	4.067	0.000
	study2	0.173	0.212	0.045	-0.243	0.589	0.814	0.416
	study3	0.523	0.216	0.046	0.100	0.945	2.425	0.015
	study4	0.984	0.221	0.049	0.551	1.417	4.456	0.000
	study5	0.915	0.223	0.050	0.479	1.352	4.108	0.000
	study6	0.518	0.212	0.045	0.103	0.934	2.443	0.015
	study7	0.175	0.212	0.045	-0.242	0.591	0.822	0.411
Random		0.592	0.130	0.017	0.338	0.846	4.571	0.000

[그림 3-50] 분석을 실행한 후의 모습(forest plot)

(3) 단일집단(사전-사후)의 경우

이제 단일집단(사전-사후)의 경우를 CMA를 통해 분석해 보자. 여기서는 앞에서 사용한 데이터 근거기반실천 교육 훈련 프로그램의 효과 검증 결과를 활용해 보자.

〈표 3-41〉 근거기반실천 교육 프로그램의 효과 검증 데이터

연구 이름	mean_pre	sd_pre	mean_post	sd_post	pre/post correlation	N
마음재단	3.79	0.383	3.99	0.425	0.938	11
가정복지회	3.50	0.333	3.89	0.453	0.576	14
대구_1	3.60	0.387	3.91	0.420	0.760	39
대구_2	3.82	0.508	4.02	0.530	0.539	39
부산_1	3.82	0.430	3.97	0.407	0.520	50
부산_2	3.47	0.403	3.68	0.362	0.376	50
대학원	3.83	0.240	4.13	0.326	0.391	15

다른 형식의 데이터와 마찬가지로 먼저 Excel 데이터를 CMA에 갖다 붙인 후 효과 크기 데이터를 정의해 준다.

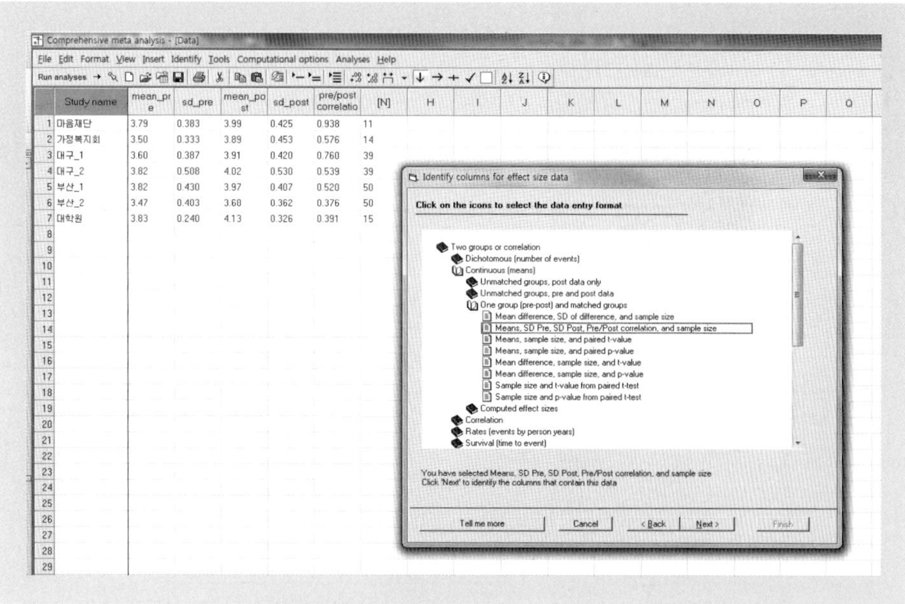

[그림 3-51] Excel 데이터를 CMA에 갖다 붙인 후 효과 크기 유형을 선택하는 모습

효과 크기 데이터의 유형으로는 단일집단 탭을 선택한 후 사전 및 사후 평균, 표준편차 그리고 사전-사후 상관관계를 선택한다.

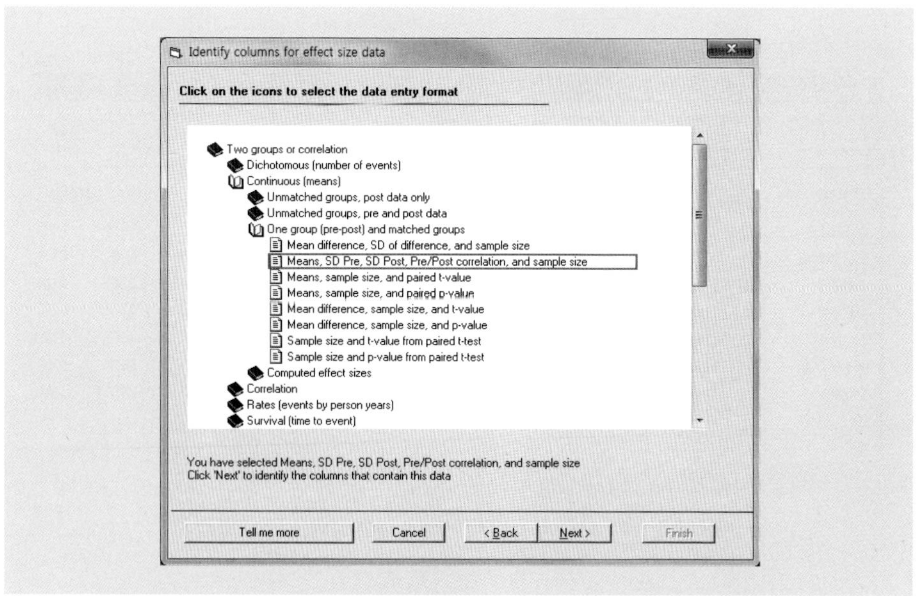

[그림 3-52] 단일집단 사전사후 탭에서 각 평균, 표준편차 등을 선택하는 모습

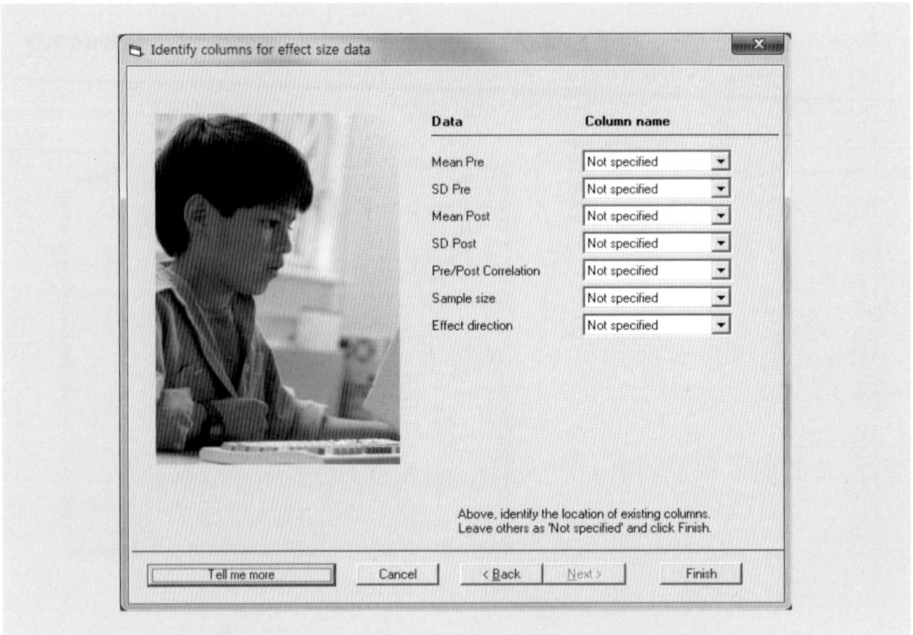

[그림 3-53] 데이터 유형에 맞는 칼럼을 선택하는 모습

각 효과 크기의 데이터를 정의해 주고 나면 다음과 같은 결과를 얻을 수 있다. 여기서는 원 점수(raw score)이므로 효과 크기의 방향을 'Auto'로 해 둔다.

Comprehensive meta analysis - [D:₩2013_메타분석_워크샵(2013. 7)₩메타분석_워크샵(2013. 7)₩workshop_data(2013.7)₩dependent (pre-post).cma]

File Edit Format View Insert Identify Tools Computational options Analyses Help

Run analyses

	Study name	Pre Mean	Pre SD	Post Mean	Post SD	Pre Post Correlation	Sample size	Effect direction	Std diff in means	Std Err	Variance	Hedges's g	Std Err
1	마음재단	3.79	0.383	3.99	0.425	0.938	11	Auto	0.475	0.112	0.013	0.439	0.103
2	가정복지회	3.50	0.333	3.89	0.453	0.576	14	Auto	0.952	0.297	0.088	0.896	0.279
3	대구_1	3.60	0.387	3.91	0.420	0.760	39	Auto	0.764	0.126	0.016	0.748	0.124
4	대구_2	3.82	0.508	4.02	0.530	0.539	39	Auto	0.385	0.159	0.025	0.377	0.156
5	부산_1	3.82	0.430	3.97	0.407	0.520	50	Auto	0.358	0.143	0.020	0.352	0.141
6	부산_2	3.47	0.403	3.68	0.362	0.376	50	Auto	0.547	0.169	0.029	0.539	0.167
7	대학원	3.83	0.240	4.13	0.326	0.391	15	Auto	1.033	0.353	0.125	0.977	0.334
8													
9													

[그림 3-54] 효과 크기의 데이터에 대한 정의를 마친 모습

이제 이를 분석하면 다음과 같다.

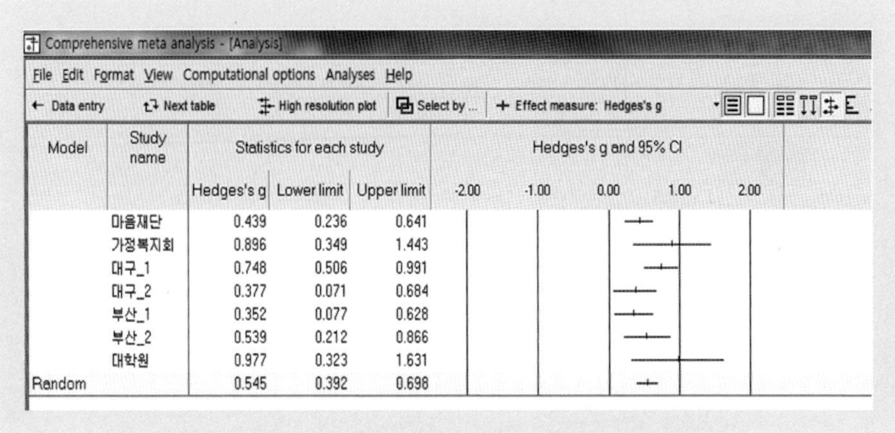

[그림 3-55] 각 연구의 효과 크기와 전체 효과 크기를 보여 주는 forest plot

2) 이분형 데이터

이분형 데이터에 대한 분석은 연속형 데이터의 분석과 거의 동일하다. 여기서는 앞서 사용한 대학생들의 취업동아리 활동이 취업에 미치는 영향에 대한 데이터를 활용하자.

〈표 3-42〉 취업동아리 활동의 취업에 대한 효과 검증 데이터

연구이름	실험집단			통제집단		
	Events1	Non-Events1	Total N1	Events2	Non-Events2	Total N2
study_1	16	49	65	12	53	65
study_2	10	30	40	8	32	40
study_3	19	61	80	14	66	80
study_4	80	320	400	25	375	400
study_5	11	29	40	8	32	40
study_6	18	47	65	16	49	65

앞서 연속형 데이터에서와 마찬가지로 먼저 Excel 데이터를 CMA에 갖다 붙인 후 데이터를 정의해 준다.

Comprehensive meta analysis - [Data]

File Edit Format View Insert Identify Tools Computational options Analyses Help

Run analyses

	A	B	C	D	E	F	G	H
1	Name	Events1	Non-Events	Total N1	Events2	Non-Events	Total N2	
2	study_1	12.000	53.000	65.000	16.000	49.000	65.000	
3	study_2	8.000	32.000	40.000	10.000	30.000	40.000	
4	study_3	14.000	66.000	80.000	19.000	61.000	80.000	
5	study_4	25.000	375.000	400.000	80.000	320.000	400.000	
6	study_5	8.000	32.000	40.000	11.000	29.000	40.000	
7	study_6	16.000	49.000	65.000	18.000	47.000	65.000	
8								
9								

[그림 3-56] Excel 데이터를 CMA에 갖다 붙인 모습

여기서는 이분형 데이터이므로 이분형 데이터 탭에서 이벤트 및 표본 크기 탭을 선택한다.

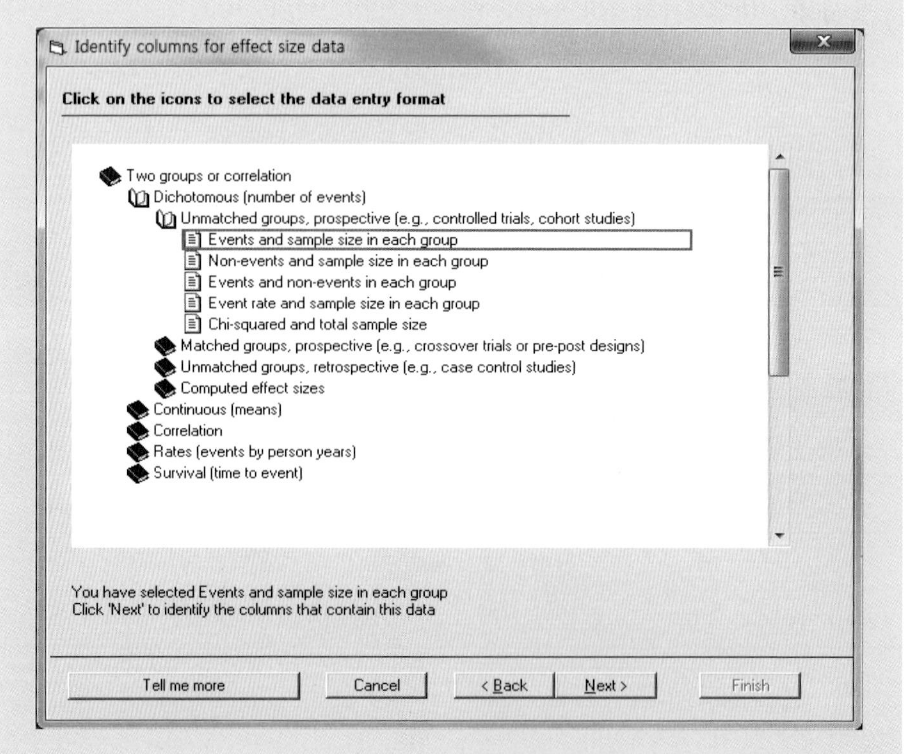

[그림 3-57] 데이터 유형에서 이분형 데이터 탭, 그리고 이벤트와 표본 크기를 선택하는 모습

이제 나머지 분석 과정은 앞서 본 연속형 데이터의 경우와 동일하다.

	Study name	Treated Events	Treated Total N	Control Events	Control Total N	Odds ratio	Log odds ratio	Std Err	Variance	Non-Events1	Non-Events2	L
1	study_1	16	65	12	65	1.442	0.366	0.430	0.185	49.000	53.000	
2	study_2	10	40	8	40	1.333	0.288	0.538	0.290	30.000	32.000	
3	study_3	19	80	14	80	1.468	0.384	0.394	0.156	61.000	66.000	
4	study_4	80	400	25	400	3.750	1.322	0.241	0.058	320.000	375.000	
5	study_5	11	40	8	40	1.517	0.417	0.531	0.282	29.000	32.000	
6	study_6	18	65	16	65	1.173	0.159	0.400	0.160	47.000	49.000	
7												
8												
9												
10												
11												
12												

[그림 3-58] 데이터 유형을 선택한 후 모습(효과 크기가 Odd ratio)

Model	Study name	Odds ratio	Lower limit	Upper limit	Z-Value	p-Value
	study_1	1.442	0.621	3.352	0.851	0.395
	study_2	1.333	0.464	3.828	0.535	0.593
	study_3	1.468	0.678	3.181	0.974	0.330
	study_4	3.750	2.336	6.019	5.475	0.000
	study_5	1.517	0.536	4.293	0.786	0.432
	study_6	1.173	0.536	2.567	0.399	0.690
Random		1.762	1.103	2.813	2.371	0.018

[그림 3-59] 분석을 실행한 후 모습(forest plot)

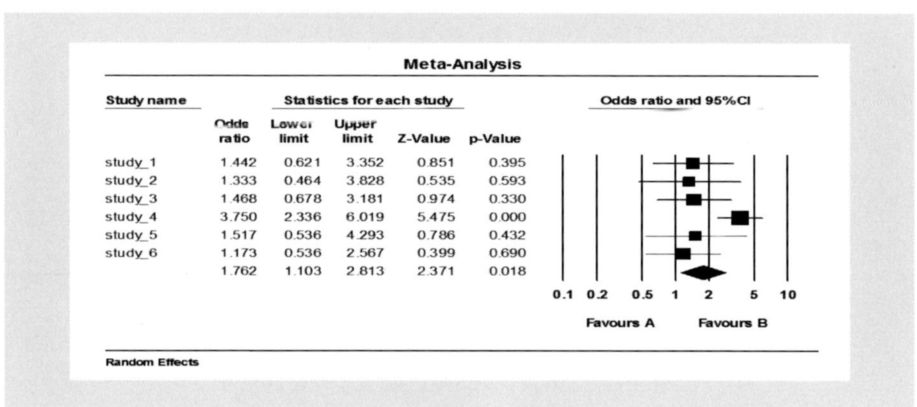

[그림 3-60] 고해상도로 나타난 forest plot

3) 상관관계 데이터

상관관계 데이터의 경우도 앞서 살펴본 연속형 데이터 및 이분형 데이터와 동일한 과정으로 분석한다. 여기서는 앞에서 이용한 학업성취도와 자기효능감과의 상관관계 데이터를 활용하도록 한다.

〈표 3-43〉 학업성취도와 자기효능감 데이터

연구 이름	상관계수	n
study_1	0.530	40
study_2	0.650	90
study_3	0.450	25
study_4	0.230	400
study_5	0.730	60
study_6	0.450	50

먼저 Excel에 입력되어 있다고 가정하고 이 데이터를 복사해서 CMA에 갖다 붙인다.

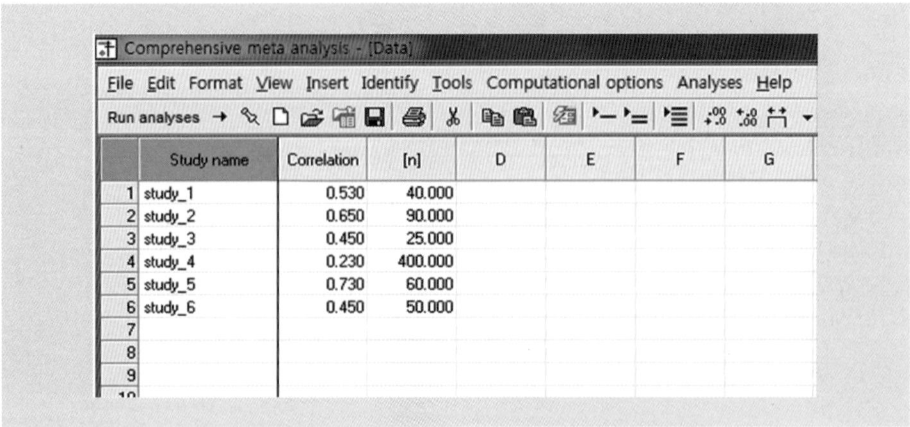

[그림 3-61] Excel 데이터를 CMA에 갖다 붙인 모습

상관관계 데이터의 경우도 앞서 살펴본 연속형 및 이분형 데이터 분석 과정과 동일하다. 다만, 효과 크기 데이터 탭을 상관관계 탭을 선택하면 된다.

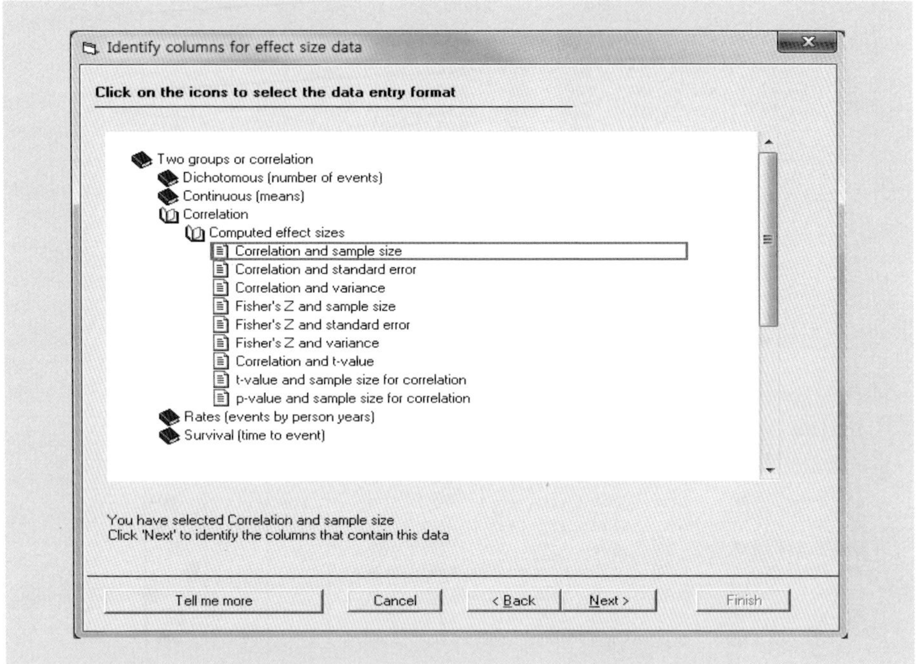

[그림 3-62] 데이터 유형에서 상관관계 탭, 그리고 상관관계계수와 표본 크기를 선택

나머지 분석 과정은 연속형 및 이분형 데이터의 경우와 동일하다.

Comprehensive meta analysis - [D:\2013_메타분석_워크샵(2013. 7)\메타분석_워크샵(2013. 7)\workshop_data(2013.7)\Correlation (self-esteem).cma]

File Edit Format View Insert Identify Tools Computational options Analyses Help

	Study name	Correlation	Sample size	Effect direction	Correlation	Std Err	Variance	Fisher's Z	Std Err	Variance	K
1	study_1	0.530	40	Auto	0.530	0.118	0.014	0.590	0.164	0.027	
2	study_2	0.650	90	Auto	0.650	0.062	0.004	0.775	0.107	0.011	
3	study_3	0.450	25	Auto	0.450	0.170	0.029	0.485	0.213	0.045	
4	study_4	0.230	400	Auto	0.230	0.048	0.002	0.234	0.050	0.003	
5	study_5	0.730	60	Auto	0.730	0.062	0.004	0.929	0.132	0.018	
6	study_6	0.450	50	Auto	0.450	0.116	0.014	0.485	0.146	0.021	
7											
8											
9											
10											
11											

[그림 3-63] 모든 데이터에 대한 정의를 마친 모습

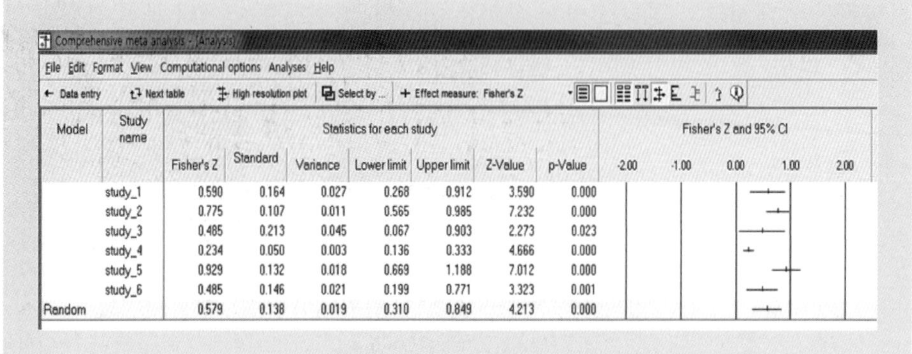

Model	Study name	Fisher's Z	Standard	Variance	Lower limit	Upper limit	Z-Value	p-Value
	study_1	0.590	0.164	0.027	0.268	0.912	3.590	0.000
	study_2	0.775	0.107	0.011	0.565	0.985	7.232	0.000
	study_3	0.485	0.213	0.045	0.067	0.903	2.273	0.023
	study_4	0.234	0.050	0.003	0.136	0.333	4.666	0.000
	study_5	0.929	0.132	0.018	0.669	1.188	7.012	0.000
	study_6	0.485	0.146	0.021	0.199	0.771	3.323	0.001
Random		0.579	0.138	0.019	0.310	0.849	4.213	0.000

[그림 3-64] 상관관계 데이터를 분석 실행한 후 모습

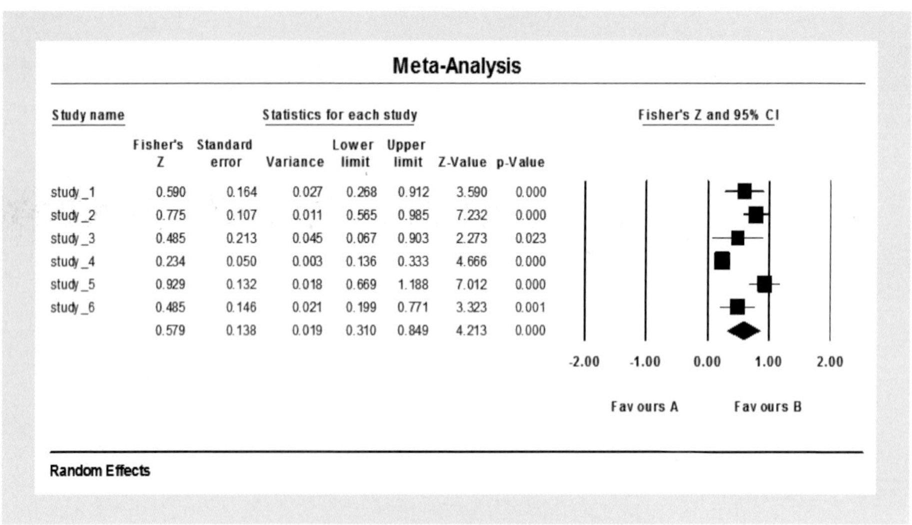

Meta-Analysis

Study name	Fisher's Z	Standard error	Variance	Lower limit	Upper limit	Z-Value	p-Value
study_1	0.590	0.164	0.027	0.268	0.912	3.590	0.000
study_2	0.775	0.107	0.011	0.565	0.985	7.232	0.000
study_3	0.485	0.213	0.045	0.067	0.903	2.273	0.023
study_4	0.234	0.050	0.003	0.136	0.333	4.666	0.000
study_5	0.929	0.132	0.018	0.669	1.188	7.012	0.000
study_6	0.485	0.146	0.021	0.199	0.771	3.323	0.001
	0.579	0.138	0.019	0.310	0.849	4.213	0.000

[그림 3-65] 고해상도로 제시한 forest plot

제4장 고정효과모형과 무선효과모형

1. 고정효과모형과 무선효과모형의 의미
2. 고정효과모형과 무선효과모형의 차이
3. 고정효과모형과 무선효과모형의 적용 사례
4. Excel을 이용한 고정효과모형과 무선효과모형의 평균 효과 크기 계산

1. 고정효과모형과 무선효과모형의 의미

메타분석에 있어서 고정효과모형(fixed-effect model)과 무선효과모형(random-effects model)은 평균 효과 크기를 계산하는 방식(computational model)을 의미한다. 즉, 연구자가 평균 효과 크기를 계산할 때 두 가지 방식 중 어떤 방식을 선택해서 계산하느냐에 따라 평균 효과 크기 추정이 다르고 평균 효과 크기의 정밀성(precision)도 달라진다.

우선 고정효과모형과 무선효과모형의 의미를 비교 설명하면 〈표 4-1〉과 같이 정리할 수 있다.

〈표 4-1〉 고정효과모형과 무선효과모형의 의미

고정효과모형	무선효과모형
• 가정: 모든 연구의 모집단 효과 크기는 동일하다(모집단 효과 크기의 동일성). • 목적: 동일한 모집단의 효과, 즉 one true effect(common effect)를 추정한다. • 각 연구의 효과 크기 차이는 표집오차(sampling error*)에 기인한다.	• 가정: 모든 연구의 모집단 효과 크기는 서로 다르다. 왜냐하면 대상자, 개입 방법, 기간 등이 서로 다르기 때문이다(효과 크기의 이질성). • 목적: 서로 상이한 모집단의 효과 크기 분포의 평균을 추정한다. • 각 연구의 효과 크기 차이는 표집오차와 연구 간 분산(between-study variance)으로 구성된다.
평균 효과 크기는 각 연구의 동일한 모집단 효과 크기를 추정한 값이다.	평균 효과 크기는 각 연구의 서로 상이한 모집단 효과 크기 분포의 추정된 평균값이다.
표본 크기가 커지면 표준오차는 0에 가깝나.	표본 크기가 크고 동시에 연구의 규모도 커지면 표준오차는 0에 가깝다.

* 표집오차는 random error, sampling error, chance, within-study error로 표현된다.

이상의 내용을 그림으로 설명하면 [그림 4-1], [그림 4-2]과 같이 제시할 수 있다.

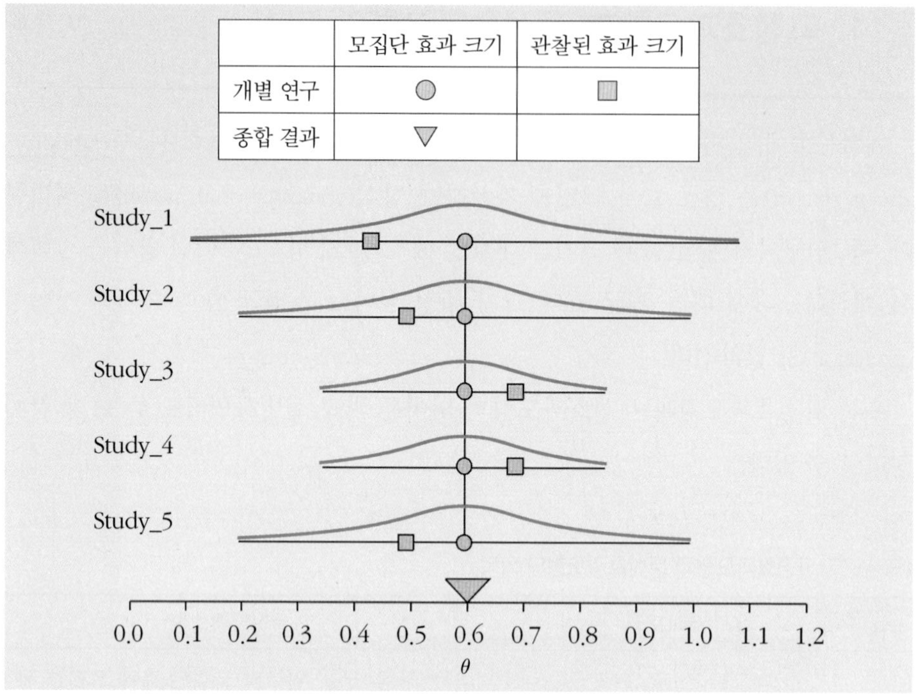

[그림 4-1] 고정효과모형

출처: Borenstein et al., 2010 [그림 3]에서 재구성.

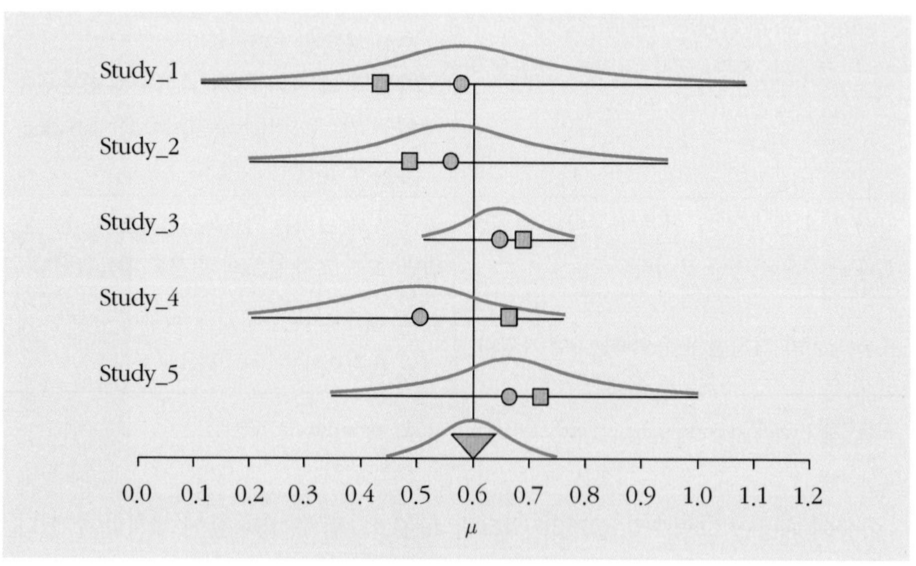

[그림 4-2] 무선효과모형

출처: Borenstein et al., 2010 [그림 4]에서 재구성.

[그림 4-1]에서 보는 것처럼 각 연구 간 관찰된 효과 크기는 서로 다르지만 추정하고자 하는 모집단의 효과 크기는 동일하다. 즉, 효과 크기가 연구 간 서로 다른 것은 표집오차(sampling error)에 의한 것이다.

[그림 4-2]에서는 각 연구 간 관찰된 효과 크기가 서로 다른 것은 물론 추정하고자 하는 모집단의 효과 크기도 각각 다르다. 이것은 표집오차에 의한 차이, 즉 연구 내 분산(within-study variance)뿐 아니라 연구 간 분산(between-study variance)이 존재하기 때문이다.

2. 고정효과모형과 무선효과모형의 차이

고정효과모형과 무선효과모형을 보다 구체적으로 이해하기 위해 두 모형의 특성과 차이점을 설명하면 〈표 4-2〉와 같이 정리할 수 있다.

〈표 4-2〉 고정효과모형과 무선효과모형의 차이

고정효과모형	무선효과모형
• 각 연구들이 기능적으로 동일(identical) • 효과 크기의 동질성을 가정(homogeneity of effect) • 따라서 동질성 검정 통계치가 통계적으로 유의하지 않고, 연구 간 분산은 0으로 고정 • 각 연구의 가중치는 매우 다름 • 연구 결과의 적용을 일반화하기보다는 특정 집단에 한정하고자 하는 경우	• 연구들이 표본, 개입 방법 등이 서로 다르다. • 효과 크기의 이질성을 가정하고 연구 간 분산을 인정(heterogeneity) • 가중치가 보다 균형적이고 표준오차가 크다. 따라서 신뢰구간이 더 크다. • 각 연구는 연구자들에 의해 각각 독립적으로 이루어진 연구들이며, 연구 결과를 다른 집단에도 일반화하여 적용하고자 하는 경우
효과 크기의 계산 모형(computational model)의 선택, 즉 평균 효과 크기를 계산할 때 고정효과모형을 선택할 것인가 아니면 무선효과모형을 선택할 것인가에 대한 것은 각 연구들이 동일한 모집단 효과를 가정하고 있느냐 그리고 분석의 목적이 무엇인가에 따라 결정되어야 한다.	

3. 고정효과모형과 무선효과모형의 적용 사례

앞에서 활용한 청소년들을 위한 멘토링이 자아존중감에 미치는 효과에 대한 데이터를 이용해서 고정효과모형과 무선효과모형을 적용해 보자. 다음 각 모형의 효과 크기 산출 공식[1)]을 활용하면 [그림 4-3]과 같은 결과가 산출된다.

〈공식 4-1〉

고정효과모형	무선효과모형
$Wi=\frac{1}{Vi}$, $M=\bar{g}=\frac{\Sigma Wg}{\Sigma W}\quad V_M=\frac{1}{\Sigma W}$ $SE_M=\sqrt{V_M}\quad Z=\frac{M}{SE_M}$ $p=(1-NORMDIST(Z))*2$ $T^2=\frac{Q-df}{C}$ $Q=\Sigma Wg^2-\frac{(\Sigma Wg)^2}{\Sigma W}$ $c=\Sigma W-\frac{\Sigma W^2}{\Sigma W}$	V: within-study variance T^2: between-study variance $V*=V+T^2\quad W*=\frac{1}{V*}$ $V_{M*}=\frac{1}{\Sigma W*}$ $M*=\frac{\Sigma W*g}{\Sigma W*}\quad Z*=\frac{M*}{SE_M*}$ prediction interval: $M*\pm t\sqrt{T^2+V_{M*}}$

1) 무선효과모형에 대한 효과 크기 산출은 '다음 절 Excel을 이용한 고정효과모형과 무선효과모형 평균 효과 크기 계산'에서 자세히 다루게 되므로 여기서는 먼저 차이를 비교하기 위해 공식만 제시한다.

〈표 4-3〉 고정효과모형과 무선효과모형의 분산 차이

Name	Treated			Control			고정효과모형				무선효과모형			
	M1	SD1	N1	M2	SD2	N2	g	V_g	T^2	V_{total}	g	V_g	T^2	V_{total}
study_1	47	11	60	46	10	60	0.095	0.033	0.000	0.033	0.095	0.033	0.029	0.062
study_2	49	11	65	46	11	65	0.271	0.031	0.000	0.031	0.271	0.031	0.029	0.060
study_3	49	14	40	44	13	40	0.367	0.050	0.000	0.050	0.367	0.050	0.029	0.079
study_4	47	10	200	41	9	200	0.630	0.010	0.000	0.010	0.630	0.010	0.029	0.040
study_5	49	11	50	44	11	45	0.451	0.043	0.000	0.043	0.451	0.043	0.029	0.072
study_6	48	11	85	46	11	85	0.181	0.023	0.000	0.023	0.181	0.023	0.029	0.053

V_g: 연구 내 분산(within-study variance)

T^2: 연구 간 분산(between-study variance)

이제 앞의 결과를 반영하여 forest plot으로 나타내면 [그림 4-3], [그림 4-4]와 같이 제시할 수 있다.

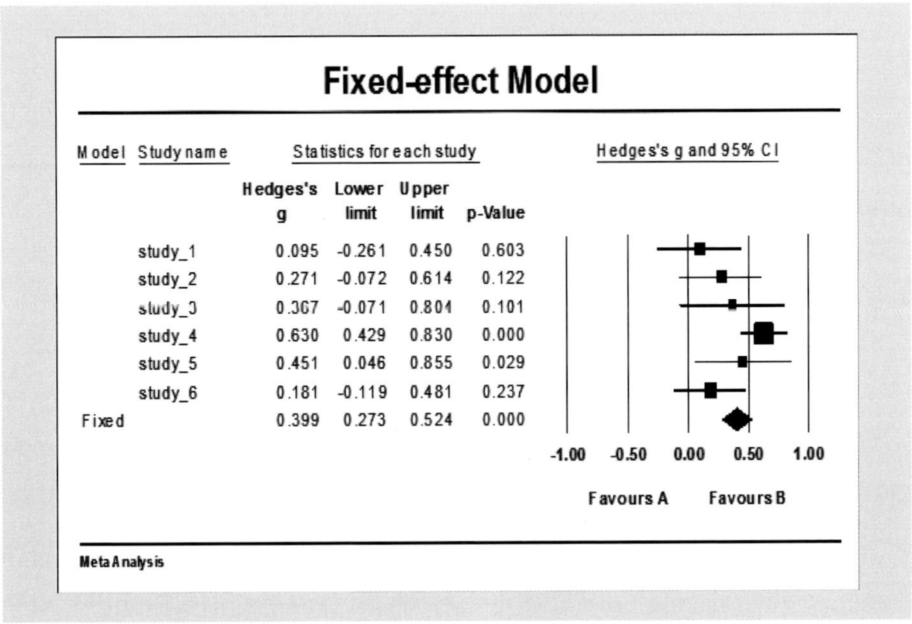

[그림 4-3] 고정효과모형을 활용한 메타분석 결과

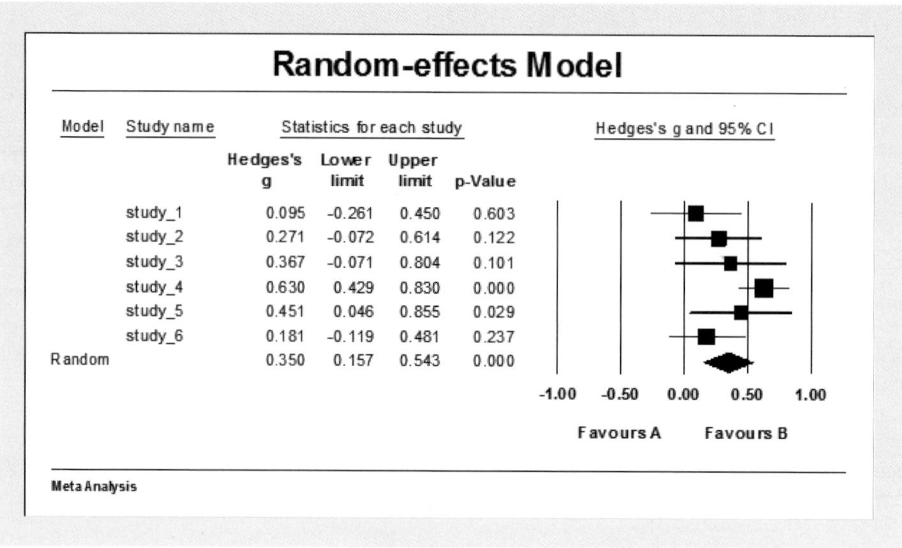

[그림 4-4] 무선효과모형을 활용한 메타분석 결과

이상 두 모형, 즉 고정효과모형과 무선효과모형의 의미와 특성을 정리하면 〈표 4-4〉와 같다.

〈표 4-4〉 고정효과모형과 무선효과모형의 특성 요약 비교

	모집단 효과 크기 (population effect)	표집 오차 (sampling error)	연구 간 분산 (heterogeneity)	전체 분산	가중치	연구 결과 일반화
고정효과모형	동일	있음	없음	V	$\frac{1}{V}$	제한적
무선효과모형	다름	있음	있음	$V+T^2$	$\frac{1}{V+T^2}$	가능

하지만 여기서 유의할 점은 연구자가 메타분석을 할 때 고정효과모형을 사용할 것인가 아니면 무선효과모형을 사용할 것인가를 선택 결정해야 한다는 점이다. 많은 연구자가 효과 크기의 동질성 검증을 한 결과에 기초해서 동질성 통계량에 따라 모형을 선택하는데, 이는 잘못된 결정이다. 왜냐하면 모형의 선택은 동질성 검증 통계량에 기초하는 것이 아니라 연구자가 데이터를 이해할 때 연구의 특성, 즉 연

구 대상, 개입 방법, 연구의 환경 등에 기초하여 모형을 선택해야 하는 것이다. 이에 대해서는 Borenstein 등(2009)은 다음과 같이 명확한 입장을 밝히고 있다.

> "……어떤 연구자들은 처음에는 고정효과모형으로 계산했다가 동질성 검증 결과 통계적으로 유의하게 나타나면 무선효과모형으로 전환하는 방식을 시도한다. 하지만 이러한 방식은 반드시 지양되어야 한다. 왜냐하면 무선효과모형을 선택하는 것은 통계적 검증 결과에 기초해서가 아니라 메타연구에 포함된 연구가 모두 동일한 모집단 효과 크기를 공유하느냐 하지 않느냐는 개념적 이해에 기초해야 하기 때문이다. 특히 동질성 검증의 통계적 분석 방법은 통계적 검증력이 낮은 경우가 많다……."(p. 84)

4. Excel을 이용한 고정효과모형과 무선효과모형의 평균 효과 크기 계산

이제 고정효과모형과 무선효과모형을 이용한 평균 효과 크기를 Excel을 이용하여 구해 보자. 데이터는 제3장에서 살펴본 청소년의 자아존중감에 대한 멘토링 프로그램 효과(사후검사)의 데이터를 활용한다.

〈표 4-5〉 실험집단과 통제집단의 평균, 표준편차, 표본 크기

연구 이름	실험집단			통제집단		
	M1	SD1	N1	M2	SD2	N2
study_1	47	11	60	46	10	60
study_2	49	11	65	46	11	65
study_3	49	14	40	44	13	40
study_4	47	10	200	41	9	200
study_5	49	11	50	44	11	45
study_6	48	11	85	46	11	85

우선 다음 공식을 활용하여 각 연구의 효과 크기와 분산을 계산해 보자.

$$D = \overline{X_1} - \overline{X_2} \qquad d = \frac{\overline{X_1} - \overline{X_2}}{S_p}$$

$$S_p = \sqrt{\frac{(n_1 - 1)S_1^2 + (n_2 - 1)S_2^2}{(n_1 + n_2 - 2)}}$$

$$V_d = \frac{1}{n_1} + \frac{1}{n_2} + \frac{d^2}{2(n_1 + n_2)}$$

$$g = J \times d \ (J:\ correction\ factor)$$

$$J = \left[1 - \frac{3}{4(n_1 + n_2) - 9}\right] \text{ or } \left(1 - \frac{3}{4df - 1}\right)$$

$$V_g = J^2 \times Vd$$

〈표 4-6〉 효과 크기와 분산의 계산

연구 이름	D	S_p	d	V_d	J	g	V_g
study_1	1	10.512	0.095	0.033	0.994	0.095	0.033
study_2	3	11.000	0.273	0.031	0.994	0.271	0.031
study_3	5	13.509	0.370	0.051	0.990	0.367	0.050
study_4	6	9.513	0.631	0.010	0.998	0.630	0.010
study_5	5	11.000	0.455	0.043	0.992	0.451	0.043
study_6	2	11.000	0.182	0.024	0.996	0.181	0.023

이어서 각 연구의 가중치와 가중효과 크기를 산출한다.

〈표 4-7〉 고정효과 크기 계산을 위한 가중치와 가중효과 크기

연구 이름	Y	V_Y	W	WY
study_1	0.095	0.033	30.352	2.869
study_2	0.271	0.031	32.582	8.834
study_3	0.367	0.050	20.048	7.349
study_4	0.630	0.010	95.623	60.197
study_5	0.451	0.043	23.468	10.581

study_6	0.181	0.023	42.706	7.730
			244.779	97.559

Y=g $V_Y = V_g$ $W_i = \frac{1}{V}$ $W_i = \frac{1}{(SE)^2}$

Y: d, OR, Z_r을 의미, 즉 universal effect size(ES)

그러면 다음 공식을 활용하여 〈표 4-8〉과 같은 고정효과모형의 평균 효과 크기와 표준오차를 구할 수 있다.

〈표 4-8〉 고정효과모형을 이용한 평균 효과 크기, 표준오차 및 95% 신뢰구간

평균 효과 크기	M	0.3986
분산	V_M	0.0041
표준오차	SE_M	0.0639
신뢰구간		
하한선(95%)	LL_M	0.2733
상한선(95%)	UL_M	0.5238
귀무가설(M=0) 검증		
Z값	Z	6.2356
유의확률(단측 검증)	p_1	0.0000
유의확률(양측 검증)	p_2	0.0000

$$M = \frac{\Sigma W_i Y}{\Sigma W_i}$$

$$V_M = \frac{1}{\Sigma W} \qquad SE_M = \sqrt{V_M}$$

$$LL_M = M - (1.96 \times SE_M)$$

$$UL_M = M + (1.96 \times SE_M)$$

$$Z = \frac{M}{SE_M}$$

$$p = (1 - NORMSDIST(Z)) * 2$$

이제 다음 공식을 이용하여 무선효과모형의 평균 효과 크기를 계산하기 위해 필요한 연구 간 분산, 즉 타우제곱(T^2)을 계산해 보자.

〈표 4-9〉 무선효과모형을 위한 타우제곱(T^2) 산출을 위한 데이터

Name	Y	V_y	W	WY	WY^2	W^2
study_1	0.095	0.033	30.352	2.869	0.271	921.214
study_2	0.271	0.031	32.582	8.834	2.395	1061.591
study_3	0.367	0.050	20.048	7.349	2.694	401.931
study_4	0.630	0.010	95.623	60.197	37.895	9143.841
study_5	0.451	0.043	23.468	10.581	4.771	550.725
study_6	0.181	0.023	42.706	7.730	1.399	1823.813
			244.779	97.559	49.424	13903.115

$$Q = \Sigma WY^2 - \frac{(\Sigma WY)^2}{\Sigma W} \quad T^2 = \frac{Q - df}{C} \quad df = k - 1 \quad C = \Sigma W - \frac{\Sigma W^2}{\Sigma W} \quad I^2 = \frac{Q - df}{Q} \times 100$$

C: scaling factor(표준화 단위 지수: T^2를 표준화된 단위로 표시)

k: number of studies

〈표 4-10〉 무선효과 크기 계산을 위한 타우제곱(T^2) 계산

Heterogeneity statistics		
Q statistic	Q	10.541
degrees of freedom	df	5.000
C	C	187.980
Tau-squared	T^2	0.029
I-squared	I^2	52.568

이제 〈표 4-10〉에서 산출된 타우제곱을 이용하여 무선효과모형의 평균 효과 크기 산출을 위해 전체 분산과 가중치 및 가중효과 크기를 계산한다.

〈표 4-11〉 무선효과 크기 계산을 위한 가중치와 가중효과 크기

Y	V_y	T^2	V_{total}	W*	W*Y
0.095	0.033	0.029	0.062	16.019	1.514
0.271	0.031	0.029	0.060	16.619	4.506
0.367	0.050	0.029	0.079	12.601	4.619
0.630	0.010	0.029	0.040	25.040	15.763
0.451	0.043	0.029	0.072	13.871	6.254
0.181	0.023	0.029	0.053	18.906	3.422
				103.056	36.078

$$W^* = \frac{1}{V^*} \qquad V^* = V + T^2$$

Total variance = (within-study variance)+(between-study variance)

이제 고정효과모형에서의 평균 효과 크기를 구한 것과 마찬가지 방식으로 무선효과모형에서의 평균 효과 크기와 표준오차를 〈표 4-12〉와 같이 산출하게 된다. 이 결과는 CMA로 구한 결과와 동일함을 알 수 있다([그림 4-5]).

〈표 4-12〉 무선효과모형을 이용한 평균 효과 크기, 표준오차 및 95% 신뢰구간

평균 효과 크기	M^*	0.3501
분산	V_{M^*}	0.0097
표준오차	SE_{M^*}	0.0985
신뢰구간		
하한선(95%)	LL_{M^*}	0.1570
상한선(95%)	UL_{M^*}	0.5432
귀무가설(M=0) 검증		
Z값	Z^*	3.5539
유의확률(단측 검증)	p_1^*	0.0002
유의확률(양측 검증)	p_2^*	0.0004

$$M^* = \frac{\sum W^* Y}{\sum W^*}$$

$$V_M^* = \frac{1}{\sum W^*} \quad SE_M^* = \sqrt{V_M^*}$$

$$LL_M^* = M^* - (1.96 \times SE_{M^*})$$

$$UL_M^* = M^* + (1.96 \times SE_{M^*})$$

$$Z^* = \frac{M^*}{SE_M^*}$$

$$p^* = (1 - NORMSDIST(Z))^* \, 2$$

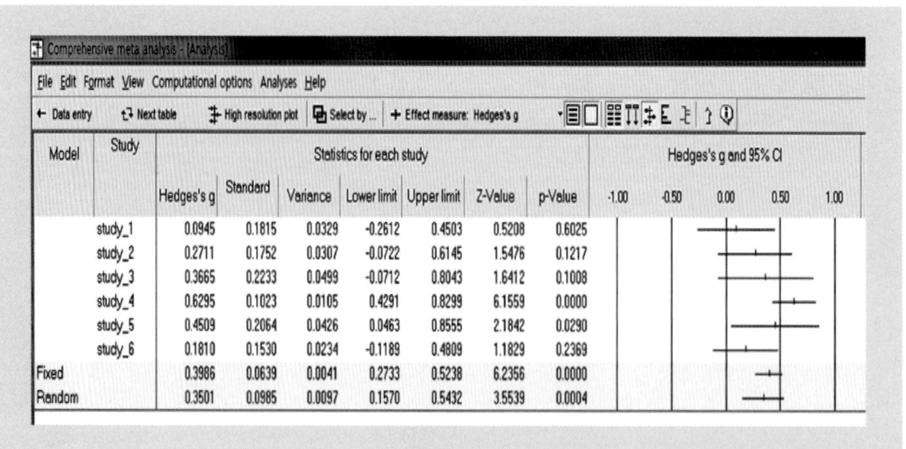

Comprehensive meta analysis - [Analysis]

Model	Study	Hedges's g	Standard error	Variance	Lower limit	Upper limit	Z-Value	p-Value
	study_1	0.0945	0.1815	0.0329	-0.2612	0.4503	0.5208	0.6025
	study_2	0.2711	0.1752	0.0307	-0.0722	0.6145	1.5476	0.1217
	study_3	0.3665	0.2233	0.0499	-0.0712	0.8043	1.6412	0.1008
	study_4	0.6295	0.1023	0.0105	0.4291	0.8299	6.1559	0.0000
	study_5	0.4509	0.2064	0.0426	0.0463	0.8555	2.1842	0.0290
	study_6	0.1810	0.1530	0.0234	-0.1189	0.4809	1.1829	0.2369
Fixed		0.3986	0.0639	0.0041	0.2733	0.5238	6.2356	0.0000
Random		0.3501	0.0985	0.0097	0.1570	0.5432	3.5539	0.0004

[그림 4-5] CMA를 이용한 고정효과모형과 무선효과모형의 평균 효과 크기

제5장 다양한 유형의 효과 크기 분석

메타분석에서는 선정된 각 연구로부터 데이터를 추출하여 분석할 때 데이터가 한 가지 종류로만 제시되는 것이 아니라 매우 다양한 형태로 제시된다. 따라서 메타분석에서는 다양한 유형의 데이터들을 종합 분석할 수 있어야 한다. 예를 들어, 만성정신장애인을 위한 사례관리에 기반을 둔 직업재활 프로그램(vocational rehabilitation program based on case management)의 효과를 검증한 10개의 연구가 있으며, 각 연구 결과는 〈표 5-1〉과 같이 다양한 형태로 보고되었다. 여기서 실험집단은 사례관리에 기초한 직업재활프로그램을 실시하였으며, 비교집단은 일반적인 직업재활 프로그램을 실시하였다.

〈표 5-1〉 만성정신장애인에 대한 사례관리 직업재활프로그램의 효과에 대한 연구 결과[1]

연구 이름	데이터 형식	실험집단 평균	실험집단 표준편차	실험집단 표본 수	통제집단 평균	통제집단 표준편차	통제집단 표본 수	효과 크기 방향
Study_1	평균, 표준편차	55	10	100	50	11	100	auto
Study_2	평균, 표준편차	54	11	50	46	10	50	auto
연구 이름	데이터 형식	실험집단 표본 수	통제집단 표본 수	t 값	효과 크기 방향			
Study_3	표본크기, t값	150	150	2.200	positive			
Study_4	표본크기, t값	100	100	1.900	positive			
연구 이름	데이터 형식	실험집단 표본 수	통제집단 표본 수	p 값	양측 또는 단측 검증	효과 크기 방향		
Study_5	표본 크기, p값	75	75	0.030	2(양측)	positive		
Study_6	표본 크기, p값	75	75	0.010	2(양측)	positive		
연구 이름	데이디 형식	표준화된 평균치이 (d)	신뢰구간 하한선	신뢰구간 상한선	실험집단 표본 수	통제집단 표본 수	신뢰수준	효과 크기 방향
Study_7	d값, 신뢰구간	0.700	0.420	0.970	100	100	0.95	auto
Study_8	d값, 신뢰구간	0.400	0.120	0.680	100	100	0.95	auto

1) 이 장에서 사용하는 데이터는 Statistics.com에서 개설한 온라인 메타분석 강좌에서 Dr. Michael Borenstein이 사용한 데이터를 수정·보완한 것임을 밝힌다.

연구 이름	데이터 형식	실험집단 직업재활 성공	실험집단 표본 수	통제집단 직업재활 성공	통제집단 표본 수			
Study_9	코호트 2x2 테이블(이벤트)	80	100	60	100			
Study_10	코호트 2x2 테이블(이벤트)	40	100	30	100			

〈표 5-1〉에서 보듯이 8개의 연구는 연속형 데이터(직업재활 역량 점수의 변화)를 제공하였으며, 2개의 연구는 이분형 데이터를 제공하였다. 즉,

연구 1, 2: 평균과 표준편차를 보고한 연구
연구 3, 4: t-값을 보고한 연구
연구 5, 6: p-값만 보고한 연구
연구 7, 8: 표준화된 평균 차이, 즉 d값과 그 신뢰구간을 보고한 연구
연구 9, 10: 각 집단 참가자들의 성공 비율을 보고한 연구(직업재활 성공 여부)

먼저 각 유형의 데이터를 CMA에 바르게 입력하였을 경우 그 결과는 [그림 5-1]~[그림 5-5]와 같다.

〈표 5-2〉 두 집단의 평균과 표준편차

연구 이름	데이터 형식	실험집단 평균	실험집단 표준편차	실험집단 표본 수	통제집단 평균	통제집단 표준편차	통제집단 표본 수	효과 크기 방향
Study_1	평균, 표준편차	55	10	100	50	11	100	auto
Study_2	평균, 표준편차	54	11	50	46	10	50	auto

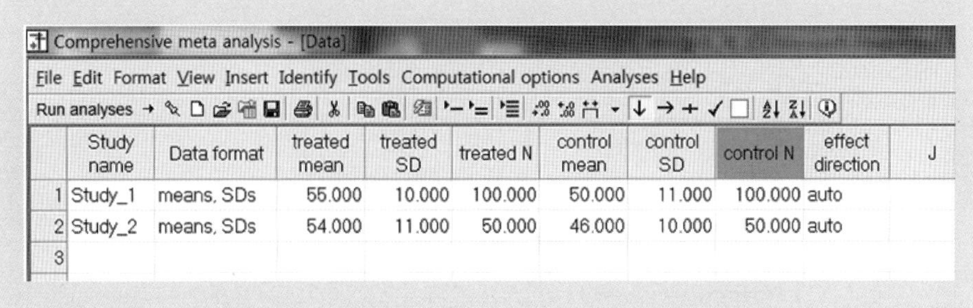

Comprehensive meta analysis - [Data]

File Edit Format View Insert Identify Tools Computational options Analyses Help

Run analyses

	Study name	Data format	treated mean	treated SD	treated N	control mean	control SD	control N	effect direction	J
1	Study_1	means, SDs	55.000	10.000	100.000	50.000	11.000	100.000	auto	
2	Study_2	means, SDs	54.000	11.000	50.000	46.000	10.000	50.000	auto	
3										

[그림 5-1] 두 집단의 평균과 표준편차가 입력된 모습

〈표 5-3〉 두 집단의 평균에 기초한 t값

연구 이름	데이터 형식	실험집단 표본 수	통제집단 표본 수	t 값	효과 크기 방향
Study_3	표본 크기, t값	150	150	2.200	positive
Study_4	표본 크기, t값	100	100	1.900	positive

Comprehensive meta analysis - [D:₩2013_메타분석_워크샵(2013. 7)₩메타분석_워크샵(2013. 7)₩workshop_data(201

File Edit Format View Insert Identify Tools Computational options Analyses Help

Run analyses

	Study name	Data format	Treated Sample size	Control Sample size	Independent groups t-value	Effect direction
1	Study_1	Independent groups (means, SD's)				
2	Study_2	Independent groups (means, SD's)				
3	Study_3	Independent groups (Sample size, t)	150	150	2.200	Positive
4	Study_4	Independent groups (Sample size, t)	100	100	1.900	Positive

[그림 5-2] 두 집단의 평균에 기초한 t값이 입력된 모습

〈표 5-4〉 두 집단의 평균에 기초한 p값

연구 이름	데이터 형식	실험집단 표본 수	통제집단 표본 수	p 값	양측 또는 단측 검증	효과 크기 방향
Study_5	표본 크기, p값	75	75	0.030	2	positive
Study_6	표본 크기, p값	75	75	0.010	2	positive

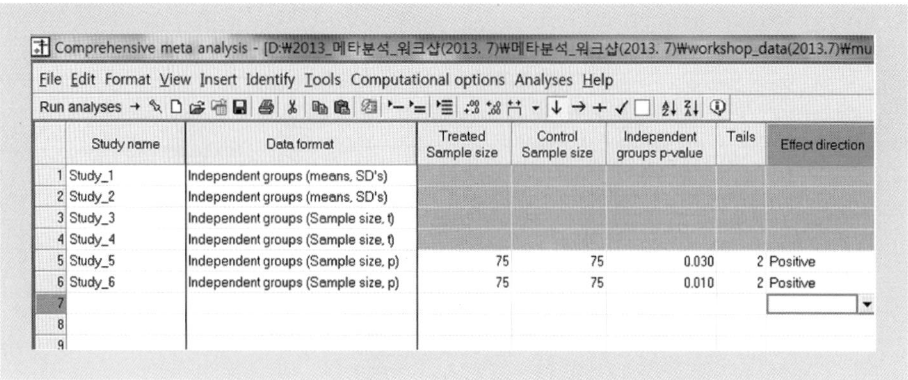

Comprehensive meta analysis - [D:₩2013_메타분석_워크샵(2013. 7)₩메타분석_워크샵(2013. 7)₩workshop_data(2013.7)₩mu

File Edit Format View Insert Identify Tools Computational options Analyses Help

Run analyses

	Study name	Data format	Treated Sample size	Control Sample size	Independent groups p-value	Tails	Effect direction
1	Study_1	Independent groups (means, SD's)					
2	Study_2	Independent groups (means, SD's)					
3	Study_3	Independent groups (Sample size, t)					
4	Study_4	Independent groups (Sample size, t)					
5	Study_5	Independent groups (Sample size, p)	75	75	0.030	2	Positive
6	Study_6	Independent groups (Sample size, p)	75	75	0.010	2	Positive
7							
8							
9							

[그림 5-3] 두 집단의 평균에 기초한 p값이 입력된 모습

〈표 5-5〉 표준화된 평균 차이(d) 및 신뢰구간

연구 이름	데이터 형식	표준화된 평균 차이 (d)	신뢰구간 하한선	신뢰구간 상한선	실험집단 표본 수	통제집단 표본 수	신뢰수준	효과 크기 방향
Study_7	d값, 신뢰구간	0.700	0.420	0.970	100	100	0.95	auto
Study_8	d값, 신뢰구간	0.400	0.120	0.680	100	100	0.95	auto

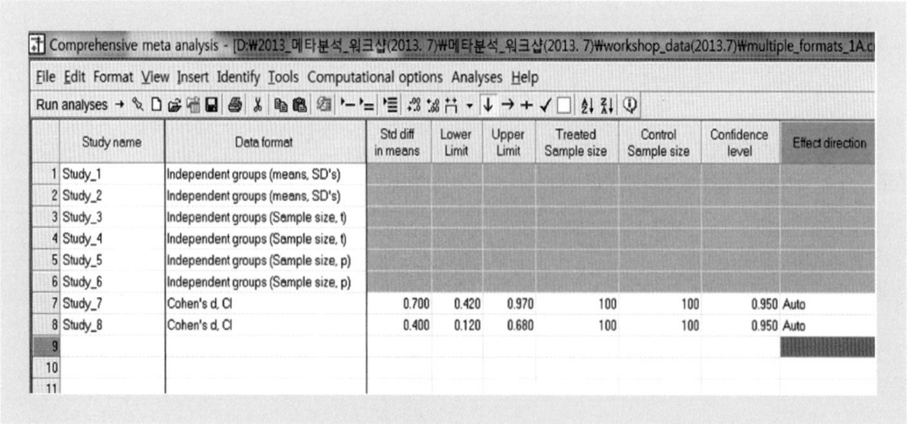

Comprehensive meta analysis - [D:₩2013_메타분석_워크샵(2013. 7)₩메타분석_워크샵(2013. 7)₩workshop_data(2013.7)₩multiple_formats_1A.c

File Edit Format View Insert Identify Tools Computational options Analyses Help

Run analyses

	Study name	Data format	Std diff in means	Lower Limit	Upper Limit	Treated Sample size	Control Sample size	Confidence level	Effect direction
1	Study_1	Independent groups (means, SD's)							
2	Study_2	Independent groups (means, SD's)							
3	Study_3	Independent groups (Sample size, t)							
4	Study_4	Independent groups (Sample size, t)							
5	Study_5	Independent groups (Sample size, p)							
6	Study_6	Independent groups (Sample size, p)							
7	Study_7	Cohen's d, CI	0.700	0.420	0.970	100	100	0.950	Auto
8	Study_8	Cohen's d, CI	0.400	0.120	0.680	100	100	0.950	Auto
9									
10									
11									

[그림 5-4] 표준화된 평균 차이(d) 및 신뢰구간이 입력된 모습

〈표 5-6〉 두 집단의 직업재활 성공 비율

연구 이름	데이터 형식	실험집단 직업재활 성공	실험집단 표본 수	통제집단 직업재활 성공	통제집단 표본 수
Study_9	코호트 2x2 테이블(이벤트)	80	100	60	100
Study_10	코호트 2x2 테이블(이벤트)	40	100	30	100

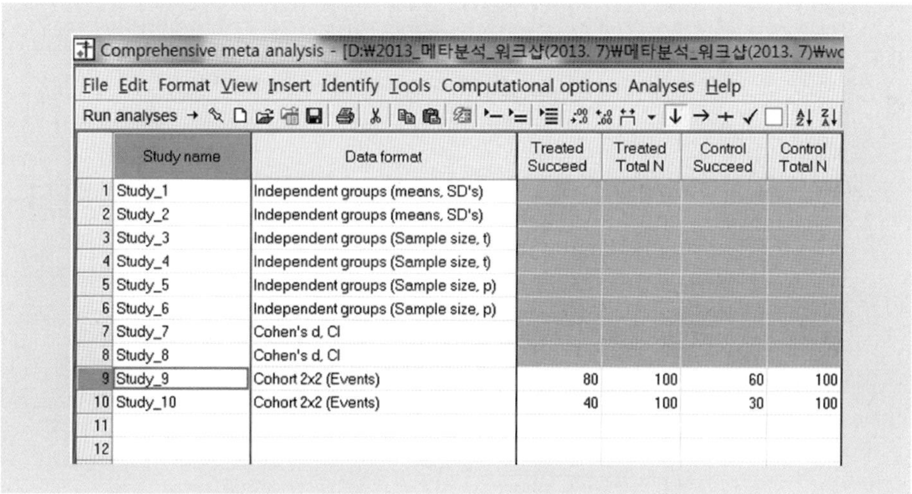

Comprehensive meta analysis - [D:₩2013_메타분석_워크샵(2013. 7)₩메타분석_워크샵(2013. 7)₩wc

File Edit Format View Insert Identify Tools Computational options Analyses Help

Run analyses

	Study name	Data format	Treated Succeed	Treated Total N	Control Succeed	Control Total N
1	Study_1	Independent groups (means, SD's)				
2	Study_2	Independent groups (means, SD's)				
3	Study_3	Independent groups (Sample size, t)				
4	Study_4	Independent groups (Sample size, t)				
5	Study_5	Independent groups (Sample size, p)				
6	Study_6	Independent groups (Sample size, p)				
7	Study_7	Cohen's d, CI				
8	Study_8	Cohen's d, CI				
9	Study_9	Cohort 2x2 (Events)	80	100	60	100
10	Study_10	Cohort 2x2 (Events)	40	100	30	100
11						
12						

[그림 5-5] 두 집단의 직업재활 성공 비율이 입력된 모습

1. 데이터 입력하기

이제 각 연구의 데이터를 실제로 입력해 보자. 이를 위해서는 CMA 데이터 창에서 먼저 Insert > Column for > Study names을 클릭한다.

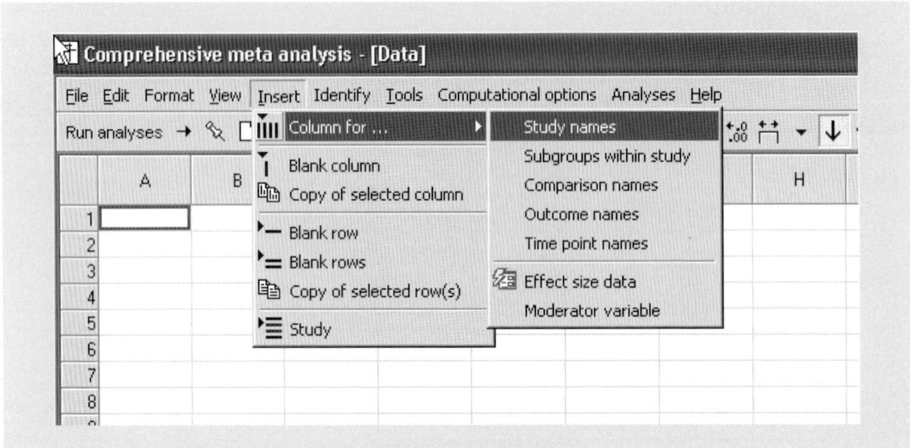

[그림 5-6] Insert>Column for>Study name을 클릭한 모습

그러면 연구 이름 칼럼이 먼저 나타난다.

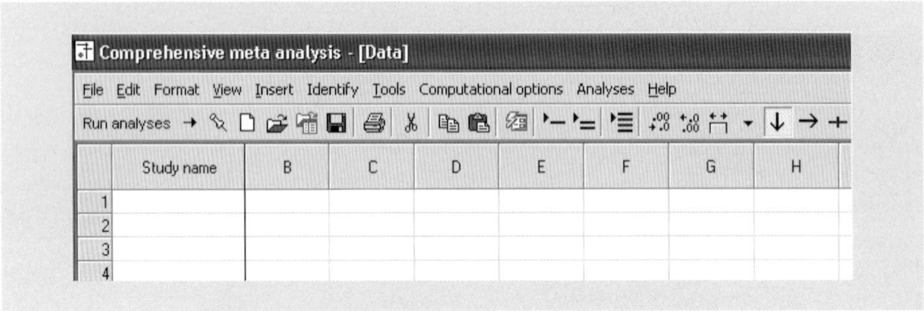

[그림 5-7] Insert 메뉴에서 Study name이 지정된 모습

그리고 나서 이번에는 Insert>Column for>Effect size data를 클릭한다.

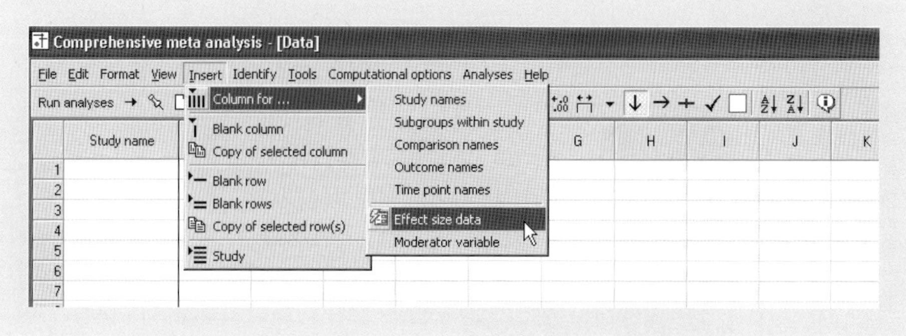

[그림 5-8] Insert>Column for>Effect size data를 클릭한 모습

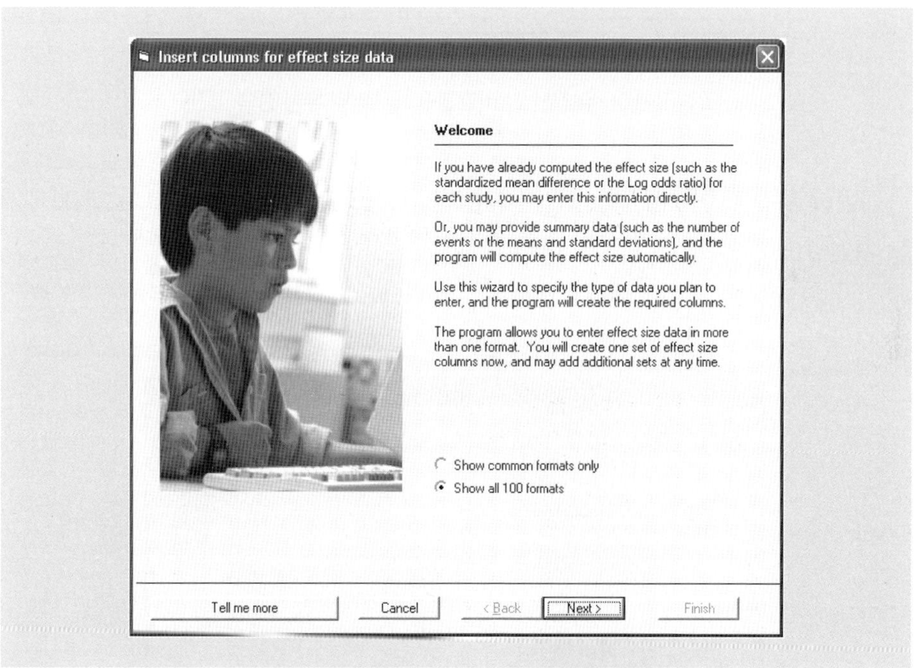

[그림 5-9] Effect size data 유형에 대한 첫 화면

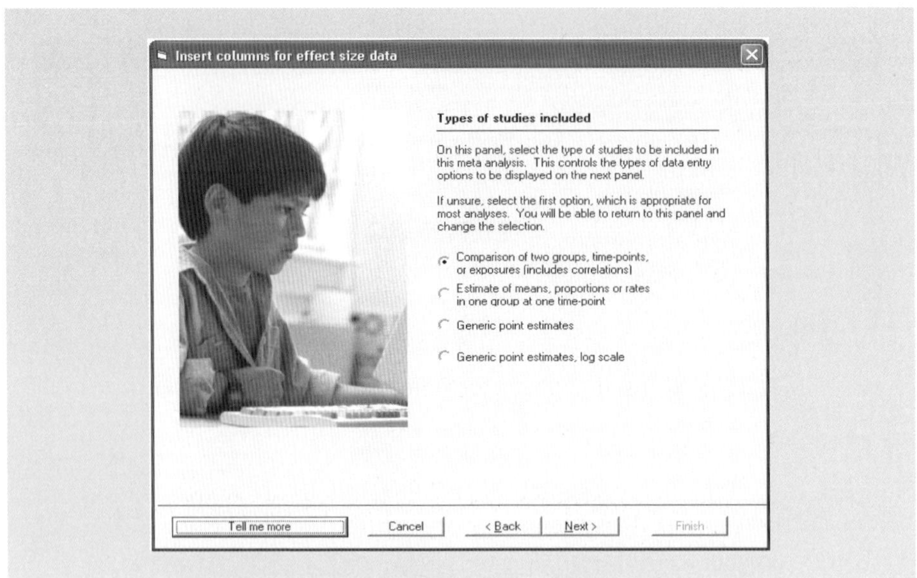

[그림 5-10] 두 집단 간 비교연구의 데이터 유형 선택 화면

데이터 형식은 연속형 데이터, 사후 검사, 평균, 표준편차, 표본 크기 탭을 차례로 선택한다.

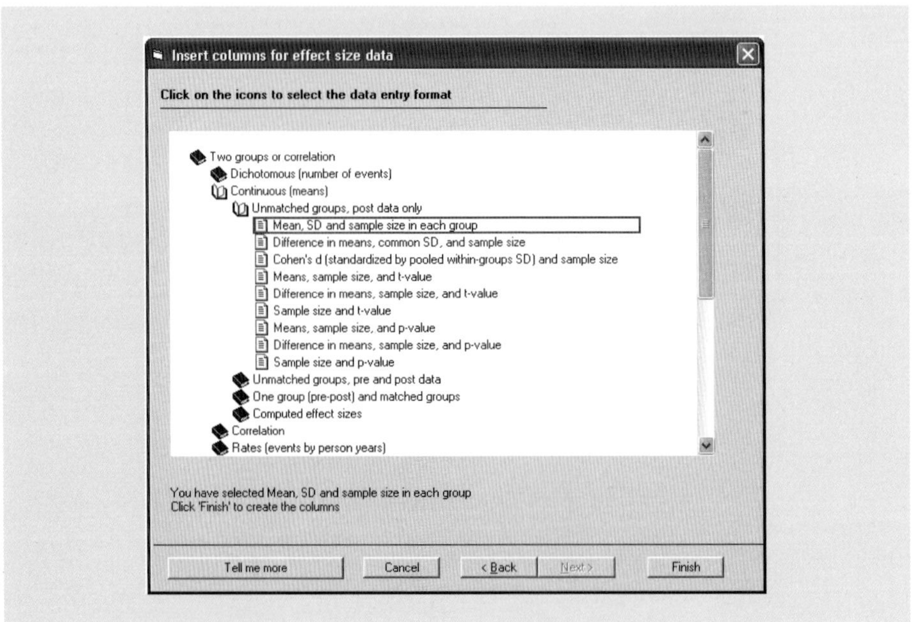

[그림 5-11] 연속형 데이터, 사후 검사, 평균, 표준편차, 표본 크기를 선택한 모습

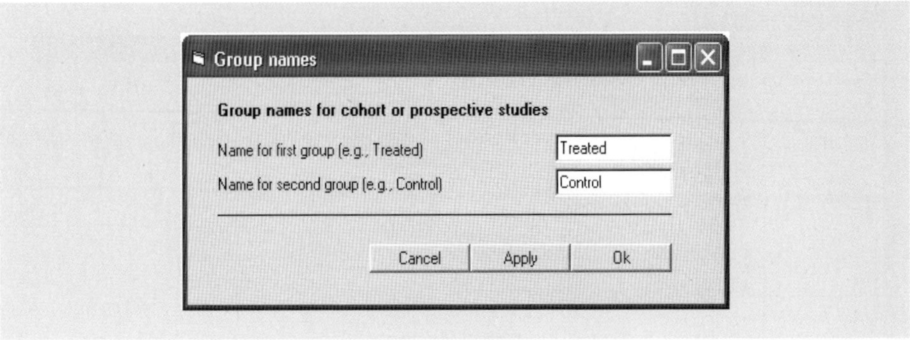

Group names

Group names for cohort or prospective studies

Name for first group (e.g., Treated) Treated

Name for second group (e.g., Control) Control

Cancel Apply Ok

[그림 5-12] 두 집단을 정의하는 창

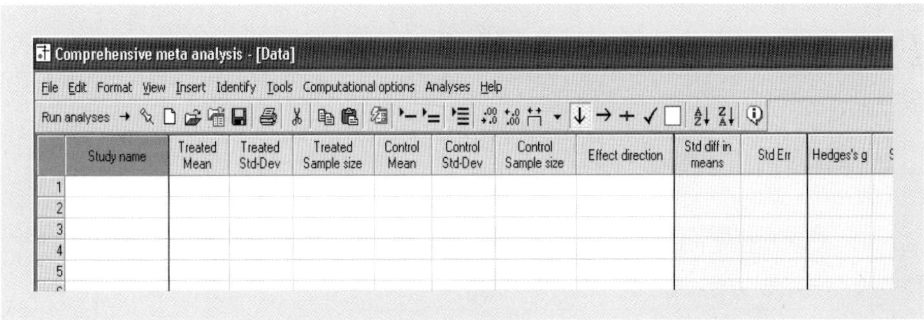

Comprehensive meta analysis - [Data]

File Edit Format View Insert Identify Tools Computational options Analyses Help

Run analyses

	Study name	Treated Mean	Treated Std-Dev	Treated Sample size	Control Mean	Control Std-Dev	Control Sample size	Effect direction	Std diff in means	Std Err	Hedges's g
1											
2											
3											
4											
5											

[그림 5-13] 데이터를 직접 입력하기 위해 준비된 모습

이제 첫째 유형의 데이터를 입력할 준비가 되었으므로, 첫 두 연구의 데이터를 직접 입력하면 다음과 같이 나타난다.

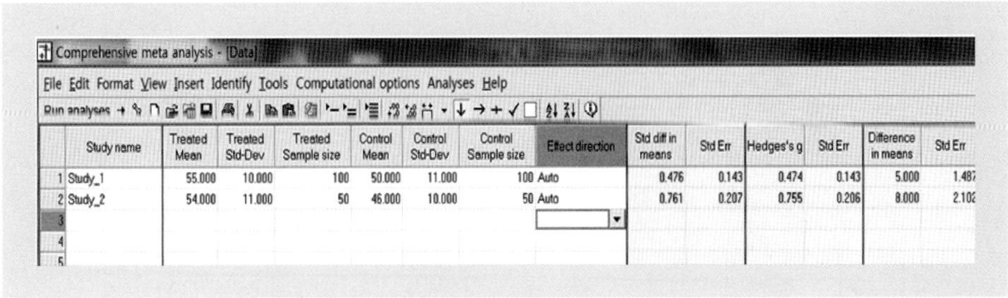

Comprehensive meta analysis - [Data]

File Edit Format View Insert Identify Tools Computational options Analyses Help

Run analyses

	Study name	Treated Mean	Treated Std-Dev	Treated Sample size	Control Mean	Control Std-Dev	Control Sample size	Effect direction	Std diff in means	Std Err	Hedges's g	Std Err	Difference in means	Std Err
1	Study_1	55.000	10.000	100	50.000	11.000	100	Auto	0.476	0.143	0.474	0.143	5.000	1.487
2	Study_2	54.000	11.000	50	46.000	10.000	50	Auto	0.761	0.207	0.755	0.206	8.000	2.102
3														
4														
5														

[그림 5-14] 첫 두 연구의 데이터를 직접 입력한 모습

이제 두 번째 데이터를 위한 columns을 만들 차례다. 역시 Insert > Column for > Effect size data를 클릭한다.

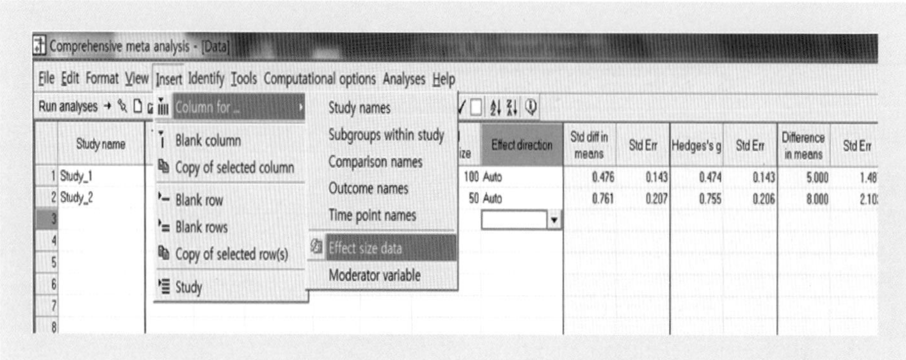

[그림 5-15] 두 번째 입력을 위해 Insert>Column for>Effect size data를 클릭한 모습

이때 이미 만들어진 데이터 tab은 다음과 같이 짙은 색(청색)으로 나타남을 볼 수 있다.

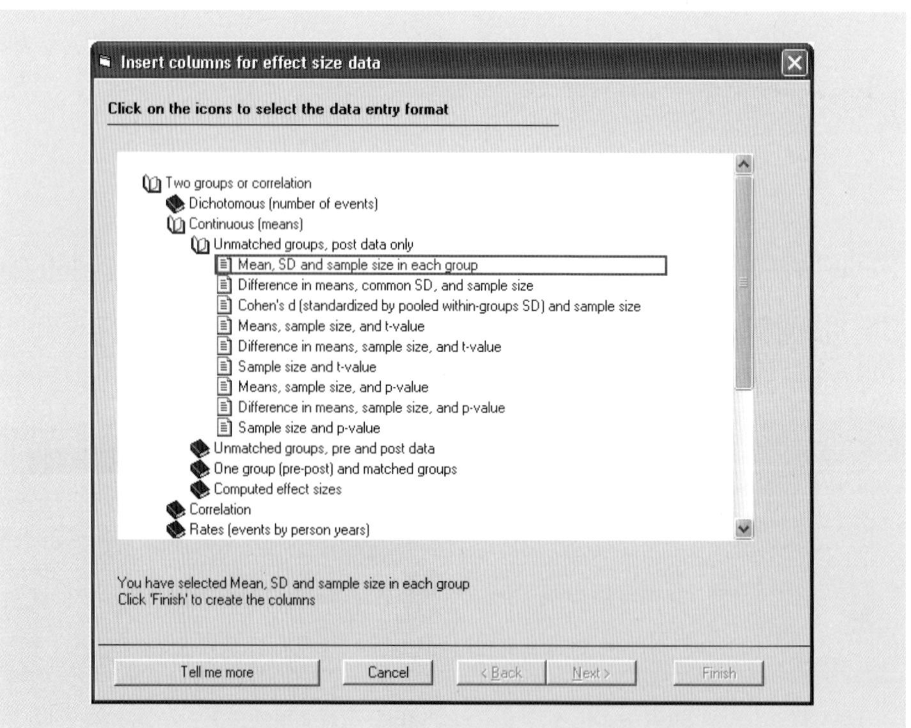

[그림 5-16] 이미 입력된 데이터 유형 탭이 짙은 색(청색)으로 나타난 모습

여기서 연속형 데이터, 사후 검사 그리고 sample size와 t-value 탭을 선택한다.

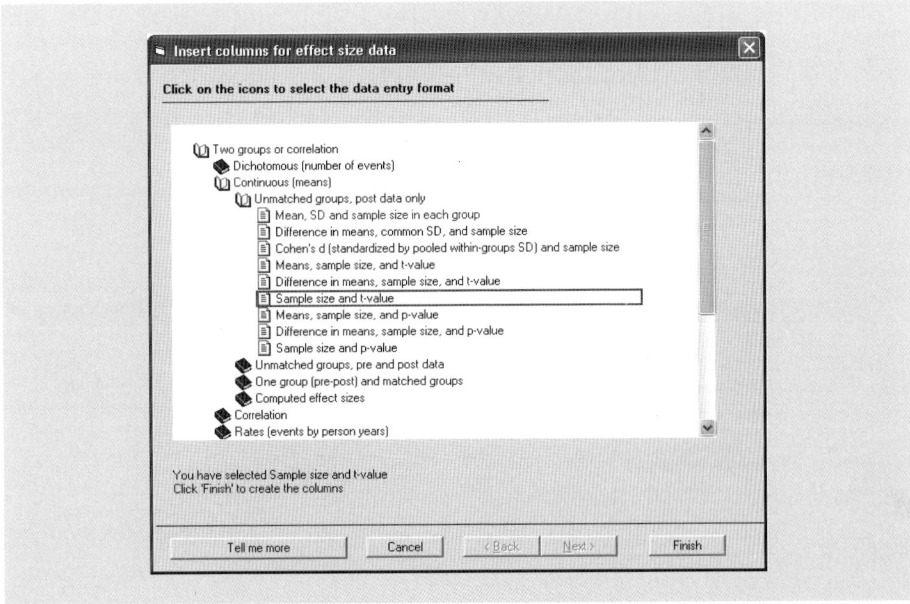

[그림 5-17] 두 번째 데이터 입력을 위해 sample size와 t-value 탭을 선택하는 모습

이제 하단 탭에 두 번째 데이터 형식이 'Independent groups(Sample size, t)'로 표시됨을 알 수 있다.

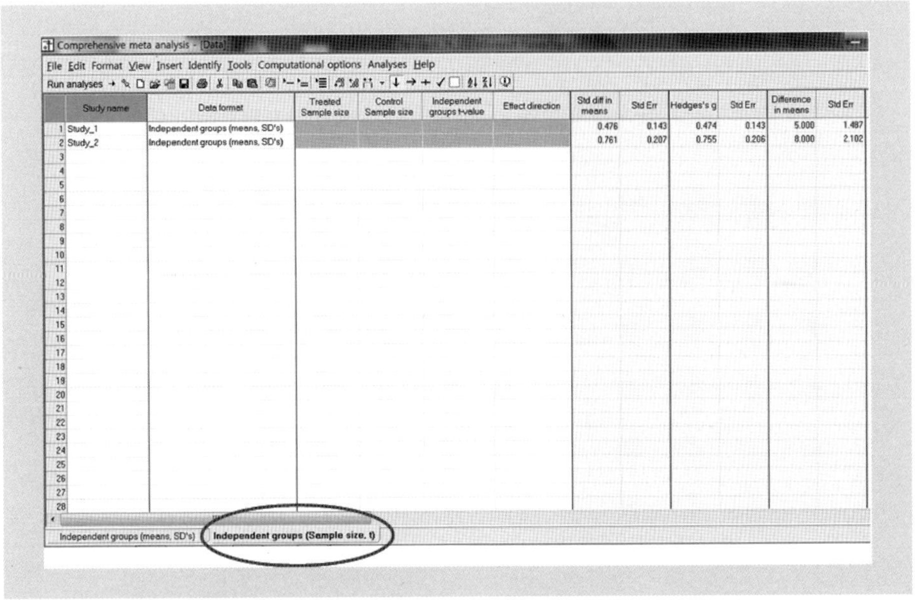

[그림 5-18] 하단 탭에 'Independent groups(Sample size, t)'로 표시된 모습

이때 이미 입력한 데이터 탭은 회색으로 나타나 있다. 이제 두 번째 형식의 데이터를 직접 입력한다. 여기서 t값과 p값이 제시된 경우는 Effect direction을 반드시 positive 또는 negative로 결정해야 하며, 여기서는 양의 수(+)이므로 positive를 선택한다.

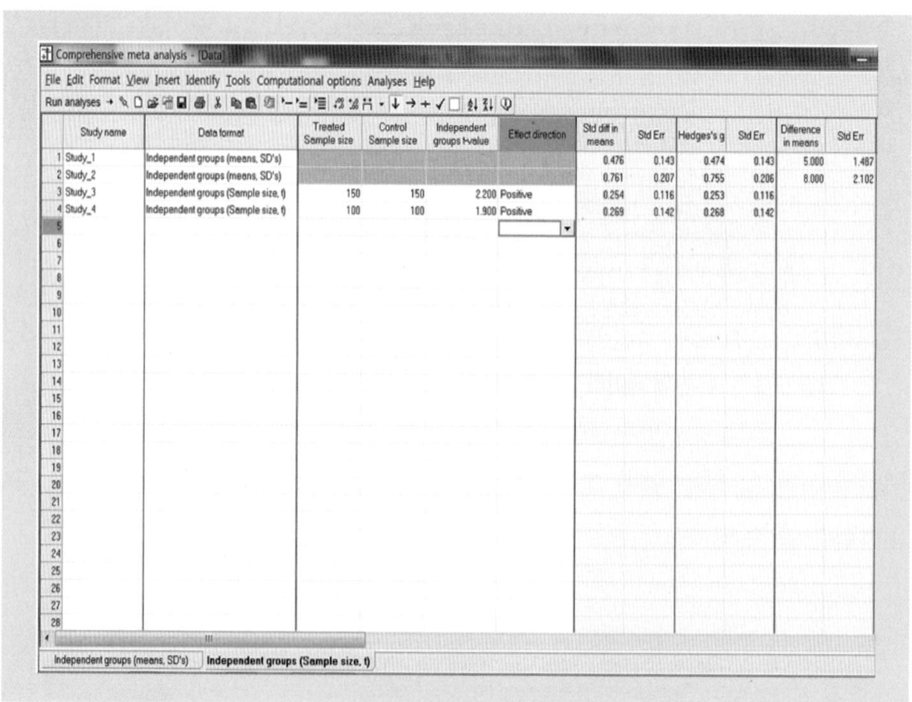

[그림 5-19] 두 번째 데이터(sample size와 t-value)가 입력된 후의 모습

이제 세 번째 데이터를 입력하는데, 이번에는 표본 크기와 p값을 선택한다.

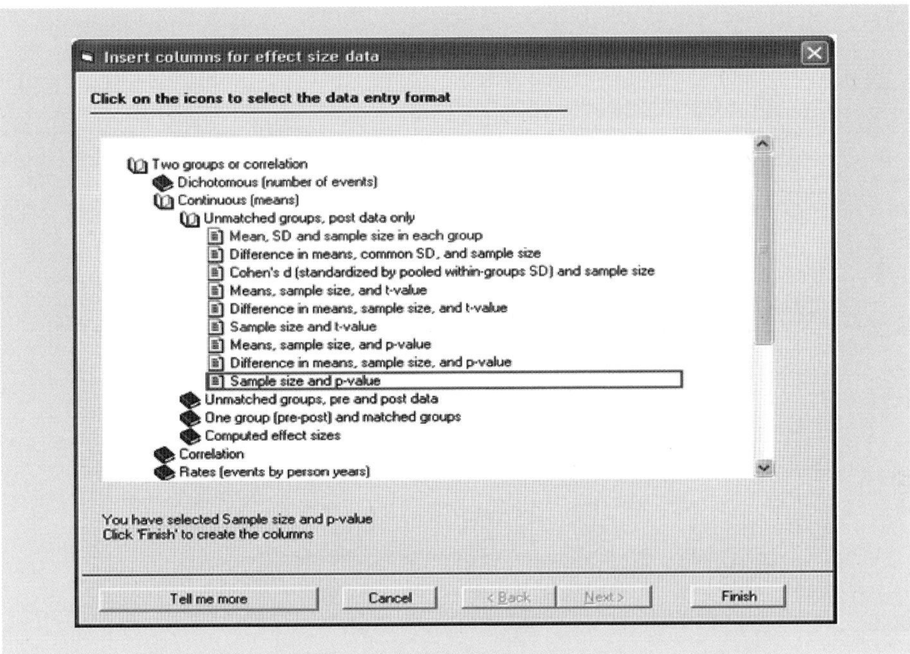

[그림 5-20] 세 번째 데이터를 위한 표본 크기와 p값을 선택한 모습

이어서 세 번째 형식의 데이터를 입력한다. 여기서도 t값에서와 마찬가지로 Effect direction을 positive로 선택한다.

Comprehensive meta analysis - [Data]

File Edit Format View Insert Identify Tools Computational options Analyses Help

Run analyses →

	Study name	Data format	Treated Sample size	Control Sample size	Independent groups p-value	Tails	Effect direction	Std diff in means	Std Err	Hedges's g	Std Err
1	Study_1	Independent groups (means, SD's)						0.476	0.143	0.474	0.143
2	Study_2	Independent groups (means, SD's)						0.761	0.207	0.755	0.206
3	Study_3	Independent groups (Sample size, t)						0.254	0.116	0.253	0.116
4	Study_4	Independent groups (Sample size, t)						0.269	0.142	0.268	0.142
5	Study_5	Independent groups (Sample size, p)	75	75	0.030	2	Positive	0.358	0.165	0.356	0.164
6	Study_6	Independent groups (Sample size, p)	75	75	0.010	2	Positive	0.426	0.165	0.424	0.164
7											

[그림 5-21] 세 번째 데이터가 입력된 모습

이제 네 번째 데이터는 d값과 신뢰구간이다. 따라서 이미 계산된 효과 크기 탭과 이어서 Cohen's d and confidence limit 탭을 선택한다.

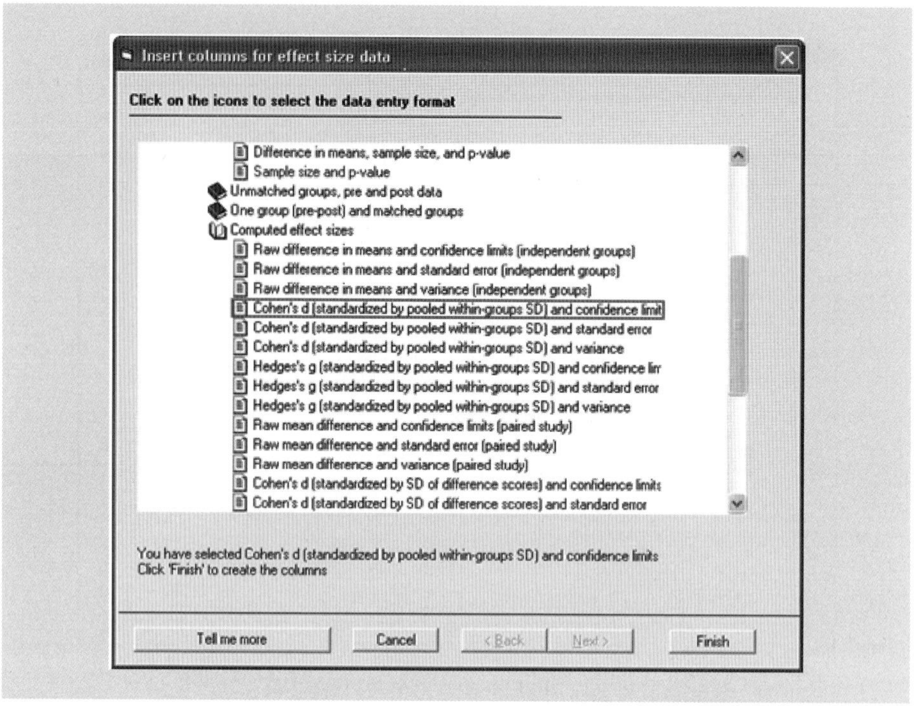

[그림 5-22] 네 번째 데이터를 위해 Cohen's d와 confidence limit를 선택한 모습

그리고 네 번째 형식의 데이터를 직접 입력한다.

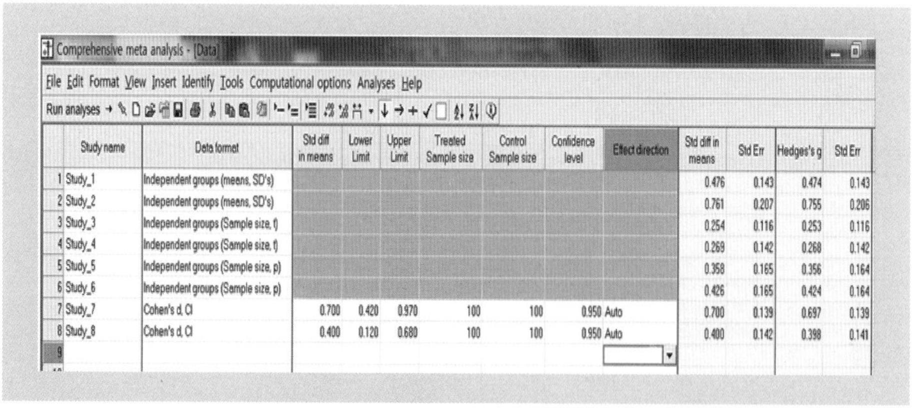

[그림 5-23] 네 번째 데이터가 입력된 모습

마지막 다섯 번째 데이터는 이분형 데이터다. 여기서는 이분형 데이터 탭과 이어서 각 그룹의 이벤트 발생과 표본 크기 탭을 선택한다.

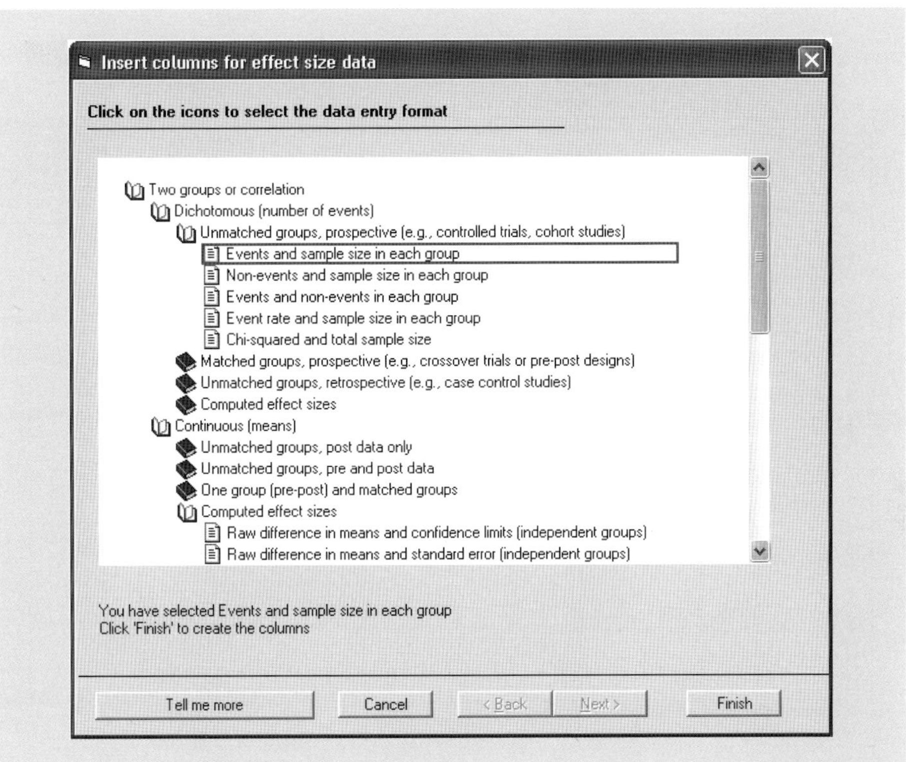

[그림 5-24] 다섯 번째 데이터를 위해 이분형, 이벤트 및 표본 크기 탭을 선택한 모습

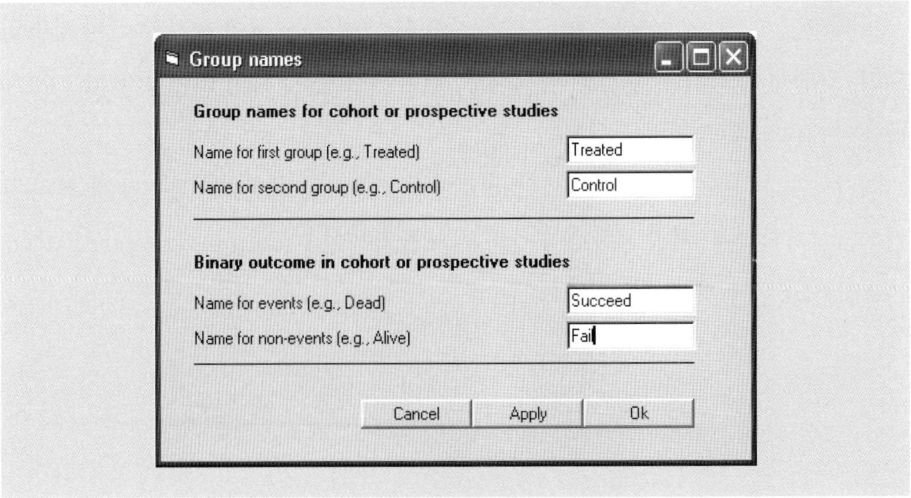

Group names

Group names for cohort or prospective studies

Name for first group (e.g., Treated) Treated

Name for second group (e.g., Control) Control

Binary outcome in cohort or prospective studies

Name for events (e.g., Dead) Succeed

Name for non-events (e.g., Alive) Fail

Cancel Apply Ok

[그림 5-25] 다섯 번째 데이터 집단 이름과 결과 이름을 지정하는 모습

이어서 다섯 번째 형식의 데이터를 입력한다.

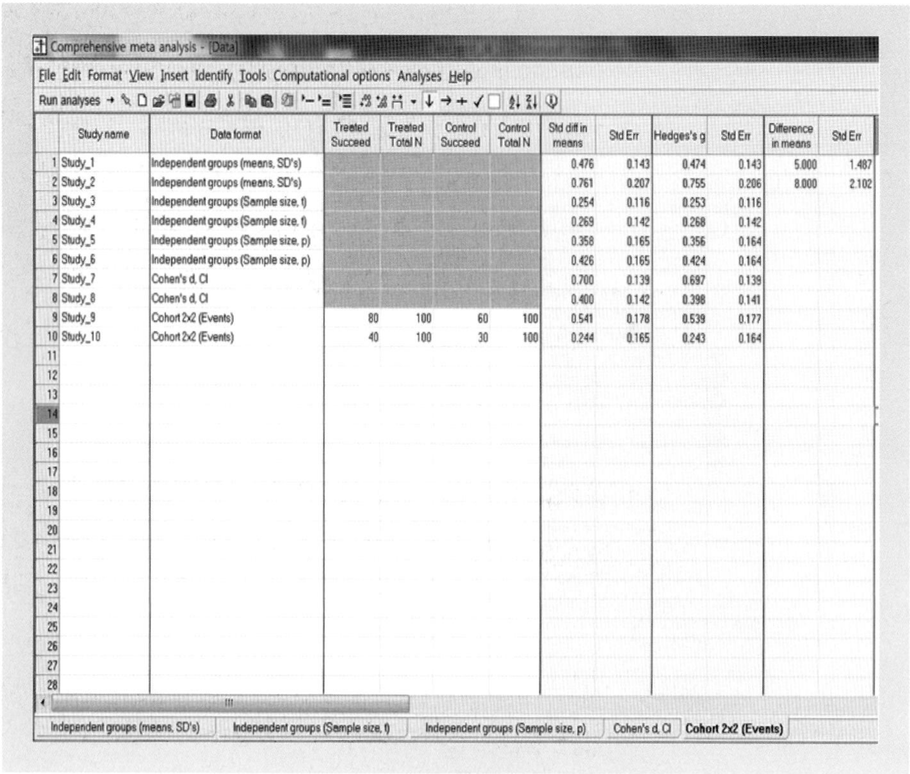

Comprehensive meta analysis - [Data]

File Edit Format View Insert Identify Tools Computational options Analyses Help

Run analyses

	Study name	Data format	Treated Succeed	Treated Total N	Control Succeed	Control Total N	Std diff in means	Std Err	Hedges's g	Std Err	Difference in means	Std Err
1	Study_1	Independent groups (means, SD's)					0.476	0.143	0.474	0.143	5.000	1.487
2	Study_2	Independent groups (means, SD's)					0.761	0.207	0.755	0.206	8.000	2.102
3	Study_3	Independent groups (Sample size, t)					0.254	0.116	0.253	0.116		
4	Study_4	Independent groups (Sample size, t)					0.269	0.142	0.268	0.142		
5	Study_5	Independent groups (Sample size, p)					0.358	0.165	0.356	0.164		
6	Study_6	Independent groups (Sample size, p)					0.426	0.165	0.424	0.164		
7	Study_7	Cohen's d, CI					0.700	0.139	0.697	0.139		
8	Study_8	Cohen's d, CI					0.400	0.142	0.398	0.141		
9	Study_9	Cohort 2x2 (Events)	80	100	60	100	0.541	0.178	0.539	0.177		
10	Study_10	Cohort 2x2 (Events)	40	100	30	100	0.244	0.165	0.243	0.164		

Independent groups (means, SD's) | Independent groups (Sample size, t) | Independent groups (Sample size, p) | Cohen's d, CI | **Cohort 2x2 (Events)**

[그림 5-26] 다섯 번째 데이터가 입력된 모습

이제 다섯 가지 탭이 모두 준비되었다. 이 다섯 가지 형식에 추가할 데이터가 있으면 그 탭을 클릭하여 추가로 입력하고, 만약 새로운 형태의 데이터가 있으면 새 탭을 추가하면 된다.

여기서는 추가로 효과 크기 odds ratios 칼럼을 추가해 보자. 이 경우 효과 크기 칼럼(◯ 표시된 부분)에 오른쪽 마우스버튼을 클릭하여 'Customize computed effect size display'를 선택한다.

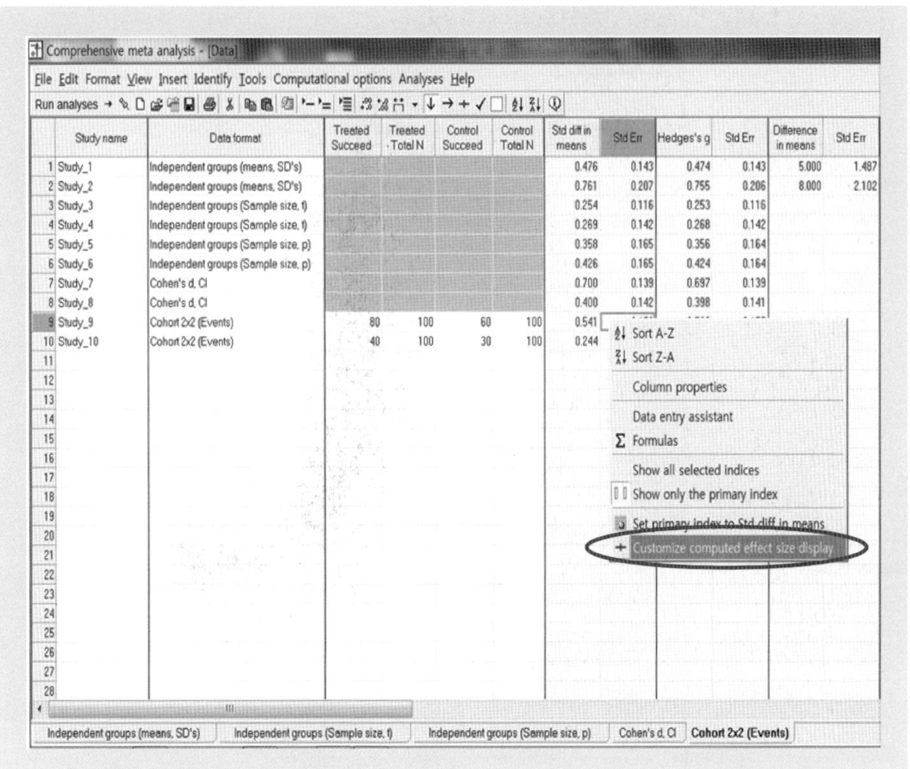

[그림 5-27] 효과 크기 유형을 선택하기 위해 효과 크기 표시 메뉴를 선택하는 모습

이어서 나타난 효과 크기 탭에서 Odds ratio를 추가로 선택한다.

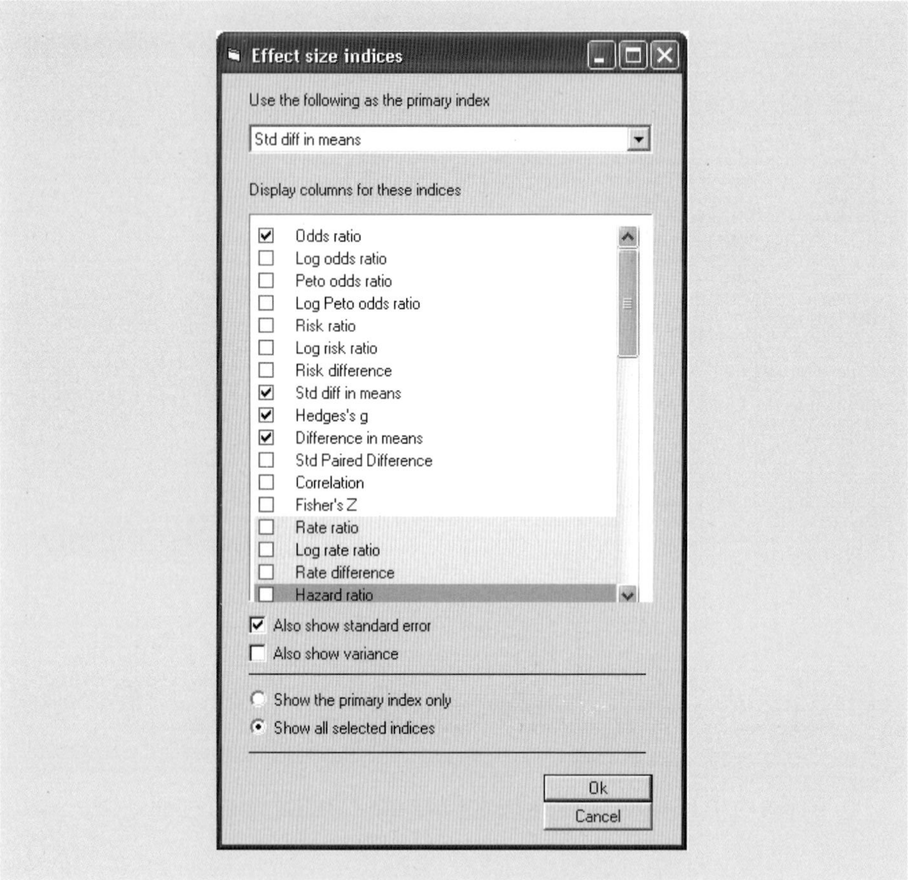

[그림 5-28] 효과 크기 탭에서 Odds ratio를 추가로 선택하는 모습

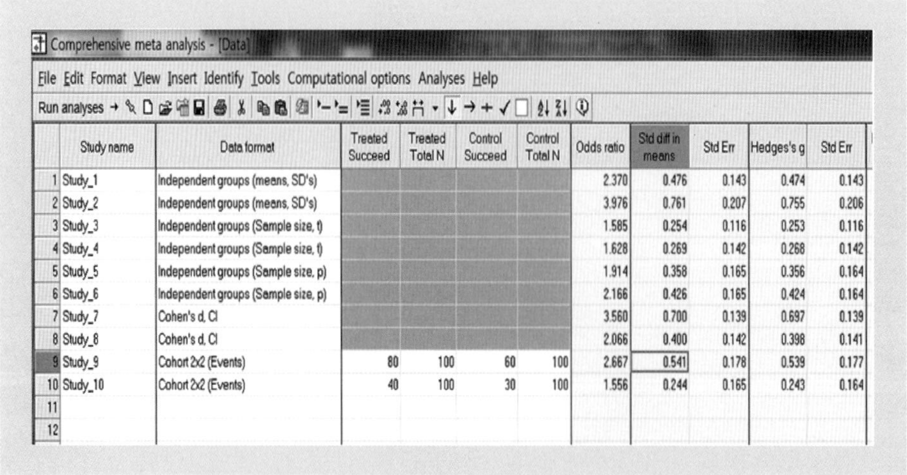

	Study name	Data format	Treated Succeed	Treated Total N	Control Succeed	Control Total N	Odds ratio	Std diff in means	Std Err	Hedges's g	Std Err
1	Study_1	Independent groups (means, SD's)					2.370	0.476	0.143	0.474	0.143
2	Study_2	Independent groups (means, SD's)					3.976	0.761	0.207	0.755	0.206
3	Study_3	Independent groups (Sample size, t)					1.585	0.254	0.116	0.253	0.116
4	Study_4	Independent groups (Sample size, t)					1.628	0.269	0.142	0.268	0.142
5	Study_5	Independent groups (Sample size, p)					1.914	0.358	0.165	0.356	0.164
6	Study_6	Independent groups (Sample size, p)					2.166	0.426	0.165	0.424	0.164
7	Study_7	Cohen's d, CI					3.560	0.700	0.139	0.697	0.139
8	Study_8	Cohen's d, CI					2.066	0.400	0.142	0.398	0.141
9	Study_9	Cohort 2x2 (Events)	80	100	60	100	2.667	0.541	0.178	0.539	0.177
10	Study_10	Cohort 2x2 (Events)	40	100	30	100	1.556	0.244	0.165	0.243	0.164
11											
12											

[그림 5-29] 효과 크기 표시 창에 Odds ratio가 추가된 모습

그러면 이제 이분형 데이터에도 d가 계산된 것을 알 수 있다. 이때 각 d값을 산출하기 위해서 어떤 공식과 계산 방식이 사용되었는지 보려면 d값, 즉 여기서 임의로 0.541을 더블 클릭해 보자.

그러면 새로운 탭이 나타나며 우선 승산 비율(odds ratio)의 계산 방법을 보여준다.

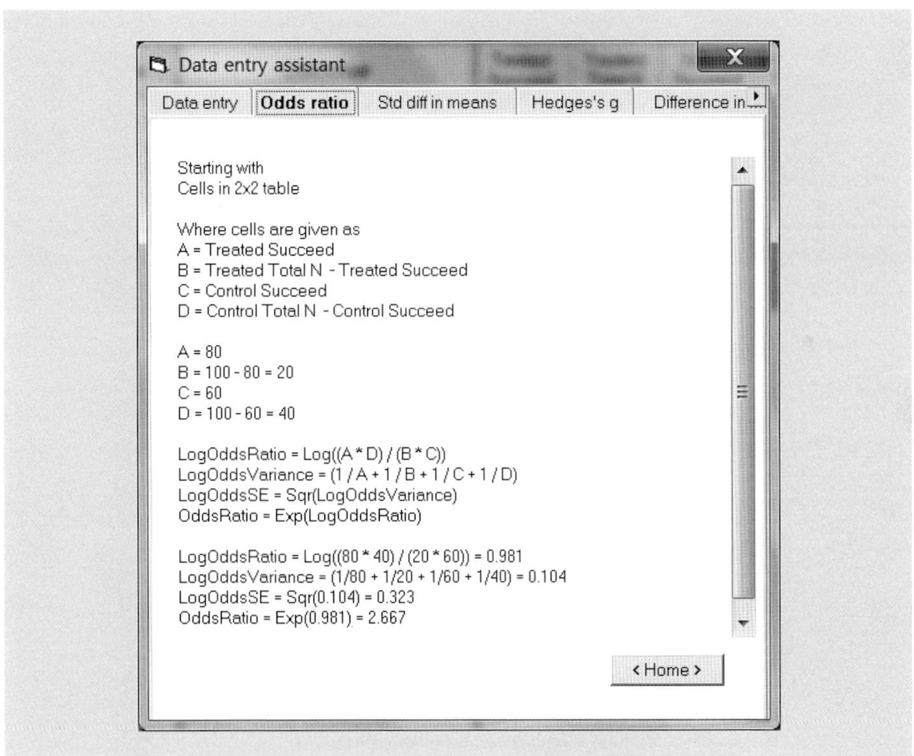

[그림 5-30] 승산 비율 계산 과정을 보여 주는 모습

그리고 표준화된 평균 차이(d) 탭을 클릭한다.

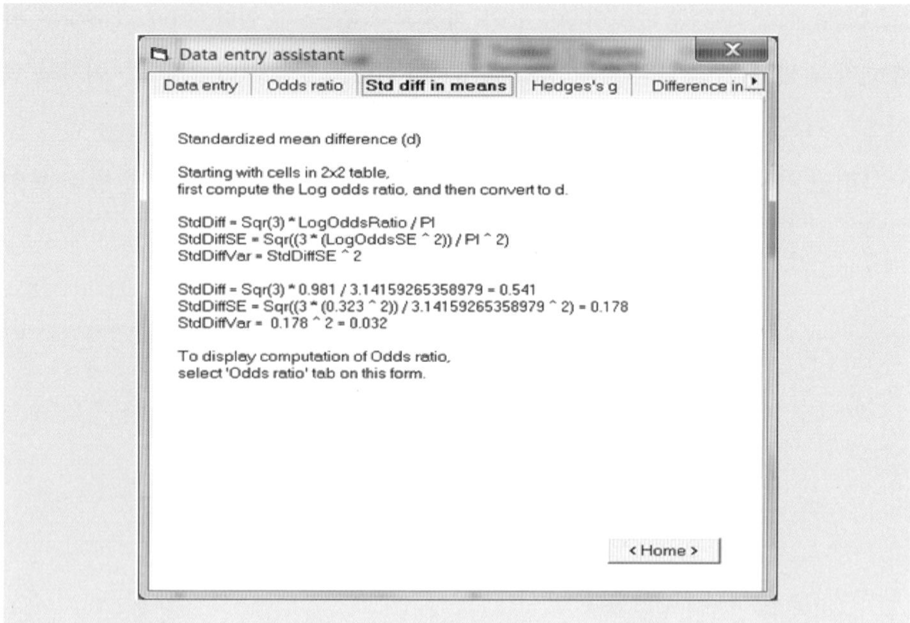
Data entry assistant

Data entry | Odds ratio | Std diff in means | Hedges's g | Difference in...

Standardized mean difference (d)

Starting with cells in 2x2 table,
first compute the Log odds ratio, and then convert to d.

StdDiff = Sqr(3) * LogOddsRatio / PI
StdDiffSE = Sqr((3 * (LogOddsSE ^ 2)) / PI ^ 2)
StdDiffVar = StdDiffSE ^ 2

StdDiff = Sqr(3) * 0.981 / 3.14159265358979 = 0.541
StdDiffSE = Sqr((3 * (0.323 ^ 2)) / 3.14159265358979 ^ 2) = 0.178
StdDiffVar = 0.178 ^ 2 = 0.032

To display computation of Odds ratio,
select 'Odds ratio' tab on this form.

< Home >

[그림 5-31] 표준화된 평균 차이(d) 계산 과정

그리고 교정된 d, 즉 Hedges' g 탭도 클릭해 본다.

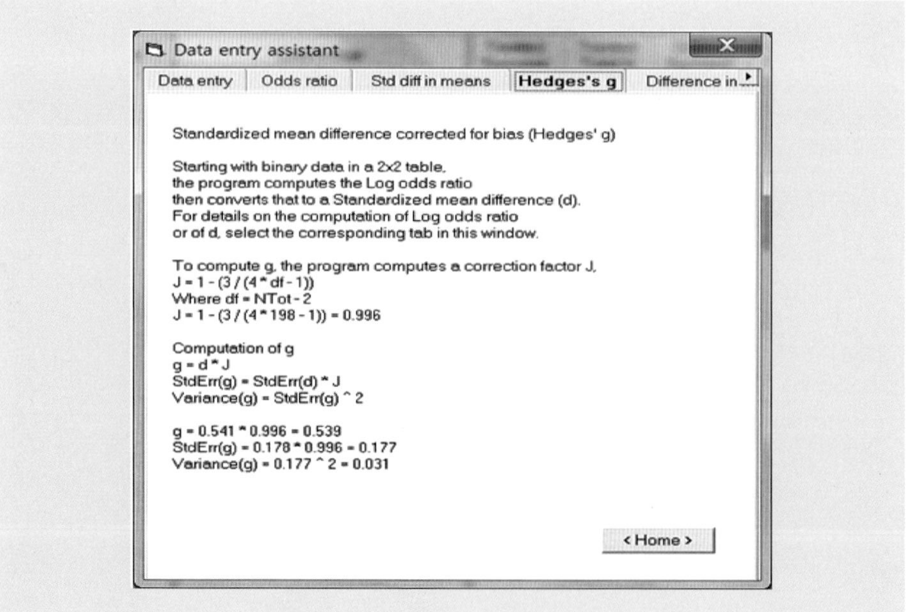
Data entry assistant

Data entry | Odds ratio | Std diff in means | Hedges's g | Difference in...

Standardized mean difference corrected for bias (Hedges' g)

Starting with binary data in a 2x2 table,
the program computes the Log odds ratio
then converts that to a Standardized mean difference (d).
For details on the computation of Log odds ratio
or of d, select the corresponding tab in this window.

To compute g, the program computes a correction factor J,
J = 1 - (3 / (4 * df - 1))
Where df = NTot - 2
J = 1 - (3 / (4 * 198 - 1)) = 0.996

Computation of g
g = d * J
StdErr(g) = StdErr(d) * J
Variance(g) = StdErr(g) ^ 2

g = 0.541 * 0.996 = 0.539
StdErr(g) = 0.178 * 0.996 = 0.177
Variance(g) = 0.177 ^ 2 = 0.031

< Home >

[그림 5-32] Hedges' g를 계산하는 과정

하지만 표준화되지 않은 평균 차이(raw mean difference)는 2x2 table에서 계산할 수 없다. 왜냐하면 각 집단의 평균값 없이는 평균 차이를 계산할 수 없기 때문이다.

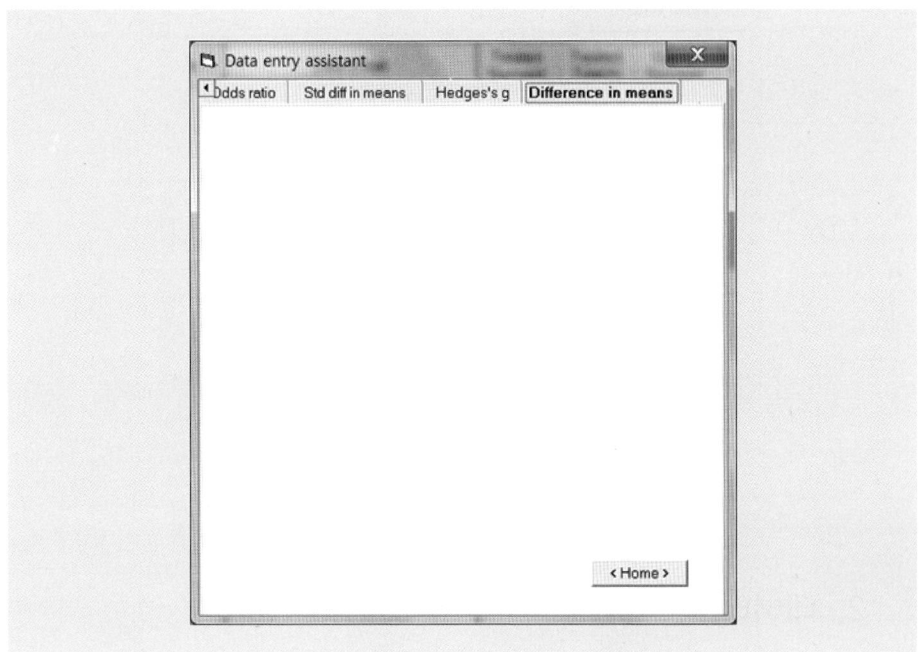

[그림 5-33] 표준화되지 않은 평균 차이 계산 과정

그리고 'Data entry' 탭을 클릭하면 현재 effect sizes의 전체를 알 수 있다.

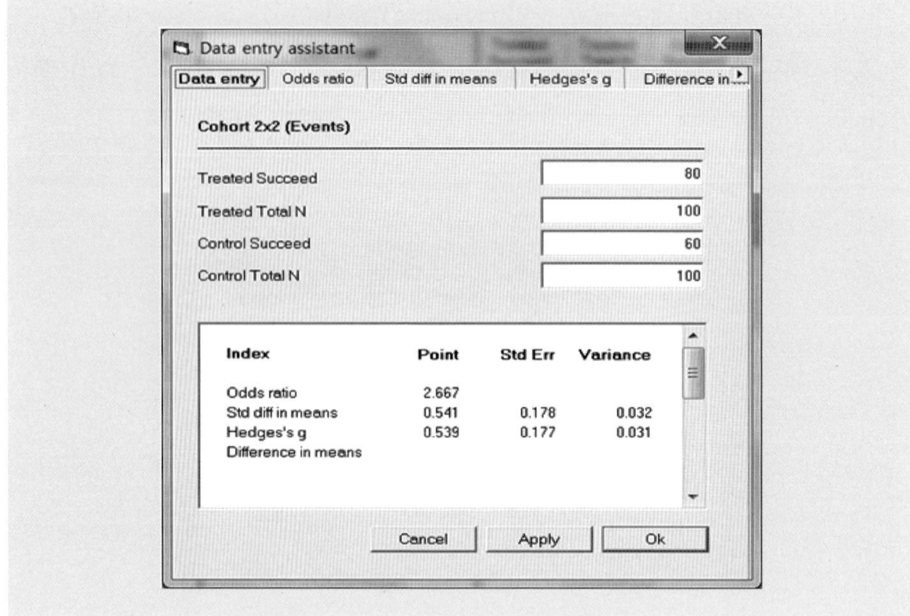

[그림 5-34] 효과 크기의 전체 모습을 보여 주는 창

2. 데이터 분석하기

이제 다섯 가지 유형의 10개의 연구 결과를 통해 얻은 데이터가 모두 준비되었으므로 분석, 즉 'Run analysis'를 클릭해 보자. 그러면 다음과 같은 결과가 나타난다.

Comprehensive meta analysis - [Analysis]

File Edit Format View Computational options Analyses Help

← Data entry Next table High resolution plot Select by ... + Effect measure: Std diff in means

Model	Study name	Statistics for each study							Std diff in means and 95% CI
		Std diff in means	Standard error	Variance	Lower limit	Upper limit	Z-Value	p-Value	-2.00 -1.00 0.00 1.00 2.00
	Study_1	0.476	0.143	0.021	0.195	0.757	3.317	0.001	
	Study_2	0.761	0.207	0.043	0.355	1.167	3.675	0.000	
	Study_3	0.254	0.116	0.013	0.027	0.481	2.191	0.028	
	Study_4	0.269	0.142	0.020	-0.010	0.547	1.891	0.059	
	Study_5	0.358	0.165	0.027	0.035	0.680	2.174	0.030	
	Study_6	0.426	0.165	0.027	0.102	0.750	2.580	0.010	
	Study_7	0.700	0.139	0.019	0.427	0.973	5.020	0.000	
	Study_8	0.400	0.142	0.020	0.122	0.678	2.817	0.005	
	Study_9	0.541	0.178	0.032	0.192	0.890	3.039	0.002	
	Study_10	0.244	0.165	0.027	-0.079	0.566	1.479	0.139	
Fixed		0.419	0.048	0.002	0.325	0.512	8.773	0.000	

[그림 5-35] 10개의 연구 결과를 분석한 후의 모습

여기서 물론 고정효과모형과 무선효과모형의 효과 크기를 모두 볼 수 있다.

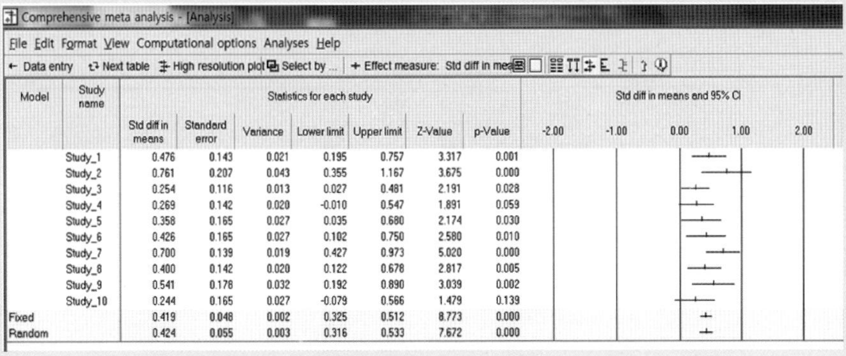

Comprehensive meta analysis - [Analysis]

File Edit Format View Computational options Analyses Help

← Data entry　Next table　High resolution plot　Select by ...　+ Effect measure: Std diff in means

Model	Study name	Statistics for each study							Std diff in means and 95% CI
		Std diff in means	Standard error	Variance	Lower limit	Upper limit	Z-Value	p-Value	-2.00 -1.00 0.00 1.00 2.00
	Study_1	0.476	0.143	0.021	0.195	0.757	3.317	0.001	
	Study_2	0.761	0.207	0.043	0.355	1.167	3.675	0.000	
	Study_3	0.254	0.116	0.013	0.027	0.481	2.191	0.028	
	Study_4	0.269	0.142	0.020	-0.010	0.547	1.891	0.059	
	Study_5	0.358	0.165	0.027	0.035	0.680	2.174	0.030	
	Study_6	0.426	0.165	0.027	0.102	0.750	2.580	0.010	
	Study_7	0.700	0.139	0.019	0.427	0.973	5.020	0.000	
	Study_8	0.400	0.142	0.020	0.122	0.678	2.817	0.005	
	Study_9	0.541	0.178	0.032	0.192	0.890	3.039	0.002	
	Study_10	0.244	0.165	0.027	-0.079	0.566	1.479	0.139	
Fixed		0.419	0.048	0.002	0.325	0.512	8.773	0.000	
Random		0.424	0.055	0.003	0.316	0.533	7.672	0.000	

[그림 5-36] 고정효과모형과 무선효과모형을 모두 보여 주는 모습

이제 대표 효과 크기를 Hedges' g로 전환해 보자.

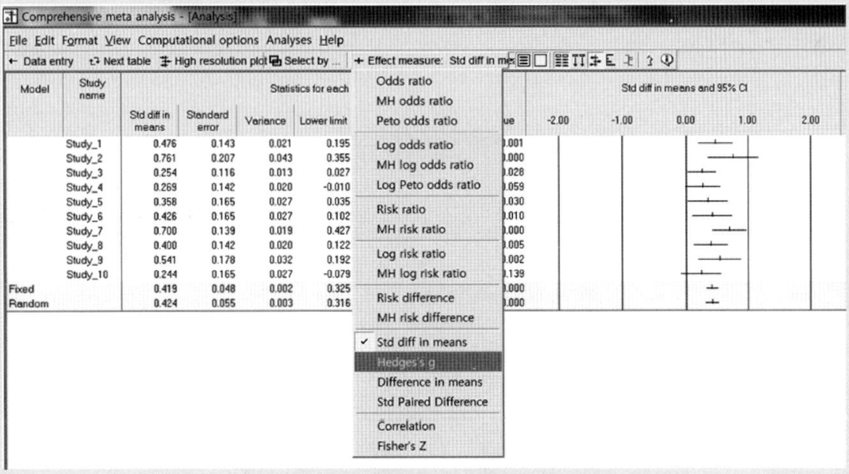

Comprehensive meta analysis - [Analysis]

File Edit Format View Computational options Analyses Help

← Data entry　Next table　High resolution plot　Select by ...　+ Effect measure: Std diff in me

Model	Study name	Statistics for each					Std diff in means and 95% CI
		Std diff in means	Standard error	Variance	Lower limit	ue	-2.00 -1.00 0.00 1.00 2.00
	Study_1	0.476	0.143	0.021	0.195	.001	
	Study_2	0.761	0.207	0.043	0.355	.000	
	Study_3	0.254	0.116	0.013	0.027	.028	
	Study_4	0.269	0.142	0.020	-0.010	.059	
	Study_5	0.358	0.165	0.027	0.035	.030	
	Study_6	0.426	0.165	0.027	0.102	.010	
	Study_7	0.700	0.139	0.019	0.427	.000	
	Study_8	0.400	0.142	0.020	0.122	.005	
	Study_9	0.541	0.178	0.032	0.192	.002	
	Study_10	0.244	0.165	0.027	-0.079	.139	
Fixed		0.419	0.048	0.002	0.325	.000	
Random		0.424	0.055	0.003	0.316	.000	

Odds ratio
MH odds ratio
Peto odds ratio
Log odds ratio
MH log odds ratio
Log Peto odds ratio
Risk ratio
MH risk ratio
Log risk ratio
MH log risk ratio
Risk difference
MH risk difference
✓ Std diff in means
Hedges's g
Difference in means
Std Paired Difference
Correlation
Fisher's Z

[그림 5-37] 대표 효과 크기로 Hedges' g를 지정하는 모습

모든 데이터에 N이 있는 경우 'd'에서 'g'로 언제나 전환이 가능하다. 하지만 N이 누락된 경우에는 'd'에서 'g'로 전환하는 것이 가능하지 않다. 따라서 'd'로만 분석해야 한다.

Comprehensive meta analysis - [Analysis]

File Edit Format View Computational options Analyses Help

← Data entry ⇄ Next table ⇟ High resolution plot Select by ... + Effect measure: Hedges's g

Model	Study name	Statistics for each study							Hedges's g and 95% CI
		Hedges's g	Standard error	Variance	Lower limit	Upper limit	Z-Value	p-Value	-2.00 -1.00 0.00 1.00 2.00
	Study_1	0.474	0.143	0.020	0.194	0.754	3.317	0.001	
	Study_2	0.755	0.206	0.042	0.352	1.158	3.675	0.000	
	Study_3	0.253	0.116	0.013	0.027	0.480	2.191	0.028	
	Study_4	0.268	0.142	0.020	-0.010	0.545	1.891	0.059	
	Study_5	0.356	0.164	0.027	0.035	0.677	2.174	0.030	
	Study_6	0.424	0.164	0.027	0.102	0.746	2.580	0.010	
	Study_7	0.697	0.139	0.019	0.425	0.970	5.020	0.000	
	Study_8	0.398	0.141	0.020	0.121	0.676	2.817	0.005	
	Study_9	0.539	0.177	0.031	0.191	0.886	3.039	0.002	
	Study_10	0.243	0.164	0.027	-0.079	0.564	1.479	0.139	
Fixed		0.417	0.048	0.002	0.324	0.510	8.776	0.000	
Random		0.422	0.055	0.003	0.315	0.530	7.685	0.000	

[그림 5-38] 효과 크기가 g로 표시된 모습

앞의 분석 결과를 보면 효과 크기와 표준오차는 고정모형과 무선모형에서 매우 유사함을 알 수 있다. 그리고 forest plot을 육안으로 보기에도 연구 간 효과 크기의 차이가 거의 없는 것으로 보인다.

Comprehensive meta analysis - [Analysis]

File Edit Format View Computational options Analyses Help

← Data entry ⇄ Next table ⇟ High resolution plot Select by ... + Effect measure: Hedges's g

Model	Effect size and 95% confidence interval						Test of null (2-Tail)		Heterogeneity			
Model	Number Studies	Point estimate	Standard error	Variance	Lower limit	Upper limit	Z-value	P-value	Q-value	df (Q)	P-value	I-squared
Fixed	10	0.417	0.048	0.002	0.324	0.510	8.776	0.000	11.811	9	0.224	23.798
Random effects	10	0.422	0.055	0.003	0.315	0.530	7.685	0.000				

[그림 5-39] 고정효과모형과 무선효과모형의 평균 효과 크기 및 동질성 검증 결과

효과 크기의 분포(dispersion)를 측정하는 관찰된(observed) 분포 Q값은 11.8, 그리고 모든 연구가 동일한 효과 크기의 추정치를 갖고 있다고 가정할 때 기대되는

(expected) 기대분포 값 $df=9$로 나타났다.[2] 따라서 관찰된 분포의 값이 기댓값보다 크지만 그 차이(the 'excess' portion)가 크지 않으므로 이 차이는 우연에 의한 것(due to chance)이라고 할 수 있다. 즉, 통계적으로 유의하다고 할 수 없다($p=0.22$).

그럼에도 불구하고 각 연구들은 제각각 다른 연구자에 의해 각기 다른 방식으로 진행되었기 때문에 효과 크기 추정치(모집단의 효과 크기)가 동일할 수 없다고 생각되므로 무선효과모형을 선택하는 것이 적절하다.

무선모형의 평균 효과 크기는 0.422(95% 신뢰구간: 0.315~0.530)이므로 H_0(모집단의 효과 크기=0)을 기각할 수 있다($Z=7.68$, $P<0.001$).

이제 데이터를 효과 크기 순서로 정렬해 보자.

'Hedges' g' 칼럼에서 오른쪽 마우스 버튼을 클릭하여 'Sort Lo-Hi by Hedges' g'를 선택한다.

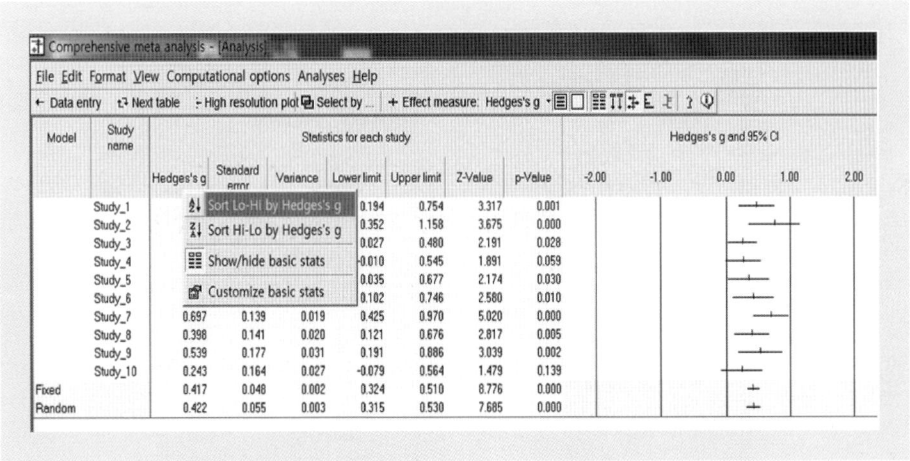

Comprehensive meta analysis - [Analysis]

File Edit Format View Computational options Analyses Help

← Data entry | Next table | High resolution plot | Select by ... | + Effect measure: Hedges's g

Sort Lo-Hi by Hedges's g
Sort Hi-Lo by Hedges's g
Show/hide basic stats
Customize basic stats

Model	Study name	Statistics for each study						
		Hedges's g	Standard error	Variance	Lower limit	Upper limit	Z-Value	p-Value
	Study_1				0.194	0.754	3.317	0.001
	Study_2				0.352	1.158	3.675	0.000
	Study_3				0.027	0.480	2.191	0.028
	Study_4				-0.010	0.545	1.891	0.059
	Study_5				0.035	0.677	2.174	0.030
	Study_6				0.102	0.746	2.580	0.010
	Study_7	0.697	0.139	0.019	0.425	0.970	5.020	0.000
	Study_8	0.398	0.141	0.020	0.121	0.676	2.817	0.005
	Study_9	0.539	0.177	0.031	0.191	0.886	3.039	0.002
	Study_10	0.243	0.164	0.027	-0.079	0.564	1.479	0.139
Fixed		0.417	0.048	0.002	0.324	0.510	8.776	0.000
Random		0.422	0.055	0.003	0.315	0.530	7.685	0.000

Hedges's g and 95% CI: -2.00 -1.00 0.00 1.00 2.00

[그림 5-40] 효과 크기 g값에 따라 정렬하기 위한 모습

그리고 그림을 단순화하기 위해 기본 통계치를 다음과 같이 g값과 신뢰구간만을 선택한다.

2) 효과 크기의 분포 및 이질성에 대해서는 제7장에서 상세히 다룬다.

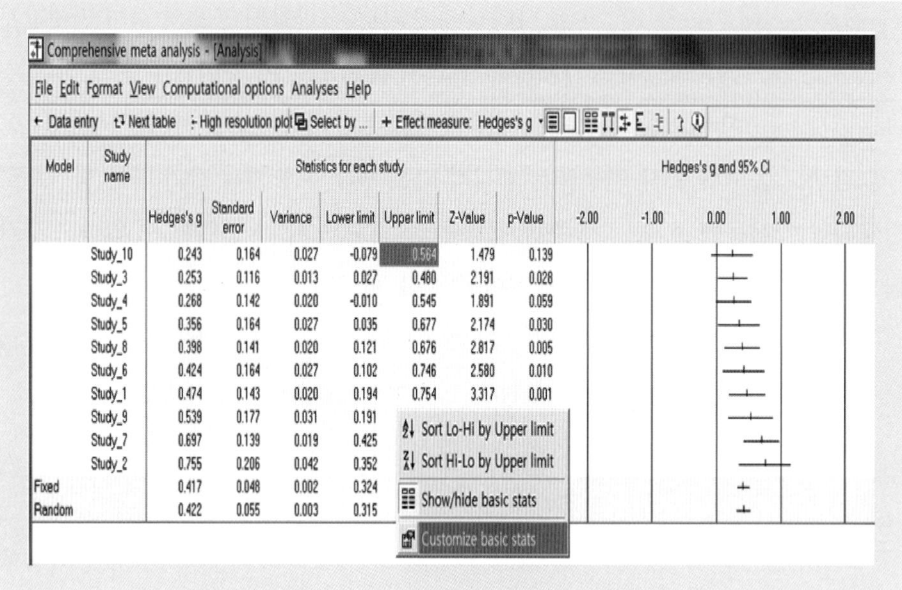

Model	Study name	Hedges's g	Standard error	Variance	Lower limit	Upper limit	Z-Value	p-Value
		Statistics for each study						
	Study_10	0.243	0.164	0.027	-0.079	0.564	1.479	0.139
	Study_3	0.253	0.116	0.013	0.027	0.480	2.191	0.028
	Study_4	0.268	0.142	0.020	-0.010	0.545	1.891	0.059
	Study_5	0.356	0.164	0.027	0.035	0.677	2.174	0.030
	Study_8	0.398	0.141	0.020	0.121	0.676	2.817	0.005
	Study_6	0.424	0.164	0.027	0.102	0.746	2.580	0.010
	Study_1	0.474	0.143	0.020	0.194	0.754	3.317	0.001
	Study_9	0.539	0.177	0.031	0.191			
	Study_7	0.697	0.139	0.019	0.425			
	Study_2	0.755	0.206	0.042	0.352			
Fixed		0.417	0.048	0.002	0.324			
Random		0.422	0.055	0.003	0.315			

[그림 5-41] 기본 통계치를 조정하기 위한 모습

[그림 5-42] 기본 통계치로 g값과 신뢰구간만 지정하는 모습

이제 각 연구들은 단순화된 통계치를 보이면서 효과 크기순으로 정렬된다.

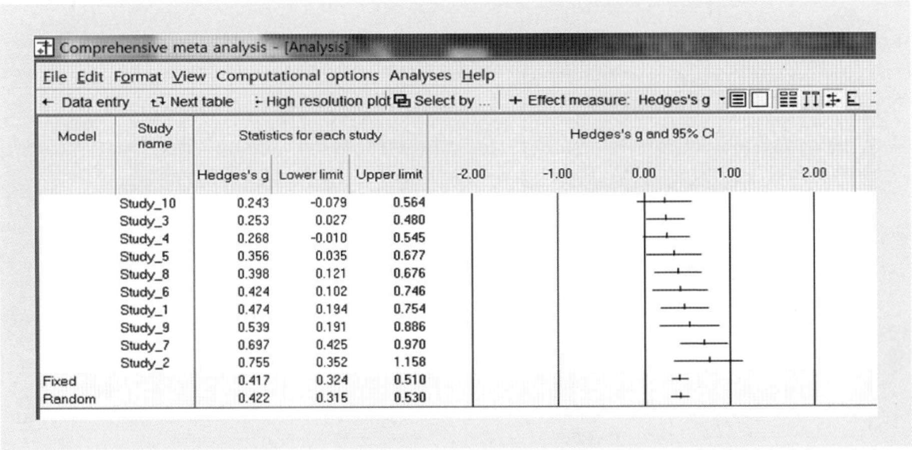

Comprehensive meta analysis - [Analysis]

File Edit Format View Computational options Analyses Help

← Data entry Next table High resolution plot Select by ... + Effect measure: Hedges's g

Model	Study name	Hedges's g	Lower limit	Upper limit
	Study_10	0.243	-0.079	0.564
	Study_3	0.253	0.027	0.480
	Study_4	0.268	-0.010	0.545
	Study_5	0.356	0.035	0.677
	Study_8	0.398	0.121	0.676
	Study_6	0.424	0.102	0.746
	Study_1	0.474	0.194	0.754
	Study_9	0.539	0.191	0.886
	Study_7	0.697	0.425	0.970
	Study_2	0.755	0.352	1.158
Fixed		0.417	0.324	0.510
Random		0.422	0.315	0.530

[그림 5-43] 효과 크기에 따라 정렬된 모습

이번에는 각 연구의 가중치를 보기 위해 'Show weights'를 클릭한다. [그림 5-44]에서 보는 것처럼 이 연구의 가중치는 고정효과모형과 무선효과모형에서의 가중치가 크게 다르지 않음을 알 수 있다.

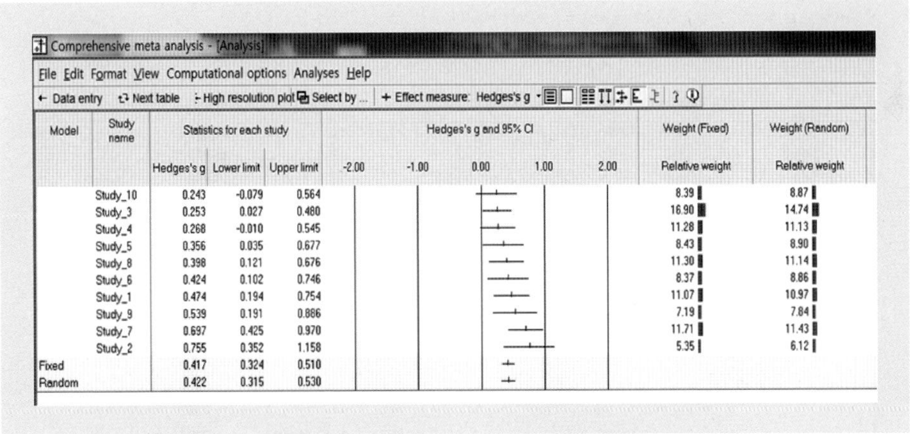

Comprehensive meta analysis - [Analysis]

File Edit Format View Computational options Analyses Help

← Data entry Next table High resolution plot Select by ... + Effect measure: Hedges's g

Model	Study name	Hedges's g	Lower limit	Upper limit	Weight (Fixed) Relative weight	Weight (Random) Relative weight
	Study_10	0.243	-0.079	0.564	8.39	8.87
	Study_3	0.253	0.027	0.480	16.90	14.74
	Study_4	0.268	-0.010	0.545	11.28	11.13
	Study_5	0.356	0.035	0.677	8.43	8.90
	Study_8	0.398	0.121	0.676	11.30	11.14
	Study_6	0.424	0.102	0.746	8.37	8.86
	Study_1	0.474	0.194	0.754	11.07	10.97
	Study_9	0.539	0.191	0.886	7.19	7.84
	Study_7	0.697	0.425	0.970	11.71	11.43
	Study_2	0.755	0.352	1.158	5.35	6.12
Fixed		0.417	0.324	0.510		
Random		0.422	0.315	0.530		

[그림 5-44] 각 연구의 가중치를 보여 주는 모습

이제 잔차(residuals)를 검토해 보자. 각 연구의 잔차는 각 연구의 효과 크기와 전체 연구의 평균 효과와의 차이(distance)를 말하며, 이상 값(outliers)을 발견하는 데 사용된다. 일반적으로 표준화된 잔차 값, 즉 Z값이 1.96(95% 신뢰수준) 또는 2.58(99% 신뢰수준)을 초과하면 이상 값(outliers)으로 본다.

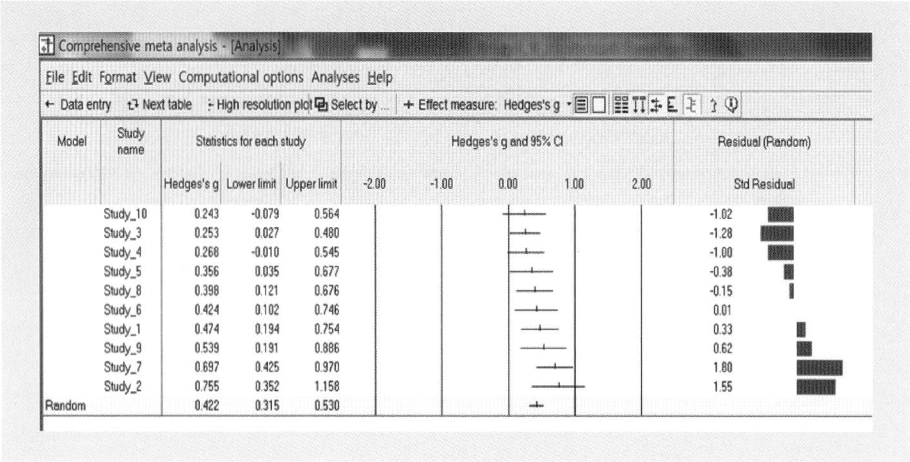

Comprehensive meta analysis - [Analysis]

File Edit Format View Computational options Analyses Help

← Data entry ⟲ Next table ⁝ High resolution plot Select by ... + Effect measure: Hedges's g

Model	Study name	Statistics for each study			Hedges's g and 95% CI	Residual (Random)
		Hedges's g	Lower limit	Upper limit	-2.00 -1.00 0.00 1.00 2.00	Std Residual
	Study_10	0.243	-0.079	0.564		-1.02
	Study_3	0.253	0.027	0.480		-1.28
	Study_4	0.268	-0.010	0.545		-1.00
	Study_5	0.356	0.035	0.677		-0.38
	Study_8	0.398	0.121	0.676		-0.15
	Study_6	0.424	0.102	0.746		0.01
	Study_1	0.474	0.194	0.754		0.33
	Study_9	0.539	0.191	0.886		0.62
	Study_7	0.697	0.425	0.970		1.80
	Study_2	0.755	0.352	1.158		1.55
Random		0.422	0.315	0.530		

[그림 5-45] 각 연구의 잔차를 보여 주는 모습

잔차에 오른쪽 마우스 버튼을 클릭하여 'Show p-value'를 클릭한다.

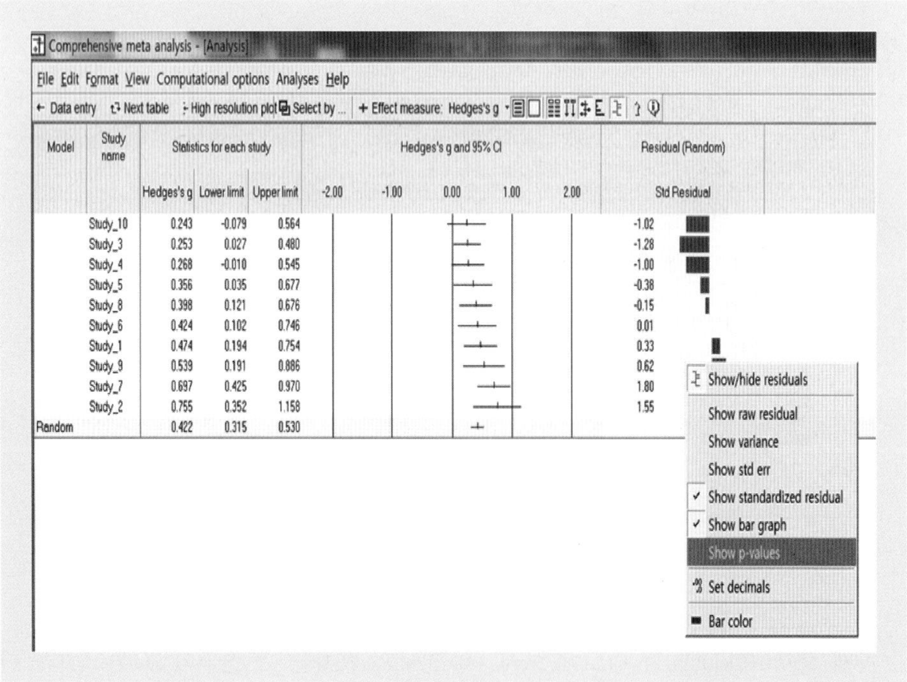

Comprehensive meta analysis - [Analysis]

File Edit Format View Computational options Analyses Help

← Data entry ⟲ Next table ⁝ High resolution plot Select by ... + Effect measure: Hedges's g

Model	Study name	Statistics for each study			Hedges's g and 95% CI	Residual (Random)
		Hedges's g	Lower limit	Upper limit	-2.00 -1.00 0.00 1.00 2.00	Std Residual
	Study_10	0.243	-0.079	0.564		-1.02
	Study_3	0.253	0.027	0.480		-1.28
	Study_4	0.268	-0.010	0.545		-1.00
	Study_5	0.356	0.035	0.677		-0.38
	Study_8	0.398	0.121	0.676		-0.15
	Study_6	0.424	0.102	0.746		0.01
	Study_1	0.474	0.194	0.754		0.33
	Study_9	0.539	0.191	0.886		0.62
	Study_7	0.697	0.425	0.970		1.80
	Study_2	0.755	0.352	1.158		1.55
Random		0.422	0.315	0.530		

Show/hide residuals
Show raw residual
Show variance
Show std err
✓ Show standardized residual
✓ Show bar graph
Show p-values
Set decimals
Bar color

[그림 5-46] 각 연구의 잔차와 잔차의 p값을 보여 주기 위한 모습

이제 각 연구의 residual(Z값), p-value를 볼 수 있다.

Comprehensive meta analysis - [Analysis]

File Edit Format View Computational options Analyses Help

← Data entry Next table High resolution plot Select by ... + Effect measure: Hedges's g

Model	Study name	Statistics for each study			Hedges's g and 95% CI	Residual (Random)	
		Hedges's g	Lower limit	Upper limit	-2.00 -1.00 0.00 1.00 2.00	Std Residual	P-Val
	Study_10	0.243	-0.079	0.564		-1.02	0.31
	Study_3	0.253	0.027	0.480		-1.28	0.20
	Study_4	0.268	-0.010	0.545		-1.00	0.32
	Study_5	0.356	0.035	0.677		-0.38	0.71
	Study_8	0.398	0.121	0.676		-0.15	0.88
	Study_6	0.424	0.102	0.746		0.01	0.99
	Study_1	0.474	0.194	0.754		0.33	0.74
	Study_9	0.539	0.191	0.886		0.62	0.54
	Study_7	0.697	0.425	0.970		1.80	0.07
	Study_2	0.755	0.352	1.158		1.55	0.12
Random		0.422	0.315	0.530			

[그림 5-47] 각 연구의 잔차와 p값을 보여 주는 모습

이제 잔차를 p-value로 정렬한다.

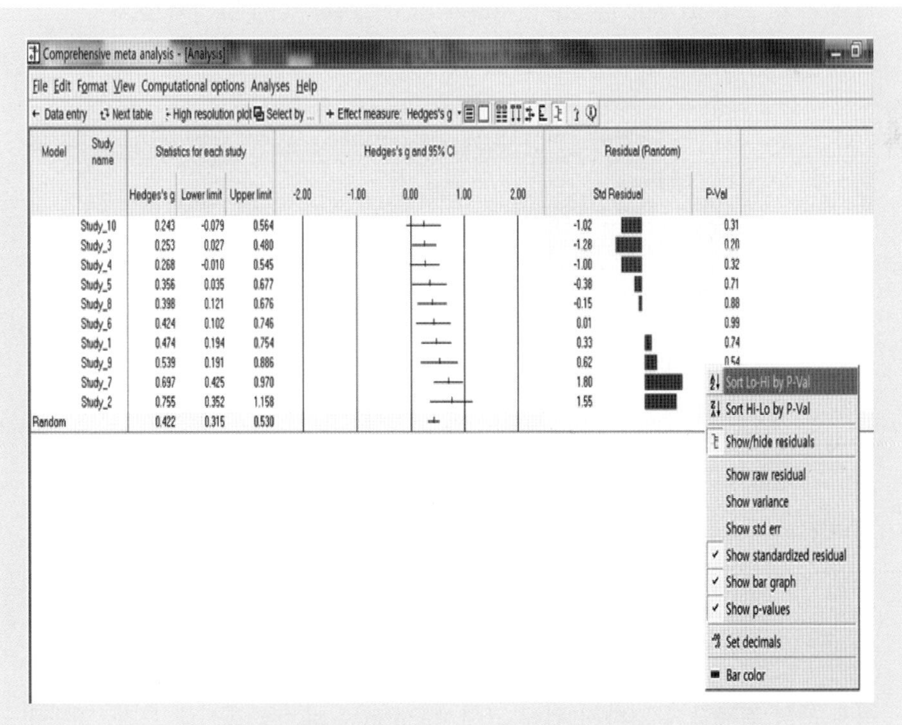

[그림 5-48] 잔차의 p값을 정렬하기 위한 모습

그 결과 가장 작은 p값이 0.07이므로 어떤 연구에서도 각 연구의 효과 크기가 평균 효과 크기와 유의미하게 차이가 있는 효과 크기는 없는 것으로 나타났다.

Comprehensive meta analysis - [Analysis]

File Edit Format View Computational options Analyses Help

← Data entry Next table High resolution plot Select by ... + Effect measure: Hedges's g

Model	Study name	Statistics for each study			Hedges's g and 95% CI	Residual (Random)	
		Hedges's g	Lower limit	Upper limit	-2.00 -1.00 0.00 1.00 2.00	Std Residual	P-Val
	Study_7	0.697	0.425	0.970		1.80	0.07
	Study_2	0.755	0.352	1.158		1.55	0.12
	Study_3	0.253	0.027	0.480		-1.28	0.20
	Study_10	0.243	-0.079	0.564		-1.02	0.31
	Study_4	0.268	-0.010	0.545		-1.00	0.32
	Study_9	0.539	0.191	0.886		0.62	0.54
	Study_5	0.356	0.035	0.677		-0.38	0.71
	Study_1	0.474	0.194	0.754		0.33	0.74
	Study_8	0.398	0.121	0.676		-0.15	0.88
	Study_6	0.424	0.102	0.746		0.01	0.99
Random		0.422	0.315	0.530			

[그림 5-49] 각 연구의 잔차와 정렬된 p값을 보여 주는 모습

이제 잔차 및 p값(유의확률)을 표시하지 않고 그림을 단순화시켜 보자.

Comprehensive meta analysis - [Analysis]

File Edit Format View Computational options Analyses Help

← Data entry Next table High resolution plot Select by ... + Effect measure: Hedges's g

Model	Study name	Statistics for each study			Hedges's g and 95% CI
		Hedges's g	Lower limit	Upper limit	-2.00 -1.00 0.00 1.00 2.00
	Study_10	0.243	-0.079	0.564	
	Study_3	0.253	0.027	0.480	
	Study_4	0.268	-0.010	0.545	
	Study_5	0.356	0.035	0.677	
	Study_8	0.398	0.121	0.676	
	Study_6	0.424	0.102	0.746	
	Study_1	0.474	0.194	0.754	
	Study_9	0.539	0.191	0.886	
	Study_7	0.697	0.425	0.970	
	Study_2	0.755	0.352	1.158	
Random		0.422	0.315	0.530	

[그림 5-50] 잔차 없이 단순화된 모습

이제 분석 결과를 설명하기 위해 고해상도 forest plot을 제시해 보자. 일반적으로 연구 결과를 보고할 때는 고해상도 forest plot을 제시하게 된다.

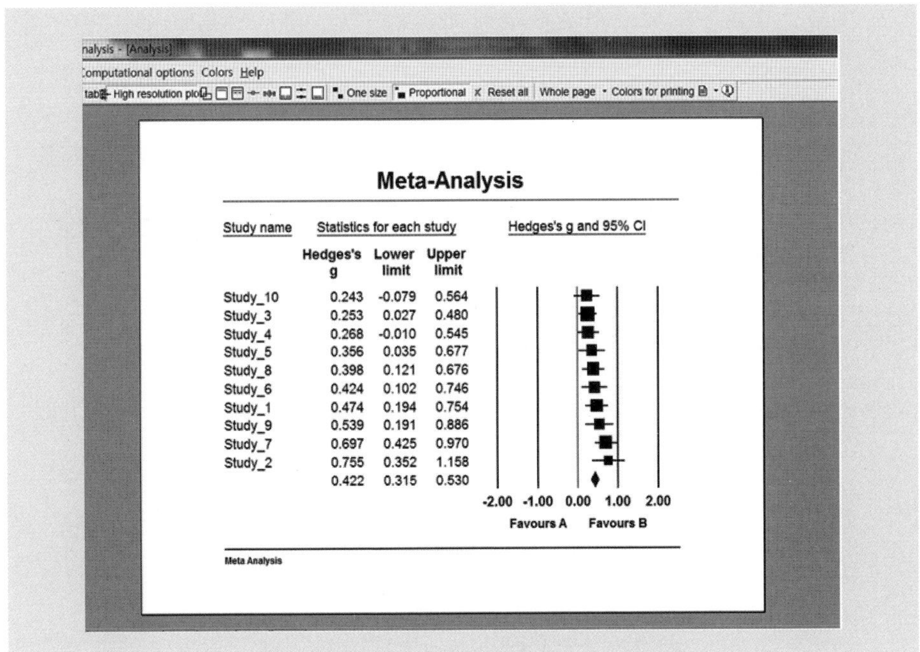

[그림 5-51] 연구 결과를 보여 주는 고해상도 forest plot

참고로 이 결과물을 보고서 작성을 위해 워드(MS Word)로 내보낼 수 있다.

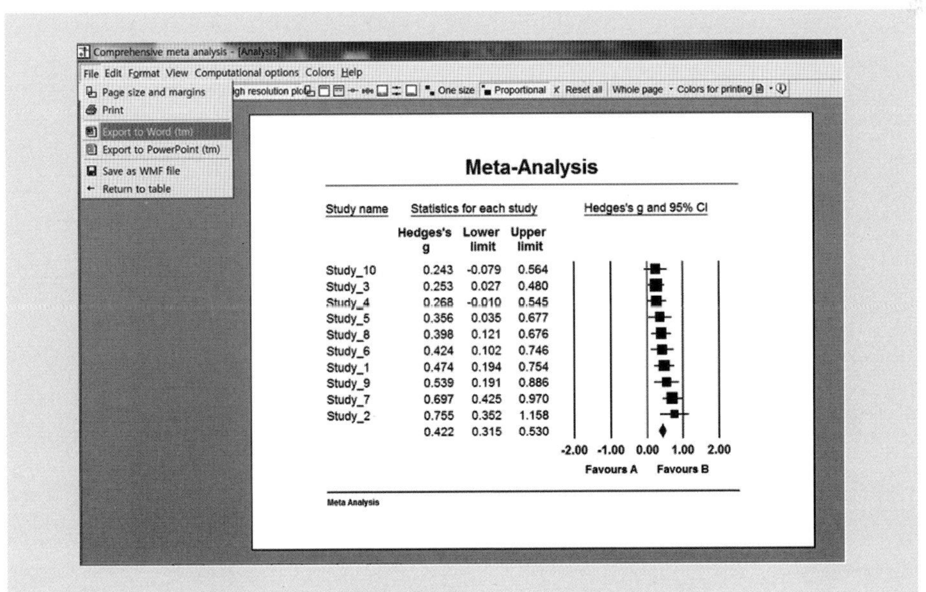

[그림 5-52] 분석 결과를 MS Word로 내보내기 위한 모습

또한 분석 결과물을 연구 발표를 위해 파워포인트로 바로 내보낼 수도 있다.

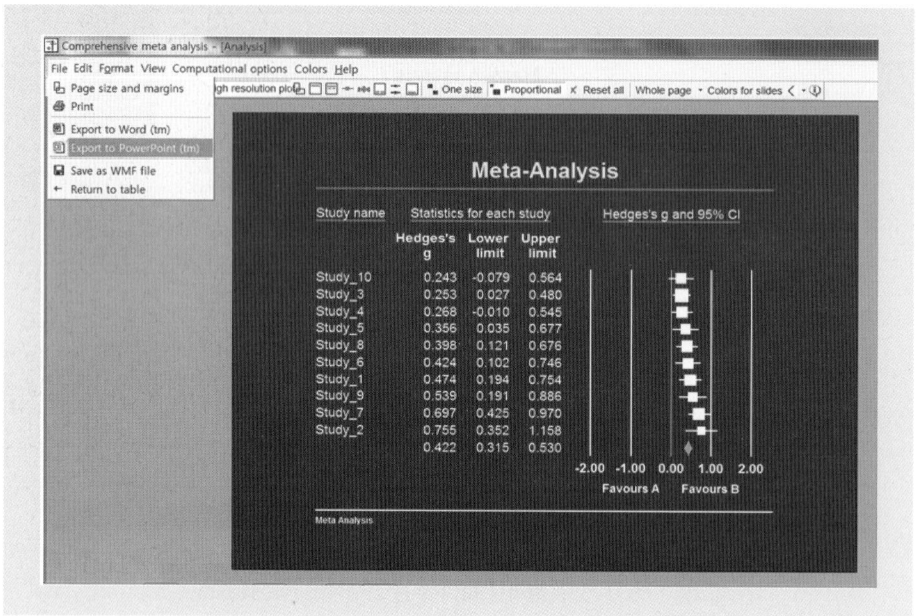

[그림 5-53] 분석 결과를 파워포인트로 내보내기 위한 모습

제6장 다중결과 분석

1. 다중결과의 평균 구하기
   1) 상관관계가 0인 경우
   2) 상관관계가 0.5인 경우
   3) 상관관계가 1.0인 경우
2. 다중결과의 차이 구하기

메타분석을 실시함에 있어서 종종 직면하는 것은 각 연구의 결과(즉, 효과 크기)가 한 가지만 있는 것이 아니라 여러 개의 결과가 나온다는 것이다. 즉, 단일한 결과(single outcome)가 아니라 다중결과(multiple outcomes)가 도출되는 것이다. 지금까지는 각 연구마다 단일한 결과(효과 크기)를 다루었지만 이제는 각 연구에 있어서 결과가 여러 개, 즉 다중결과인 경우(multiple outcomes within a study)를 분석해보자. 구체적으로 이 경우에는 효과 크기를 어떻게 계산하는지 살펴볼 것이며, 여기서 사용할 데이터는 〈표 6-1〉이다. 이 데이터는 가상 데이터로서, GRE 시험에서 좋은 성적을 얻기 위해 개별지도(tutoring)를 받은 효과를 검증하려고 한다. 여기에는 수리와 언어라는 두 개의 결과가 있다.

〈표 6-1〉 GRE시험을 위한 개별지도(tutoring)의 효과 데이터[1]

연구 이름	결과(outcomes)	효과 크기(ES)	분산(Variance)
Study 1	수리	0.6	2.0
Study 1	언어	0.4	2.0
Study 2	수리	0.6	2.0
Study 2	언어	0.4	2.0
Study 3	수리	0.6	2.0
Study 3	언어	0.4	2.0
Study 4	수리	0.6	2.0
Study 4	언어	0.4	2.0
Study 5	수리	0.6	2.0
Study 5	언어	0.4	2.0

다중결과를 분석할 때는 크게 두 가지, 즉 다중결과를 평균한 값을 구하는 경우와 다중결과의 차이를 구하는 경우로 구분할 수 있는데 다중결과의 평균을 구하는

1) 이 장에서 사용하는 데이터는 Borenstein et al. (2009), 제24장(pp. 225-233)에 나오는 데이터를 수정·보완한 것임을 밝힌다.

것을 먼저 해 보자.

1. 다중결과의 평균 구하기

〈공식 6-1〉을 활용하여 다중결과로부터 평균 효과 크기를 구해 보자. 이때 유의할 점은 다중결과 간의 상관관계에 따라 평균값이 달라진다는 점이다. 더 엄밀히 말하면 다중결과 간의 상관관계에 따라 평균의 분산이 다르다는 것이다. 이제 상관관계의 정도(예: r=0, r=0.5 또는 r=1.0)에 따라 평균을 구해 보자.

〈공식 6-1〉

$$\overline{Y} = \frac{1}{2}(Y_1 + Y_2)$$

$$V_{\overline{Y}} = \frac{1}{4}(V_{Y_1} + V_{Y_2} + 2r\sqrt{V_{Y_1}}\sqrt{V_{Y_2}})$$

$$V_{\overline{Y}} = \frac{1}{2}V(1+r) \quad (V_{Y_1} = V_{Y_2} \text{ 경우})$$

1) 상관관계가 0인 경우

언어와 수리의 다중결과 간 상관관계가 r=0인 경우 〈표 6-2〉와 같은 결과를 얻게 된다.

〈표 6-2〉 상관관계=0인 경우 효과 크기의 평균과 분산

<table>
<tr><th></th><th></th><th>효과 크기</th><th>분산</th><th>효과 크기</th><th>분산</th><th>가중치</th><th>가중효과 크기</th></tr>
<tr><td rowspan="2">Study 1</td><td>언어</td><td>0.400</td><td>2.000</td><td rowspan="2">0.500</td><td rowspan="2">1.000</td><td rowspan="2">1.000</td><td rowspan="2">0.500</td></tr>
<tr><td>수리</td><td>0.600</td><td>2.000</td></tr>
</table>

Study 2	언어	0.400	2.000	0.500	1.000	1.000	0.500
	수리	0.600	2.000				
Study 3	언어	0.400	2.000	0.500	1.000	1.000	0.500
	수리	0.600	2.000				
Study 4	언어	0.400	2.000	0.500	1.000	1.000	0.500
	수리	0.600	2.000				
Study 5	언어	0.400	2.000	0.500	1.000	1.000	0.500
	수리	0.600	2.000				
				합계		5.000	2.500
				평균 효과 크기		0.500	
				분산		0.200	
				표준오차		0.447	
				하한선		−0.377	
				상한선		1.377	
				Z값		1.118	
				P값		0.264	

2) 상관관계가 0.5인 경우

언어와 수리의 다중결과 간 상관관계가 r=0.5인 경우 〈표 6-3〉과 같은 결과를 얻게 된다.

〈표 6-3〉 상관관계=0.5인 경우 효과 크기의 평균과 분산

		효과 크기	분산	효과 크기	분산	가중치	가중효과 크기
Study 1	언어	0.400	2.000	0.500	1.500	0.667	0.333
	수리	0.600	2.000				
Study 2	언어	0.400	2.000	0.500	1.500	0.667	0.333
	수리	0.600	2.000				

Study 3	언어	0.400	2.000	0.500	1.500	0.667	0.333
	수리	0.600	2.000				
Study 4	언어	0.400	2.000	0.500	1.500	0.667	0.333
	수리	0.600	2.000				
Study 5	언어	0.400	2.000	0.500	1.500	0.667	0.333
	수리	0.600	2.000				
				합계		3.333	1.667
				평균 효과 크기		0.500	
				분산		0.300	
				표준오차		0.548	
				하한선		−0.574	
				상한선		1.574	
				Z값		0.913	
				P값		0.361	

3) 상관관계가 1.0인 경우

언어와 수리의 다중결과 간 상관관계가 r=1.0인 경우 〈표 6-4〉와 같은 결과를 얻게 된다.

〈표 6-4〉 상관관계=1.0인 경우 효과 크기의 평균과 분산

		효과 크기	분산	효과 크기	분산	가중치	가중효과 크기
Study_1	언어	0.400	2.000	0.500	2.000	0.500	0.250
	수리	0.600	2.000				
Study_2	언어	0.400	2.000	0.500	2.000	0.500	0.250
	수리	0.600	2.000				

Study_3	언어	0.400	2.000	0.500	2.000	0.500	0.250
	수리	0.600	2.000				
Study_4	언어	0.400	2.000	0.500	2.000	0.500	0.250
	수리	0.600	2.000				
Study_5	언어	0.400	2.000	0.500	2.000	0.500	0.250
	수리	0.600	2.000				
				합계		2.500	1.250
				평균 효과 크기		0.500	
				분산		0.400	
				표준오차		0.632	
				하한선		−0.740	
				상한선		1.740	
				Z값		0.791	
				P값		0.429	

Tip 다중결과(효과 크기)의 평균 계산에 있어 표준오차

메타분석에서 그 결과가 단일결과가 아니고 다중결과일 경우 결과 간 서로 독립적이라고 가정하면, 즉 r=0이라고 가정하면 평균 효과 크기의 표준오차는 실제보다 작게 계산되어 1종 오류의 확률, 즉 통계적으로 유의하지 않음에도 불구하고 유의하다고 할 확률이 커지게 된다.

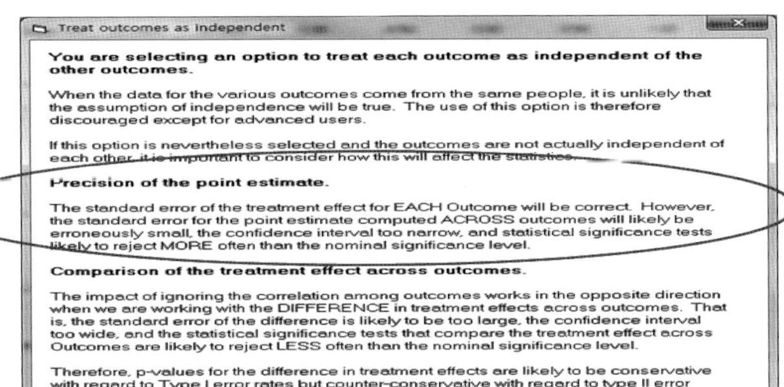

출처: Analysis of Multiple Outcomes, Comprehensive Meta-Analysis.

CMA를 이용한 다중결과 분석하기(효과의 평균 구하기)

이제 CMA를 이용해서 다중결과를 분석해 보자. 먼저 다중결과 데이터를 CMA에 입력한다. 그 절차는 Insert > Column for > Study names를 통해 연구 이름을 정의한다.

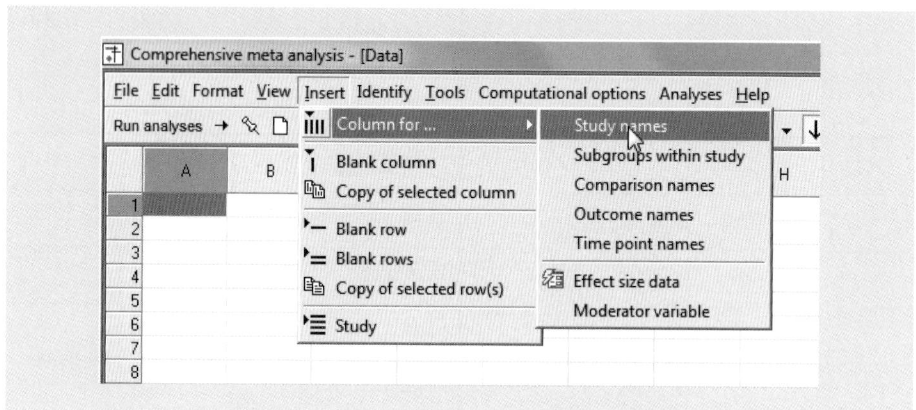

[그림 6-1] 연구 이름을 입력하기 위한 모습

그리고 Insert > Column for > Outcome names를 통해 각 연구별 다중결과를 정의한다.

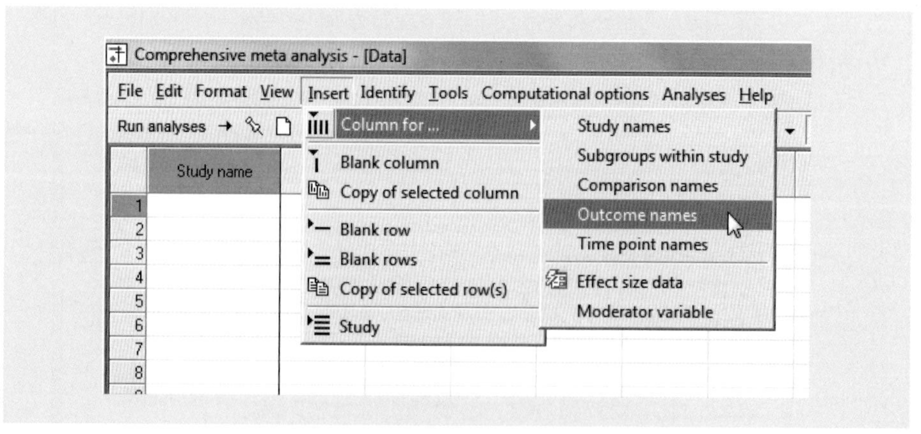

[그림 6-2] 다중결과 이름을 정의하기 위한 모습

이제 첫 번째 연구 이름과 연구의 다중결과, 즉 언어와 수리를 차례로 입력한다.

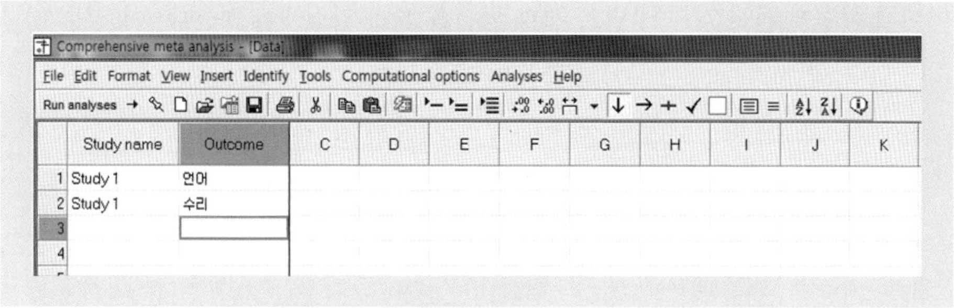

[그림 6-3] 다중결과 이름을 정의한 후 모습

각 결과(outcome)별로 연구의 이름이 동일하다면 연구 이름을 하나로 통합한다(merge two rows for study).

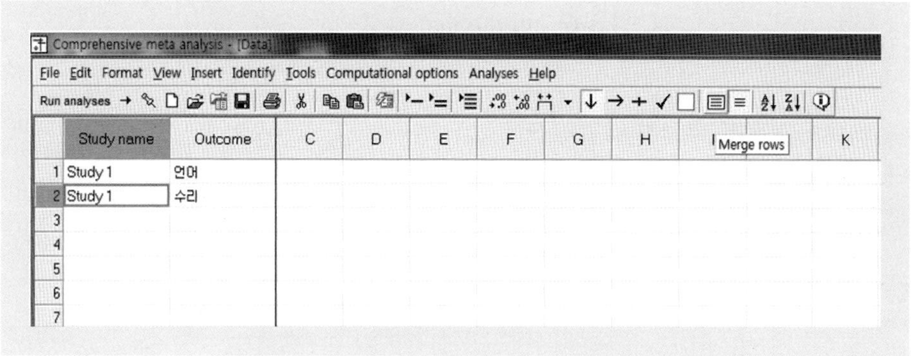

[그림 6-4] Merge rows 메뉴를 활용하는 모습

그러면 다음과 같이 연구 이름이 통합되었다.

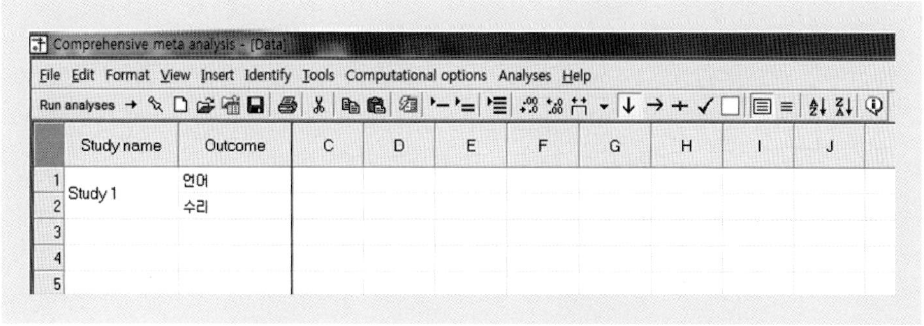

[그림 6-5] 연구 이름이 하나로 통합된 모습

이제 이렇게 해서 각 연구별로 결과 이름을 계속 입력해야 하는데, 이 경우 지름길이 있다. 먼저 Insert > Study를 클릭해 보자.

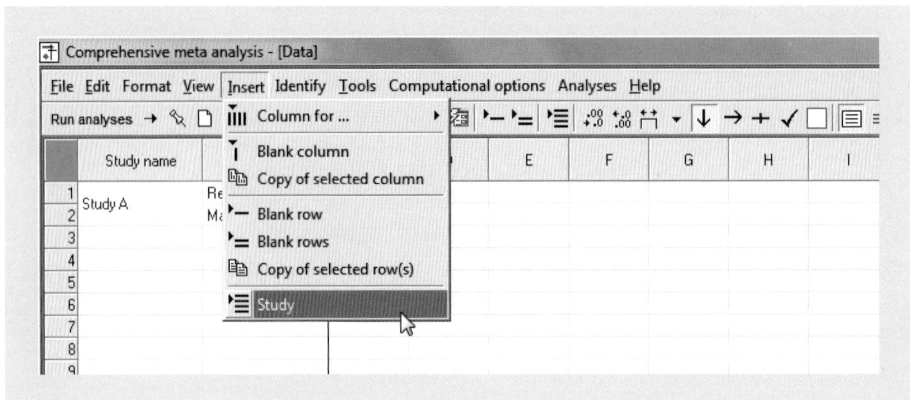

[그림 6-6] Insert > Study를 클릭하는 모습

각 연구 이름을 정의하고(예: Study 2) 그리고 나서 'Add row for every outcome' 박스를 체크한다. 이 과정을 Study 3, Study 4, Study 5에서도 반복한다.

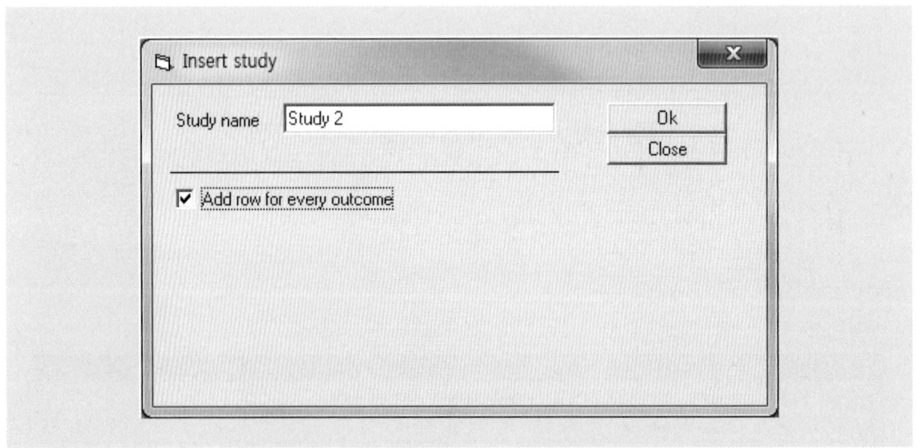

[그림 6-7] Study 이름을 계속 입력하는 모습

그러면 다음과 같은 스크린이 나타난다.

Comprehensive meta analysis - [Data]

File Edit Format View Insert Identify Tools Computational options Analyses Help

Run analyses

	Study name	Outcome	C	D	E	F	G	H	I	J	K
1	Study 1	언어									
2		수리									
3	Study 2	수리									
4		언어									
5	Study 3	수리									
6		언어									
7	Study 4	수리									
8		언어									
9	Study 5	수리									
10		언어									
11											
12											

[그림 6-8] Study 이름을 모두 입력한 모습

[그림 6-8]에서 보듯이 우리가 첫 연구에서는 언어, 수리의 순서로 입력하였고 나머지 연구에서는 수리, 언어의 순서로 되어 있음을 알 수 있다(CMA는 디폴트로 알파벳순으로 정리한다). 이 경우 Outcome에 마우스를 가져다 놓고 오른쪽 버튼을 클릭한 후 Sort A~Z 순으로 클릭하면 모든 Outcome의 순서가 수리, 언어 순으로 바르게 정렬된다. 그리고 이어서 연구이름에도 마우스 오른쪽 버튼을 클릭하여 순서대로 정렬하면 아래 [그림 6-9]와 같이 정렬된다.

Comprehensive meta analysis - [Data]

File Edit Format View Insert Identify Tools Computational options Analyses Help

Run analyses

	Study name	Outcome	C	D	E	F	G	H	I	J	K
1	Study 1	수리									
2		언어									
3	Study 2	수리									
4		언어									
5	Study 3	수리									
6		언어									
7	Study 4	수리									
8		언어									
9	Study 5	수리									
10		언어									
11											

[그림 6-9] Outcome이 가나다순으로 정리된 모습

이제 Insert > Column for > Effect size data를 선택하여 데이터를 입력하자.

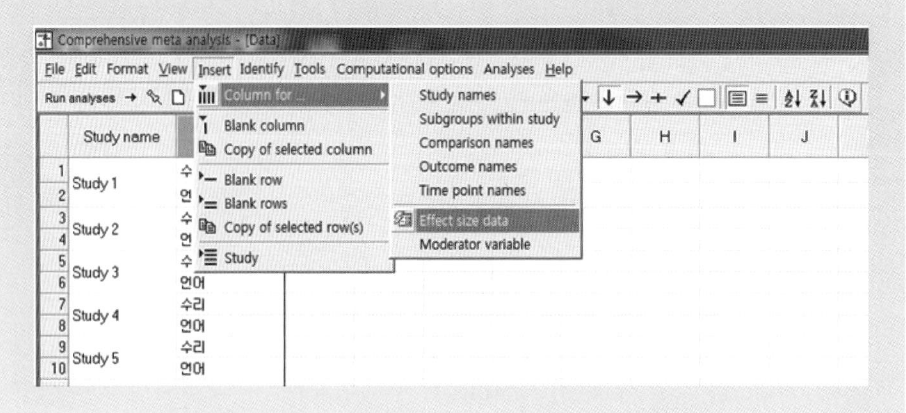

[그림 6-10] Effect size data를 입력하기 위한 모습

우리는 어떤 형태의 효과 크기도 사용 가능하지만 여기서는 다양한 유형을 제시하기 위해 일반화된 효과 크기(generic point estimates)를 사용하기로 하자.

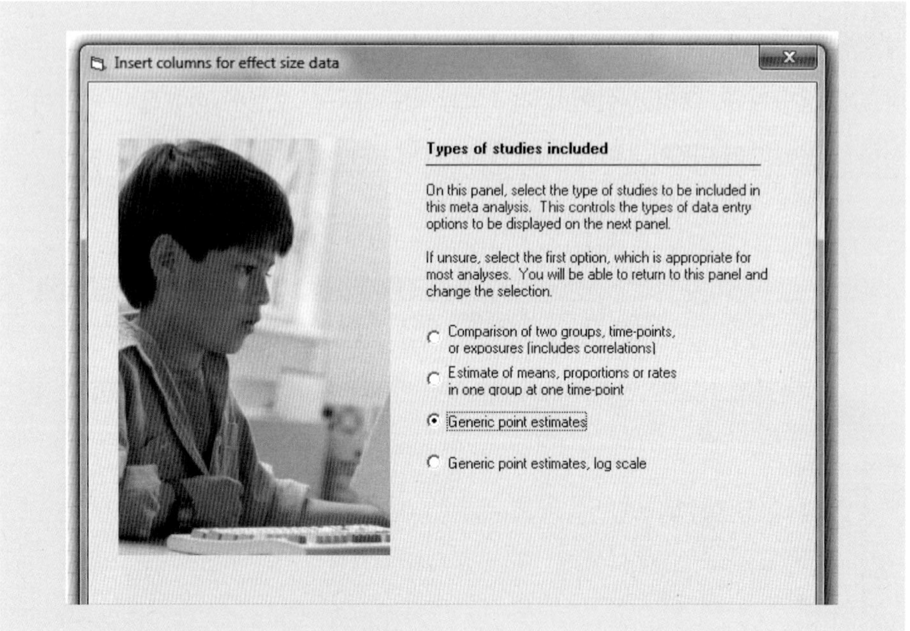

[그림 6-11] 효과 크기의 유형을 Generic point estimates로 선택하는 모습

일반화된 효과 크기 탭에서 'Point estimate and variance'를 선택한다.

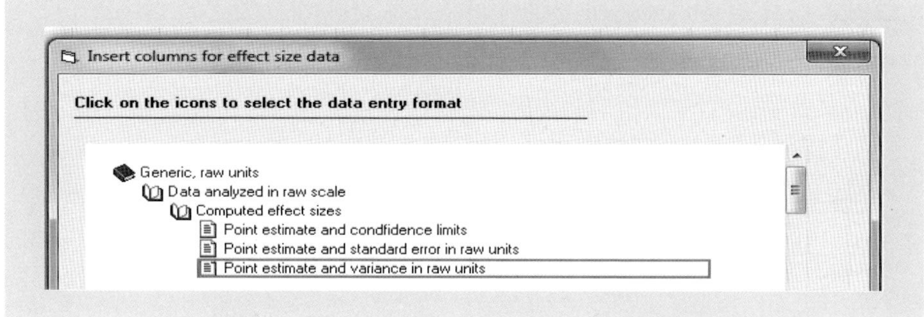

[그림 6-12] Point estimate and variance를 선택한 모습

이제 데이터를 입력해 보자.

	Study name	Outcome	Point estimate	Variance	Point estimate	Std Err	Variance	H	I	J	K
1	Study 1	수리	0.600	2.000	0.600	1.414	2.000				
2	Study 1	언어	0.400	2.000	0.400	1.414	2.000				
3	Study 2	수리	0.600	2.000	0.600	1.414	2.000				
4	Study 2	언어	0.400	2.000	0.400	1.414	2.000				
5	Study 3	수리	0.600	2.000	0.600	1.414	2.000				
6	Study 3	언어	0.400	2.000	0.400	1.414	2.000				
7	Study 4	수리	0.600	2.000	0.600	1.414	2.000				
8	Study 4	언어	0.400	2.000	0.400	1.414	2.000				
9	Study 5	수리	0.600	2.000	0.600	1.414	2.000				
10	Study 5	언어	0.400	2.000	0.400	1.414	2.000				
11											
12											

[그림 6-13] 데이터를 입력한 모습

데이터 입력 후 분석을 하면 초기에는 수리의 결과만 보여 준다(수리가 언어보다 먼저 위치해 있기 때문에 첫 번째 결과만 분석하는 것이 디폴트).

Model	Study name	Outcome	Point	Standard	Variance	Lower limit	Upper limit	Z-Value	p-Value
	Study 1	수리	0.600	1.414	2.000	-2.172	3.372	0.424	0.671
	Study 2	수리	0.600	1.414	2.000	-2.172	3.372	0.424	0.671
	Study 3	수리	0.600	1.414	2.000	-2.172	3.372	0.424	0.671
	Study 4	수리	0.600	1.414	2.000	-2.172	3.372	0.424	0.671
	Study 5	수리	0.600	1.414	2.000	-2.172	3.372	0.424	0.671
Fixed			0.600	0.632	0.400	-0.640	1.840	0.949	0.343

[그림 6-14] 분석 후 수리 결과만 보여 주는 모습

그리고 나서 결과(Outcome) 부분에 마우스를 갖다 대고 오른쪽 마우스 버튼을 클릭한다.

Comprehensive meta analysis - [Analysis]

File Edit Format View Computational options Analyses Help

Data entry | Next table | High resolution plot | Select by ... | Effect measure: Point estimate

Model	Study name	Outcome	Point	Standard	Variance	Lower limit	Upper limit	Z-Value	p-Value
	Study 1	수리	0.600	1.414	2.000	-2.172	3.372	0.424	0.671
	Study 2	수리	0.600	1.414	2.000	-2.172	3.372	0.424	0.671
	Study 3	수리		414	2.000	-2.172	3.372	0.424	0.671
	Study 4	수리		414	2.000	-2.172	3.372	0.424	0.671
	Study 5	수리		414	2.000	-2.172	3.372	0.424	0.671
Fixed				632	0.400	-0.640	1.840	0.949	0.343

Sort Lo-Hi by Outcome
Sort Hi-Lo by Outcome
Select by Outcome
Set decimals
Align

[그림 6-15] outcome을 선택하기 위해 준비하는 모습

'Select by outcome' 메뉴 창이 나오면 수리와 언어 모두에 체크한다. 이때 선택된 결과의 평균을 구하는 항목(Use the mean of the selected outcomes)에 체크하는 것을 잊지 않는다.

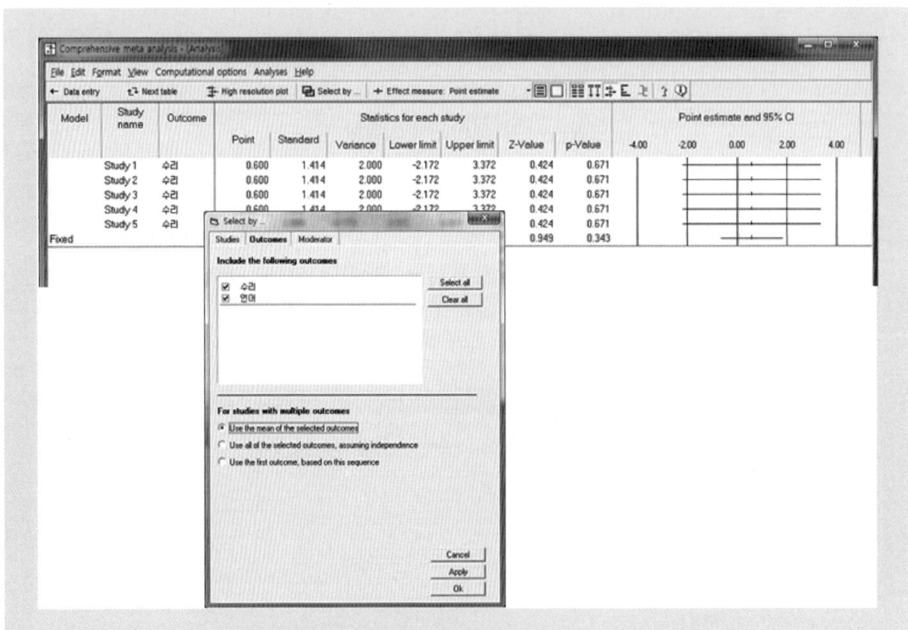

[그림 6-16] 선택 항목에서 수리, 언어를 모두 선택하는 모습

그러면 이제 결과는 통합된(combined) 결과, 즉 평균과 분산을 보여 준다. 이때 분산은 상관관계 r=1.0인 경우의 분산이다.

Model	Study name	Outcome	Point	Standard	Variance	Lower limit	Upper limit	Z-Value	p-Value
	Study 1	Combined	0.500	1.414	2.000	-2.272	3.272	0.354	0.724
	Study 2	Combined	0.500	1.414	2.000	-2.272	3.272	0.354	0.724
	Study 3	Combined	0.500	1.414	2.000	-2.272	3.272	0.354	0.724
	Study 4	Combined	0.500	1.414	2.000	-2.272	3.272	0.354	0.724
	Study 5	Combined	0.500	1.414	2.000	-2.272	3.272	0.354	0.724
Fixed			0.500	0.632	0.400	-0.740	1.740	0.791	0.429

[그림 6-17] 각 결과를 통합하여 평균을 구한 결과(r=1.0)

[그림 6-17]의 결과는 앞서 Excel로 분석한 결과(r=1.0일 때)인 〈표 6-5〉와 동일함을 알 수 있다.

〈표 6-5〉 평균 효과 크기 및 분산(r=1.0)

상관관계 r=1.0			
효과 크기	분산	가중치	가중효과 크기
0.500	2.000	0.500	0.250
0.500	2.000	0.500	0.250
0.500	2.000	0.500	0.250
0.500	2.000	0.500	0.250
0.500	2.000	0.500	0.250
	합계	2.500	1.250
	평균 효과 크기	0.500	
	분산	0.400	
	표준오차	0.632	

	하한선	−0.740	
	상한선	1.740	
	Z값	0.791	
	P값	0.429	

이번에는 동일한 분석을 하되 각 결과를 서로 독립적인 것으로(r=0.0) 간주하고 분석해 보자. 즉, 각 결과를 모두 체크하고 모든 결과가 서로 독립적인 것으로 간주한다는(Use of all selected outcomes, assuming independence) 항목을 체크한다.

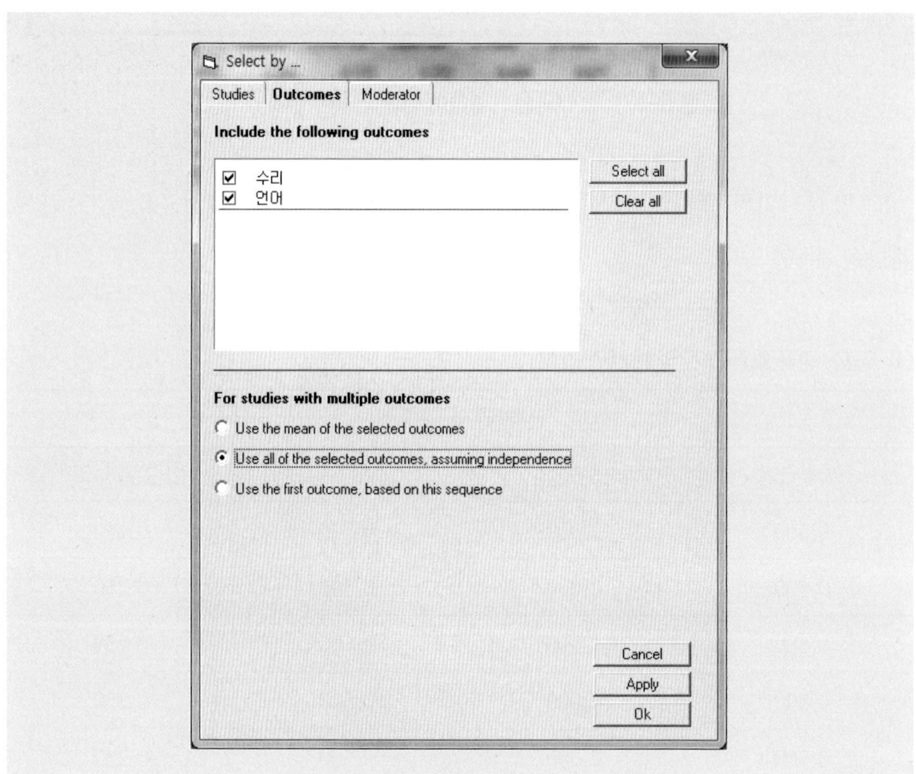

[그림 6-18] 다중결과들이 서로 독립적인 것으로 선택하는 경우

그러면 결과는 다음과 같다.

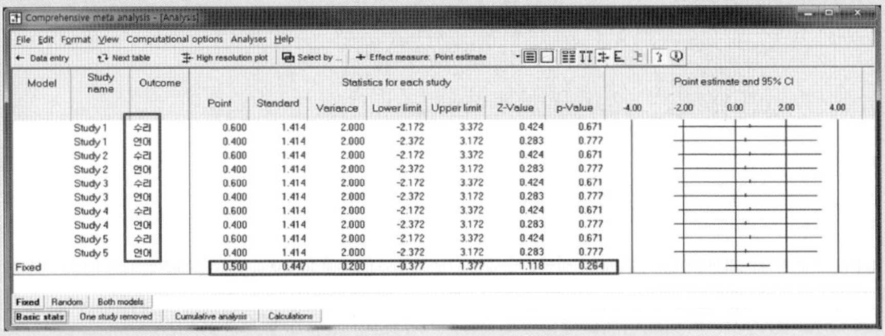

Comprehensive meta analysis - [Analysis]

File Edit Format View Computational options Analyses Help

← Data entry | Next table | High resolution plot | Select by ... | + Effect measure: Point estimate

Model	Study name	Outcome	Point	Standard	Variance	Lower limit	Upper limit	Z-Value	p-Value
	Study 1	수리	0.600	1.414	2.000	-2.172	3.372	0.424	0.671
	Study 1	언어	0.400	1.414	2.000	-2.372	3.172	0.283	0.777
	Study 2	수리	0.600	1.414	2.000	-2.172	3.372	0.424	0.671
	Study 2	언어	0.400	1.414	2.000	-2.372	3.172	0.283	0.777
	Study 3	수리	0.600	1.414	2.000	-2.172	3.372	0.424	0.671
	Study 3	언어	0.400	1.414	2.000	-2.372	3.172	0.283	0.777
	Study 4	수리	0.600	1.414	2.000	-2.172	3.372	0.424	0.671
	Study 4	언어	0.400	1.414	2.000	-2.372	3.172	0.283	0.777
	Study 5	수리	0.600	1.414	2.000	-2.172	3.372	0.424	0.671
	Study 5	언어	0.400	1.414	2.000	-2.372	3.172	0.283	0.777
Fixed			0.500	0.447	0.200	-0.377	1.377	1.118	0.264

Point estimate and 95% CI: -4.00 -2.00 0.00 2.00 4.00

Fixed | Random | Both models

Basic stats | One study removed | Cumulative analysis | Calculations

[그림 6-19] 평균 효과 크기와 분산(r=0.0)

[그림 6-19]의 결과는 앞서(r=0 일 때) Excel로 계산한 결과인 〈표 6-6〉과 동일함을 확인할 수 있다.

〈표 6-6〉 평균 효과 크기 및 분산(r=0.0)

상관관계 r=0.0			
효과 크기	분산	가중치	가중 효과 크기
0.500	1.000	1.000	0.500
0.500	1.000	1.000	0.500
0.500	1.000	1.000	0.500
0.500	1.000	1.000	0.500
0.500	1.000	1.000	0.500
	합계	5.000	2.500
	평균 효과 크기	0.500	
	분산	0.200	
	표준오차	0.447	
	하한선	−0.377	
	상한선	1.377	
	Z값	1.118	
	P값	0.264	

이제 마지막으로 r=0.5인 경우를 분석해 보자. CMA에서는 r=1.0 또는 r=0.0인 경우 분석이 가능하지만 r=0.5인 경우는 직접 분석이 가능하지 않다. 따라서 분석할 수 있는 방법은 Excel을 이용하여 미리 계산해서 도출된 데이터를 CMA에 입력하여 분석하는 간접적인 방법을 사용한다. 앞서 보았듯이 r=0.5일 때 분석 결과는 〈표 6-7〉과 같다. 즉, 각 연구의 분산은 1.5로 계산된다.

〈표 6-7〉 평균 효과 크기 및 분산(r=0.5)

상관관계 r=0.5			
효과 크기	분산	가중치	가중효과 크기
0.500	1.500	0.667	0.333
0.500	1.500	0.667	0.333
0.500	1.500	0.667	0.333
0.500	1.500	0.667	0.333
0.500	1.500	0.667	0.333
	합계	3.333	1.667
	평균 효과 크기	0.500	
	분산	0.300	
	표준오차	0.548	
	하한선	−0.574	
	상한선	1.574	
	Z값	0.913	
	P값	0.361	

이제 CMA에 각 연구의 평균 효과 크기는 0.60 그리고 분산은 1.5를 입력해 보자.

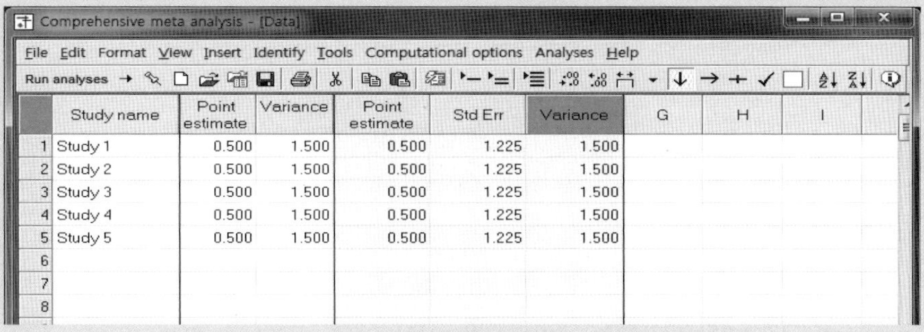

	Study name	Point estimate	Variance	Point estimate	Std Err	Variance	G	H	I
1	Study 1	0.500	1.500	0.500	1.225	1.500			
2	Study 2	0.500	1.500	0.500	1.225	1.500			
3	Study 3	0.500	1.500	0.500	1.225	1.500			
4	Study 4	0.500	1.500	0.500	1.225	1.500			
5	Study 5	0.500	1.500	0.500	1.225	1.500			
6									
7									
8									

[그림 6-20] 효과 크기 0.50 그리고 분산 1.5를 입력한 모습

이를 분석하면 다음 결과가 나온다.

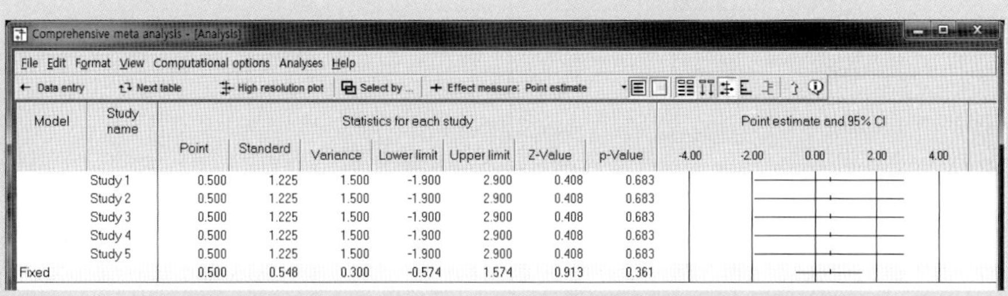

Model	Study name	Statistics for each study						
		Point	Standard	Variance	Lower limit	Upper limit	Z-Value	p-Value
	Study 1	0.500	1.225	1.500	-1.900	2.900	0.408	0.683
	Study 2	0.500	1.225	1.500	-1.900	2.900	0.408	0.683
	Study 3	0.500	1.225	1.500	-1.900	2.900	0.408	0.683
	Study 4	0.500	1.225	1.500	-1.900	2.900	0.408	0.683
	Study 5	0.500	1.225	1.500	-1.900	2.900	0.408	0.683
Fixed		0.500	0.548	0.300	-0.574	1.574	0.913	0.361

[그림 6-21] 각 연구의 효과 크기 0.50, 분산 1.5를 분석한 결과

이 결과는 앞서 Excel을 이용한 결과인 〈표 6-7〉과 동일함을 확인할 수 있다.

2. 다중결과의 차이 구하기

이번에는 다중결과(효과 크기)로부터 그 결과의 차이를 구해 보자. 여기서도 다중결과의 평균을 구할 때와 마찬가지로 다음 공식을 활용해서 차이를 구한다. 〈표 6-8〉~〈표 6-10〉에서 보는 바와 같이 각 결과, 즉 효과 크기 간의 상관관계에 따라 전체 결과, 즉 차이가 다르게 산출됨을 알 수 있다.

〈공식 6-2〉

$$Y_{diff} = Y_1 - Y_2$$
$$V_{Y_{diff}} = V_{Y_1} + V_{Y_2} - 2r\sqrt{V_{Y_1}}\sqrt{V_{Y_2}}$$
$$V_{Y_{diff}} = 2V_Y(1-r) \quad (V_{Y_1} = V_{Y_2} = V_Y \text{ 경우})$$

〈표 6-8〉 상관관계=0인 경우 효과 크기의 차이와 분산

		효과 크기	분산	효과 크기	분산	가중치	가중효과 크기
Study 1	언어	0.400	2.000	0.200	4.000	0.250	0.050
	수리	0.600	2.000				
Study 2	언어	0.400	2.000	0.200	4.000	0.250	0.050
	수리	0.600	2.000				
Study 3	언어	0.400	2.000	0.200	4.000	0.250	0.050
	수리	0.600	2.000				
Study 4	언어	0.400	2.000	0.200	4.000	0.250	0.050
	수리	0.600	2.000				
Study 5	언어	0.400	2.000	0.200	4.000	0.250	0.050
	수리	0.600	2.000				
				합계		1.250	0.250
				평균 효과 크기		0.200	
				분산		0.800	
				표준오차		0.894	
				하한선		-1.553	
				상한선		1.953	
				Z값		0.224	
				P값		0.823	

〈표 6-9〉 상관관계=0.5인 경우 효과 크기의 차이와 분산

		효과 크기	분산	효과 크기	분산	가중치	가중효과 크기
Study 1	언어	0.400	2.000	0.200	2.000	0.500	0.100
	수리	0.600	2.000				
Study 2	언어	0.400	2.000	0.200	2.000	0.500	0.100
	수리	0.600	2.000				
Study 3	언어	0.400	2.000	0.200	2.000	0.500	0.100
	수리	0.600	2.000				
Study 4	언어	0.400	2.000	0.200	2.000	0.500	0.100
	수리	0.600	2.000				
Study 5	언어	0.400	2.000	0.200	2.000	0.500	0.100
	수리	0.600	2.000				
				합계		2.500	0.500
				평균 효과 크기		0.200	
				분산		0.400	
				표준오차		0.632	
				하한선		−1.040	
				상한선		1.440	
				Z값		0.316	
				P값		0.752	

〈표 6-10〉 상관관계=0.9인 경우 효과 크기의 차이와 분산

		효과 크기	분산	효과 크기	분산	가중치	가중효과 크기
Study 1	언어	0.400	2.000	0.200	0.400	2.500	0.500
	수리	0.600	2.000				
Study 2	언어	0.400	2.000	0.200	0.400	2.500	0.500
	수리	0.600	2.000				
Study 3	언어	0.400	2.000	0.200	0.400	2.500	0.500
	수리	0.600	2.000				
Study 4	언어	0.400	2.000	0.200	0.400	2.500	0.500
	수리	0.600	2.000				
Study 5	언어	0.400	2.000	0.200	0.400	2.500	0.500
	수리	0.600	2.000				
				합계		12.500	2.500
				평균 효과 크기		0.200	
				분산		0.080	
				표준오차		0.283	
				하한선		-0.354	
				상한선		0.754	
				Z값		0.707	
				P값		0.480	

Tip 다중결과(효과 크기) 간의 차이 계산에 있어 표준오차

메타분석에서 그 결과가 단일 결과가 아니고 다중결과일 경우 결과 간 독립적이라고 가정하면, 즉 r=0이라고 가정하면 효과 크기 간의 차이 계산에서 산출되는 표준오차는 실제보다 크게 계산되어 신뢰구간이 더 커지게 된다. 따라서 2종 오류의 확률, 즉 통계적으로 유의함에도 불구하고 유의하지 않다고 할(즉, 귀무가설을 기각해야 함에도 불구하고 기각하지 않게 되는) 확률이 커지게 된다.

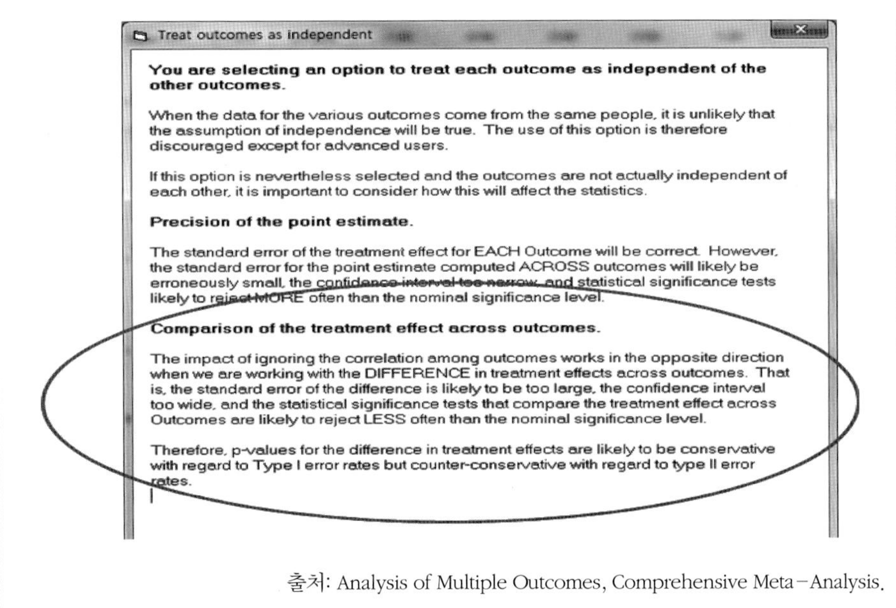
Treat outcomes as independent

You are selecting an option to treat each outcome as independent of the other outcomes.

When the data for the various outcomes come from the same people, it is unlikely that the assumption of independence will be true. The use of this option is therefore discouraged except for advanced users.

If this option is nevertheless selected and the outcomes are not actually independent of each other, it is important to consider how this will affect the statistics.

Precision of the point estimate.

The standard error of the treatment effect for EACH Outcome will be correct. However, the standard error for the point estimate computed ACROSS outcomes will likely be erroneously small, the confidence interval too narrow, and statistical significance tests likely to reject MORE often than the nominal significance level.

Comparison of the treatment effect across outcomes.

The impact of ignoring the correlation among outcomes works in the opposite direction when we are working with the DIFFERENCE in treatment effects across outcomes. That is, the standard error of the difference is likely to be too large, the confidence interval too wide, and the statistical significance tests that compare the treatment effect across Outcomes are likely to reject LESS often than the nominal significance level.

Therefore, p-values for the difference in treatment effects are likely to be conservative with regard to Type I error rates but counter-conservative with regard to type II error rates.

출처: Analysis of Multiple Outcomes, Comprehensive Meta-Analysis.

CMA를 이용한 다중결과 분석하기(효과의 차이 구하기)

여기서는 앞서 다중결과의 평균을 구할 때 사용했던 데이터를 편의상 그대로 사용하자. 이번에는 Outcome에서 모든 결과를 다 체크하되 각 결과가 서로 독립적인 것으로 체크하자. 그리고 나서 Computational options 메뉴를 열어 [그림 6-22]와 같이 체크하고 분석하자.

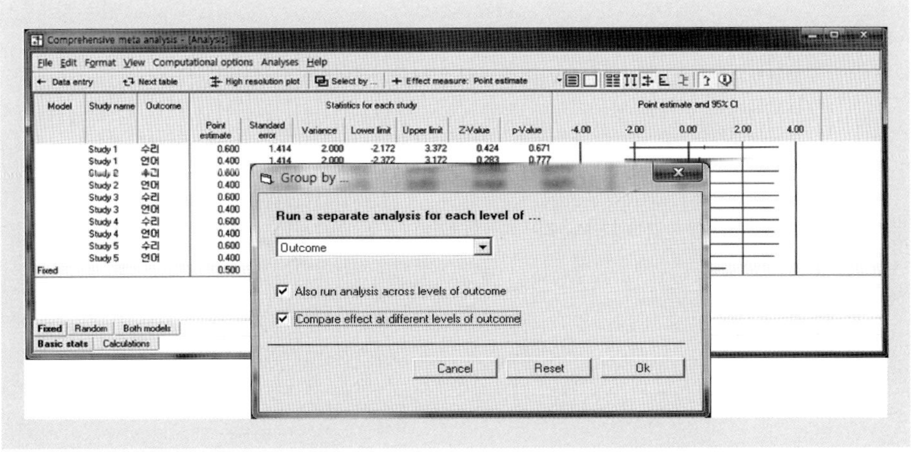

[그림 6-22] 다중결과 간의 차이를 구하기 위한 준비

그러면 분석 결과가 [그림 6-23], [그림 6-24]와 같이 나타난다.

Comprehensive meta analysis - [Analysis]

File Edit Format View Computational options Analyses Help

← Data entry | Next table | High resolution plot | Select by ... | + Effect measure: Point estimate

Model	Group by Outcome	Study name	Outcome	Point estimate	Standard error	Variance	Lower limit	Upper limit	Z-Value	p-Value
	수리	Study 1	수리	0.600	1.414	2.000	-2.172	3.372	0.424	0.671
	수리	Study 2	수리	0.600	1.414	2.000	-2.172	3.372	0.424	0.671
	수리	Study 3	수리	0.600	1.414	2.000	-2.172	3.372	0.424	0.671
	수리	Study 4	수리	0.600	1.414	2.000	-2.172	3.372	0.424	0.671
	수리	Study 5	수리	0.600	1.414	2.000	-2.172	3.372	0.424	0.671
Fixed	수리			0.600	0.632	0.400	-0.640	1.840	0.949	0.343
	언어	Study 1	언어	0.400	1.414	2.000	-2.372	3.172	0.283	0.777
	언어	Study 2	언어	0.400	1.414	2.000	-2.372	3.172	0.283	0.777
	언어	Study 3	언어	0.400	1.414	2.000	-2.372	3.172	0.283	0.777
	언어	Study 4	언어	0.400	1.414	2.000	-2.372	3.172	0.283	0.777
	언어	Study 5	언어	0.400	1.414	2.000	-2.372	3.172	0.283	0.777
Fixed	언어			0.400	0.632	0.400	-0.840	1.640	0.632	0.527
Fixed	Overall			0.500	0.447	0.200	-0.377	1.377	1.118	0.264

Point estimate and 95% CI: -4.00 -2.00 0.00 2.00 4.00

Fixed | Random | Both models

Basic stats | Calculations

[그림 6-23] 다중결과를 구분해서 보여 주는 모습

Comprehensive meta analysis - [Analysis]

File Edit Format View Computational options Analyses Help

← Data entry | Next table | High resolution plot | Select by ... | + Effect measure: Point estimate

Group	Number Studies	Point estimate	Standard error	Variance	Lower limit	Upper limit	Z-value	P-value	Q-value	df (Q)	P-value	I-squared
Fixed effect analysis												
수리	5	0.600	0.632	0.400	-0.640	1.840	0.949	0.343	0.000	4	1.000	0.000
언어	5	0.400	0.632	0.400	-0.840	1.640	0.632	0.527	0.000	4	1.000	0.000
Total within									0.000	8	1.000	
Total between									0.050	1	0.823	
Overall	10	0.500	0.447	0.200	-0.377	1.377	1.118	0.264	0.050	9	1.000	0.000
Mixed effects analysis												
수리	5	0.600	0.632	0.400	-0.640	1.840	0.949	0.343				
언어	5	0.400	0.632	0.400	-0.840	1.640	0.632	0.527				
Total between									0.050	1	0.823	
Overall	10	0.500	0.447	0.200	-0.377	1.377	1.118	0.264				

(Groups: Group; Effect size and 95% confidence interval: Number Studies – Upper limit; Test of null (2-Tail): Z-value, P-value; Heterogeneity: Q-value, df (Q), P-value, I-squared)

[그림 6-24] 다중결과를 요약해서 보여 주는 모습

여기서 결과, 즉 수리와 언어의 효과 크기 차이는 0.6−0.4=0.2이며, 그 차이의 분산은 0.4+0.4=0.8로 나타난다. 이 결과는 〈표 6-11〉, 즉 r=0일 때 Excel 분석 결과(평균 효과 크기와 분산)와 같음을 알 수 있다.

〈표 6-11〉 효과 크기의 차이 및 분산(r=0.0)

상관관계 r=0.0			
효과 크기	분산	가중치	가중효과 크기
0.200	4.000	0.250	0.050
0.200	4.000	0.250	0.050
0.200	4.000	0.250	0.050
0.200	4.000	0.250	0.050
0.200	4.000	0.250	0.050
	합계	1.250	0.250
	평균 효과 크기	0.200	
	분산	0.800	
	표준오차	0.894	
	하한선	−1.553	
	상한선	1.953	
	Z값	0.224	
	P값	0.823	

〈표 6-11〉에서 본 결과는 r=0일 때 구한 결과이며, 각 개별 연구의 효과 크기 차이는 0.2 그리고 분산은 4.0으로 나타났다. 다음 단계는 Excel에서 얻은 이 차이의 결과를 CMA에 입력해 본다.

앞 데이터를 입력하면 다음과 같다.

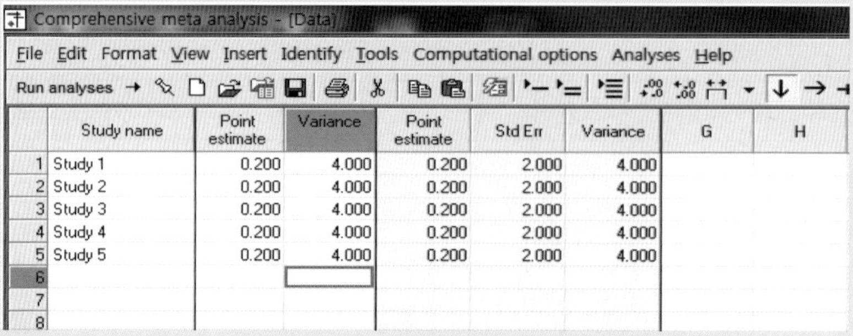

	Study name	Point estimate	Variance	Point estimate	Std Err	Variance	G	H
1	Study 1	0.200	4.000	0.200	2.000	4.000		
2	Study 2	0.200	4.000	0.200	2.000	4.000		
3	Study 3	0.200	4.000	0.200	2.000	4.000		
4	Study 4	0.200	4.000	0.200	2.000	4.000		
5	Study 5	0.200	4.000	0.200	2.000	4.000		
6								
7								
8								

[그림 6-25] 효과 크기 차이(0.2), 분산(4.0)을 입력한 모습

분석하면 그 결과는 [그림 6-26], [그림 6-27]와 같이 나타난다.

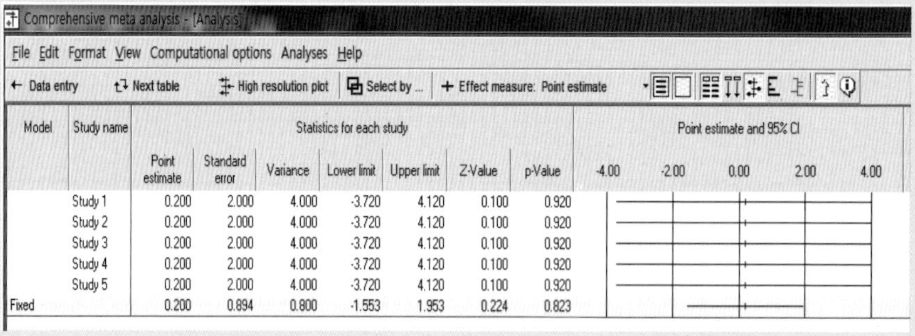

Model	Study name	Point estimate	Standard error	Variance	Lower limit	Upper limit	Z-Value	p-Value
	Study 1	0.200	2.000	4.000	-3.720	4.120	0.100	0.920
	Study 2	0.200	2.000	4.000	-3.720	4.120	0.100	0.920
	Study 3	0.200	2.000	4.000	-3.720	4.120	0.100	0.920
	Study 4	0.200	2.000	4.000	-3.720	4.120	0.100	0.920
	Study 5	0.200	2.000	4.000	-3.720	4.120	0.100	0.920
Fixed		0.200	0.894	0.800	-1.553	1.953	0.224	0.823

[그림 6-26] 효과 크기 차이(0.2), 분산(4.0)을 분석한 결과

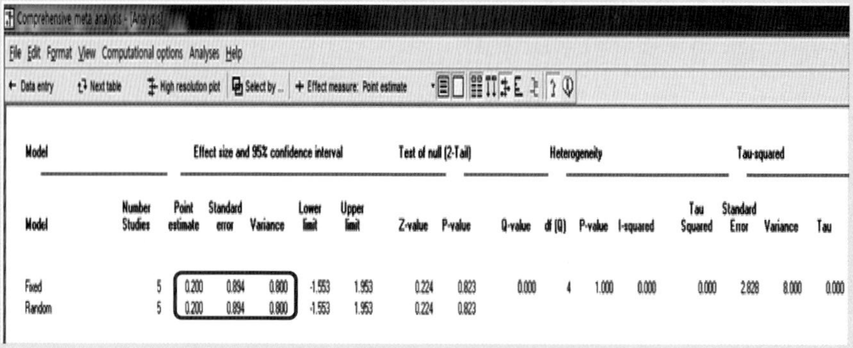

Model	Number Studies	Point estimate	Standard error	Variance	Lower limit	Upper limit	Z-value	P-value	Q-value	df (Q)	P-value	I-squared	Tau Squared	Standard Error	Variance	Tau
Fixed	5	0.200	0.894	0.800	-1.553	1.953	0.224	0.823	0.000	4	1.000	0.000	0.000	2.828	8.000	0.000
Random	5	0.200	0.894	0.800	-1.553	1.953	0.224	0.823								

[그림 6-27] 효과 크기 차이(0.2)를 분석한 결과의 요약

여기서 결과 간에 효과 크기의 차이를 계산할 필요는 없다. 왜냐하면 이 효과 크기가 바로 결과 간 차이이기 때문이다. 즉, 효과의 차이는 0.20 그리고 분산은 0.80이다.

만약 결과 간의 상관관계, 즉 r=.50을 가정하고서 차이를 계산하면 이는 각 연구에 있어 결과 간 차이의 분산은 2.0으로 나타난다(이는 Excel의 결과다).

〈표 6-12〉 효과 크기의 차이 및 분산(r=0.5)

상관관계 r=0.5			
효과 크기	분산	가중치	가중효과 크기
0.200	2.000	0.500	0.100
0.200	2.000	0.500	0.100
0.200	2.000	0.500	0.100
0.200	2.000	0.500	0.100
0.200	2.000	0.500	0.100
	합계	2.500	0.500
	평균 효과 크기	0.200	
	분산	0.400	
	표준오차	0.632	
	하한선	−1.040	
	상한선	1.440	
	Z값	0.316	
	P값	0.752	

이 결과 데이터를 CMA에 입력하고서 분석을 하면 [그림 6-29]과 같은 결과가 나타나며, 이 결과는 앞의 Excel 계산 결과인 〈표 6-12〉와 동일하다.

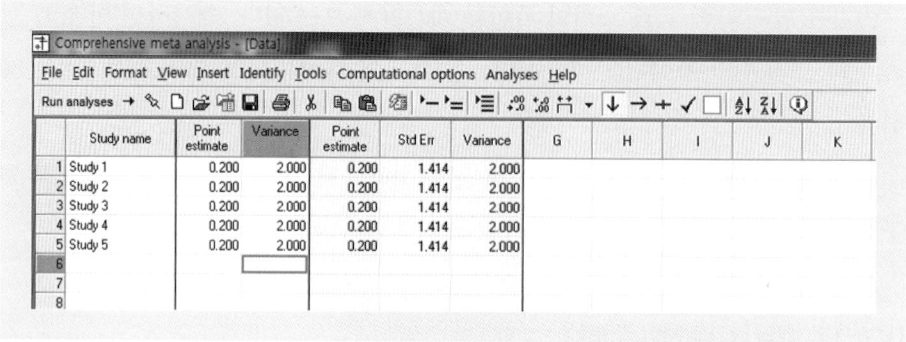

Comprehensive meta analysis - [Data]

File Edit Format View Insert Identify Tools Computational options Analyses Help

Run analyses →

	Study name	Point estimate	Variance	Point estimate	Std Err	Variance	G	H	I	J	K
1	Study 1	0.200	2.000	0.200	1.414	2.000					
2	Study 2	0.200	2.000	0.200	1.414	2.000					
3	Study 3	0.200	2.000	0.200	1.414	2.000					
4	Study 4	0.200	2.000	0.200	1.414	2.000					
5	Study 5	0.200	2.000	0.200	1.414	2.000					
6											
7											
8											

[그림 6-28] 효과 크기 차이(0.2), 분산(2.0)을 입력한 모습

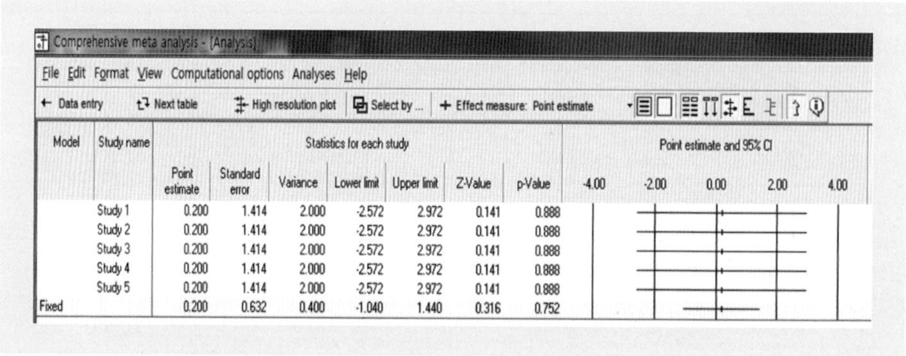

Comprehensive meta analysis - [Analysis]

File Edit Format View Computational options Analyses Help

← Data entry　Next table　High resolution plot　Select by ...　+ Effect measure: Point estimate

Model	Study name	Statistics for each study							Point estimate and 95% CI
		Point estimate	Standard error	Variance	Lower limit	Upper limit	Z-Value	p-Value	-4.00 -2.00 0.00 2.00 4.00
	Study 1	0.200	1.414	2.000	-2.572	2.972	0.141	0.888	
	Study 2	0.200	1.414	2.000	-2.572	2.972	0.141	0.888	
	Study 3	0.200	1.414	2.000	-2.572	2.972	0.141	0.888	
	Study 4	0.200	1.414	2.000	-2.572	2.972	0.141	0.888	
	Study 5	0.200	1.414	2.000	-2.572	2.972	0.141	0.888	
Fixed		0.200	0.632	0.400	-1.040	1.440	0.316	0.752	

[그림 6-29] 효과 크기 차이(0.2), 분산(2.0)을 분석한 결과

이제 마지막으로 결과 간 상관관계를 .90으로 두고 분석하면, 이번에는 결과 간 차이의 분산은 0.40으로 계산된다(Excel 결과 〈표 6-13〉 참조). 이 데이터를 CMA에 입력하고서 분석하면 그 결과는 [그림 6-31]과 같이 나타나며, Excel을 사용한 결과, 〈표 6-13〉과 동일함을 알 수 있다.

〈표 6-13〉 효과 크기의 차이 및 분산(r=0.9)

상관관계 r=0.9			
효과 크기	분산	가중치	가중효과 크기
0.200	0.400	2.500	0.500
0.200	0.400	2.500	0.500
0.200	0.400	2.500	0.500

0.200	0.400	2.500	0.500
0.200	0.400	2.500	0.500
	합계	12.500	2.500
	평균 효과 크기	0.200	
	분산	0.080	
	표준오차	0.283	
	하한선	−0.354	
	상한선	0.754	
	Z값	0.707	
	P값	0.480	

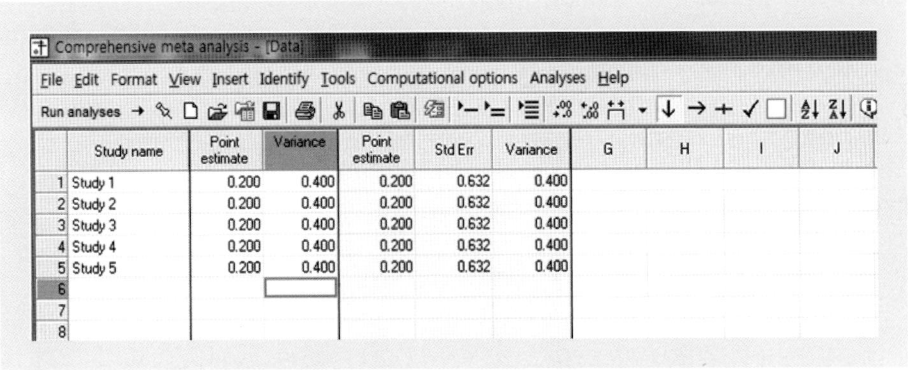

Comprehensive meta analysis - [Data]

File Edit Format View Insert Identify Tools Computational options Analyses Help

Run analyses →

	Study name	Point estimate	Variance	Point estimate	Std Err	Variance	G	H	I	J
1	Study 1	0.200	0.400	0.200	0.632	0.400				
2	Study 2	0.200	0.400	0.200	0.632	0.400				
3	Study 3	0.200	0.400	0.200	0.632	0.400				
4	Study 4	0.200	0.400	0.200	0.632	0.400				
5	Study 5	0.200	0.400	0.200	0.632	0.400				
6										
7										
8										

[그림 6-30] 효과 크기 차이(0.2), 분산(0.4)을 입력한 모습

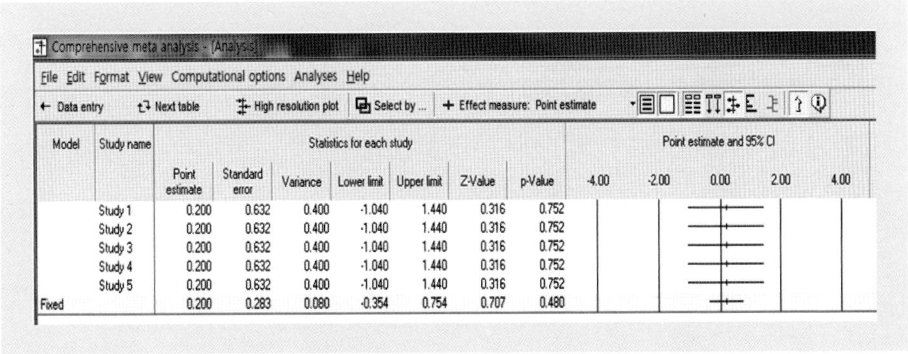

Comprehensive meta analysis - [Analysis]

File Edit Format View Computational options Analyses Help

← Data entry　Next table　High resolution plot　Select by ...　+ Effect measure: Point estimate

Model	Study name	Statistics for each study							Point estimate and 95% CI
		Point estimate	Standard error	Variance	Lower limit	Upper limit	Z-Value	p-Value	-4.00 -2.00 0.00 2.00 4.00
	Study 1	0.200	0.632	0.400	-1.040	1.440	0.316	0.752	
	Study 2	0.200	0.632	0.400	-1.040	1.440	0.316	0.752	
	Study 3	0.200	0.632	0.400	-1.040	1.440	0.316	0.752	
	Study 4	0.200	0.632	0.400	-1.040	1.440	0.316	0.752	
	Study 5	0.200	0.632	0.400	-1.040	1.440	0.316	0.752	
Fixed		0.200	0.283	0.080	-0.354	0.754	0.707	0.480	

[그림 6-31] 효과 크기 차이(0.2), 분산(0.4)을 분석한 결과

제7장 효과 크기의 이질성

1. 이질성의 의미

2. 이질성 통계치(T^2 및 I^2)

1. 이질성의 의미

메타분석의 목표는 단순히 효과 크기의 평균을 도출하는 데 있지 않고 효과 크기의 전체 패턴(pattern of effects sizes)을 이해하는 데 있다. 일반적으로 메타분석을 하면 각 개별 연구에서 도출된 효과 크기는 서로 다르게 나타나게 되는데, 이러한 효과 크기 간 차이(differences in effect sizes)를 효과 크기의 이질성(heterogeneity)이라고 부른다. 즉, 각 연구에서 나타난 효과 크기의 분포(dispersion of effect sizes)의 정도를 의미하는 것이며, 연구 간 효과 크기가 일관되지 않은 정도를 의미한다(inconsistency across studies).

그럼 먼저 시각적으로 다음의 forest plot을 살펴보자. 육안으로 판단해 보면 우선 [그림 7-1]은 연구 간 효과 크기가 그다지 크지 않고 일관성을 보이고 있음을 알 수 있다. 이어서 [그림 7-2]는 이질성이 상당 수준이라는 것을 알게 되고, [그림 7-3]은 효과 크기 간 이질성의 정도가 매우 크다는 것을 알 수 있다.

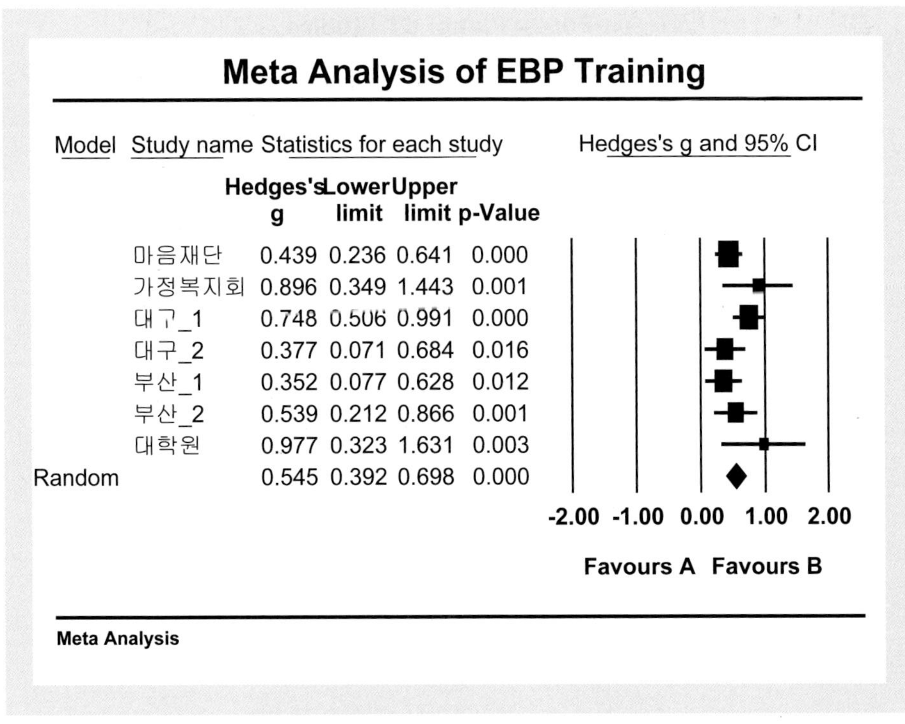

[그림 7-1] 효과 크기가 일관성을 보이는 경우

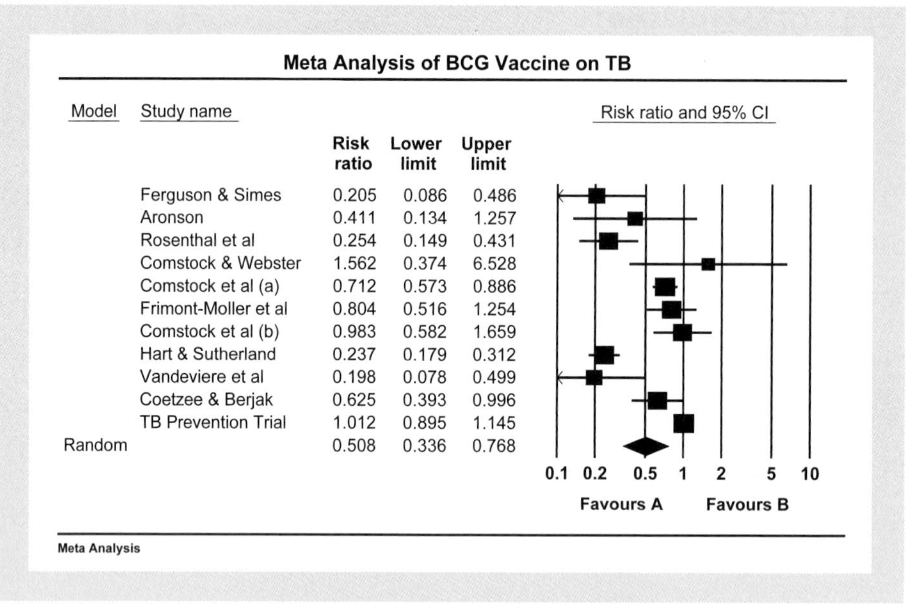

Meta Analysis of BCG Vaccine on TB

Model	Study name	Risk ratio	Lower limit	Upper limit
	Ferguson & Simes	0.205	0.086	0.486
	Aronson	0.411	0.134	1.257
	Rosenthal et al	0.254	0.149	0.431
	Comstock & Webster	1.562	0.374	6.528
	Comstock et al (a)	0.712	0.573	0.886
	Frimont-Moller et al	0.804	0.516	1.254
	Comstock et al (b)	0.983	0.582	1.659
	Hart & Sutherland	0.237	0.179	0.312
	Vandeviere et al	0.198	0.078	0.499
	Coetzee & Berjak	0.625	0.393	0.996
	TB Prevention Trial	1.012	0.895	1.145
Random		0.508	0.336	0.768

[그림 7-2] 효과 크기의 이질성이 상당한 경우

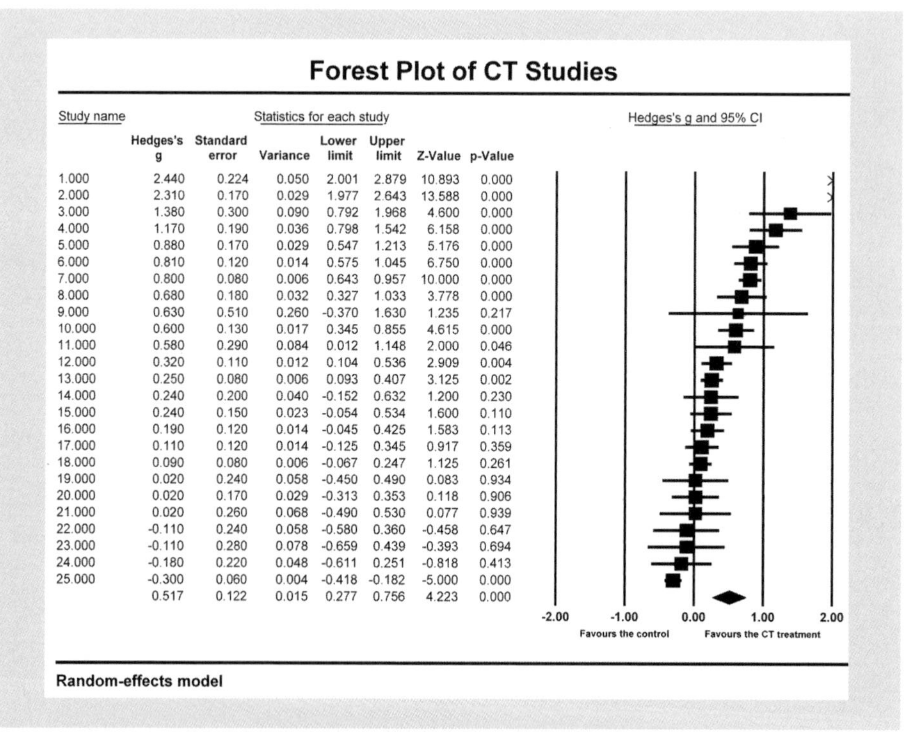

Forest Plot of CT Studies

Study name	Hedges's g	Standard error	Variance	Lower limit	Upper limit	Z-Value	p-Value
1.000	2.440	0.224	0.050	2.001	2.879	10.893	0.000
2.000	2.310	0.170	0.029	1.977	2.643	13.588	0.000
3.000	1.380	0.300	0.090	0.792	1.968	4.600	0.000
4.000	1.170	0.190	0.036	0.798	1.542	6.158	0.000
5.000	0.880	0.170	0.029	0.547	1.213	5.176	0.000
6.000	0.810	0.120	0.014	0.575	1.045	6.750	0.000
7.000	0.800	0.080	0.006	0.643	0.957	10.000	0.000
8.000	0.680	0.180	0.032	0.327	1.033	3.778	0.000
9.000	0.630	0.510	0.260	-0.370	1.630	1.235	0.217
10.000	0.600	0.130	0.017	0.345	0.855	4.615	0.000
11.000	0.580	0.290	0.084	0.012	1.148	2.000	0.046
12.000	0.320	0.110	0.012	0.104	0.536	2.909	0.004
13.000	0.250	0.080	0.006	0.093	0.407	3.125	0.002
14.000	0.240	0.200	0.040	-0.152	0.632	1.200	0.230
15.000	0.240	0.150	0.023	-0.054	0.534	1.600	0.110
16.000	0.190	0.120	0.014	-0.045	0.425	1.583	0.113
17.000	0.110	0.120	0.014	-0.125	0.345	0.917	0.359
18.000	0.090	0.080	0.006	-0.067	0.247	1.125	0.261
19.000	0.020	0.240	0.058	-0.450	0.490	0.083	0.934
20.000	0.020	0.170	0.029	-0.313	0.353	0.118	0.906
21.000	0.020	0.260	0.068	-0.490	0.530	0.077	0.939
22.000	-0.110	0.240	0.058	-0.580	0.360	-0.458	0.647
23.000	-0.110	0.280	0.078	-0.659	0.439	-0.393	0.694
24.000	-0.180	0.220	0.048	-0.611	0.251	-0.818	0.413
25.000	-0.300	0.060	0.004	-0.418	-0.182	-5.000	0.000
	0.517	0.122	0.015	0.277	0.756	4.223	0.000

[그림 7-3] 효과 크기의 이질성이 매우 큰 경우

출처: Bernard & Borokhovski, 2009 재구성.

2. 이질성 통계치(T^2 및 I^2)

각 연구에서 도출된 결과, 즉 효과 크기의 이질성 정도를 나타내는 통계치(heterogeneity statistics)로 활용되는 것으로 T^2와 I^2가 있다. 이 T^2와 I^2를 이해하여 계산하기 위해서는 먼저 효과 크기의 동질성 검증(test of homogeneity)에 사용되는 Q값과 df를 먼저 이해해야 한다(〈표 7-1〉, 〈표 7-2〉 참조).

먼저 Q값은 메타분석에서 각 효과 크기들의 관찰된 분산(observed weighted sum of squares)을 의미하며, 이는 표집오차분산(sampling error 또는 random error)과 실제 연구 간 분산(true variance)을 모두 포함하는 총분산(total variance)을 의미한다. Q 통계치는 효과 크기의 동질성(homogeneity)을 검증하는 데 사용한다. 하지만 이 Q 통계치는 영가설(H_0: 연구 간 실제분산=0 또는 모든 연구의 모집단 효과 크기는 동일하다)을 검증할 따름이며, 그 분포는 카이스퀘어 분포를 따른다. 따라서 Q값은 메타분석에 사용된 연구(k) 수에 많은 영향을 받는다고 하겠다.

〈표 7-1〉 Q 통계치에 대한 설명 요약

Q	관찰된 분산(전체 분산) observed (or total) weighted sum of squares 관찰된 분산=실제분산+표집오차분산	$Q=\sum W_i(d-\bar{d})^2=\Sigma(\frac{d-\bar{d}}{S})^2$ $Q=\sum wd^2-\frac{(\sum wd)^2}{\sum w}$
	동질성검증 통계치(statistical test of homogeneity) 영가설(H_0: true dispersion=0)을 검증하고 초과분산(excess variance)을 산출하기 위해 필요	예) $Q(4)=2.58$, χ^2 분포를 따름($df=4$) CHIDIST(2.58, 4)=.63 p=.63
	Q-통계치와 p값은 귀무가설의 진위만을 검증할 뿐, 초과분산의 크기는 알 수 없다. 귀무가설=포함된 모든 연구의 모집단 효과 크기는 동일하다. 즉, 연구 간 분산은 제로(0)다.	

한편 df(자유도)는 각 연구의 모집단의 효과 크기가 모두 동일하다고 가정할 때 기대하는 기대분산의 값이다. 따라서 (총분산−기대분산=실제분산)이므로 $Q-df$

(총분산－기대분산)은 실제 연구 간 효과의 차이로 인한 분산의 정도를 의미한다.

하지만 이 값은 총분산에서 기대분산, 즉 표집오차분산을 제외한 값으로 절댓값을 나타내는 것은 아니다. 따라서 실제분산을 절댓값으로 나타내어 메타분석의 결과를 서로 비교할 수 있어야 한다. T^2는 실제분산을 나타내는 절댓값으로서 표준편차와 같은 단위로 표현된다.

〈표 7-2〉 df 및 $Q-df$ 통계치에 대한 설명 요약

df	각 연구의 모집단의 효과 크기가 동일하다고 가정할 때, 즉 메타분석에 포함된 각 연구의 효과 크기의 차이는 표집오차(sampling error within studies or within-study error)에 의한 것이라고 가정할 때의 기대 분산(expected WSS)	$df=k-1$(k: 포함된 연구의 수) $(Q-df)$는 초과분산(excess variation)이며 연구 간 실제 차이(분산)을 의미한다.
$Q-df$	관찰된 총 분산에서 기대분산을 빼 준 값, 즉 연구 간 실제 효과 차이에 기초한 분산의 정도(excess variation). 만약 $Q>df$이면 각 연구의 모집단 효과 크기는 서로 다르다. 하지만 $Q<df$이면 연구 간 실제분산은 0이다. 즉, 모집단 효과 크기는 모두 같다고 하겠다.	

다음 〈표 7-3〉에서 보듯이 T^2는 메타분석에서 각 연구 간 효과 크기의 실제분산을 나타내며, 표준화된 값으로 표현하기 때문에 서로 비교가 가능하다. 한편 $T^2=0$도 가능한데, 이 경우 무선효과모형을 선택하여 평균 효과 크기를 계산했다고 하더라도 이 평균 효과 크기 값은 고정효과모형의 결과와 동일하다고 하겠다.

〈표 7-3〉 T^2 통계치에 대한 설명 요약

<table>
<tr><td rowspan="2">T^2</td><td>실제 서로 다른 모집단 효과 크기에 의한 분산, 즉 연구 간 분산(실제분산) (between-studies variance) Tau-squared로 읽으며, 실제분산의 절댓값이다.</td><td>$T^2 = \frac{Q - df}{C}$</td></tr>
<tr><td>C: scaling factor(T^2를 표준화된 단위로 표시하며 효과 크기와 같은 단위로 만든다.) 한편, T^2는 고정효과모형에서만 계산된다.</td><td>$C = \sum W - \frac{\sum W^2}{\sum W}$</td></tr>
<tr><td rowspan="2">T</td><td>연구 간 효과 크기의 표준편차
(between-studies standard deviation)</td><td>실제 효과 크기의 분포(the range of true effects)를 추정하기 위해 활용, 즉 prediction interval을 구하기 위해 사용</td></tr>
<tr><td colspan="2">Tau(τ)는 1차 연구(primary study)에서의 표준오차와 같은 의미로서 추정구간(Prediction Interval: PI) 계산에 사용하며, 모집단의 평균 효과 크기가 속할 범위를 지정해 준다.
모집단 PI = $\mu \pm Z \cdot \tau$
표본 PI = $M^* \pm t \cdot \sqrt{T^2 + V_{M^*}}$</td></tr>
</table>

〈표 7-4〉에서 보듯이 또 다른 한 가지 효과 크기의 이질성을 나타내는 지수로 I^2가 있는데, 이는 총분산에 대한 실제분산 비율을 나타내며, T^2와는 달리 절댓값이 아니라 비율(%)로 나타낸다. 즉, 총분산에 대한 실제 연구 간 분산의 비율을 표현한다.

일반적으로 I^2가 25%이면 이질성이 작은 것으로 해석하며, 50%이면 중간 크기 정도로, 75% 이상 되면 이질성이 매우 큰 것으로 해석한다. 참고로 이질성 통계치는 고정효과모형에서만 계산할 수 있는데, 이는 표집오차(sampling or within-study variability)에 대한 관찰된 총분산의 비율을 계산할 수 있는 통계치(H^2: total variability/sampling variability)가 필요하기 때문이다.

〈표 7-4〉 I^2 통계치에 대한 설명 요약

<table>
<tr><td rowspan="4">I^2</td><td colspan="2">실제분산 비율
(the proportion of true variance)</td><td>$I^2 = \frac{Q-df}{Q} \times 100\%$
$(\frac{V_{between}}{V_{total}})$</td></tr>
<tr><td rowspan="3">전체 관찰 분산 중 실제 (연구 간) 분산이 차지하는 비율로서 분산의 크기를 계산하지 않는 상대적 분산을 의미(relative variance)</td><td>$I^2=25\%$</td><td>작은 크기 이질성</td></tr>
<tr><td>$I^2=50\%$</td><td>중간 크기 이질성</td></tr>
<tr><td>$I^2=75\%$</td><td>큰 크기의 이질성</td></tr>
</table>

일반적으로 이질성에 대한 판단은 총분산에 대한 실제분산의 비율(I^2)이 50% 이상이고 동질성 검증의 유의확률(p-value)이 0.10보다 작은 경우 효과 크기의 이질성은 상당하다고(substantial) 판단한다(Higgins & Green, 2011).

CMA를 이용하여 분석하면 일반적으로 다음과 같은 효과 크기의 이질성을 보여준다.

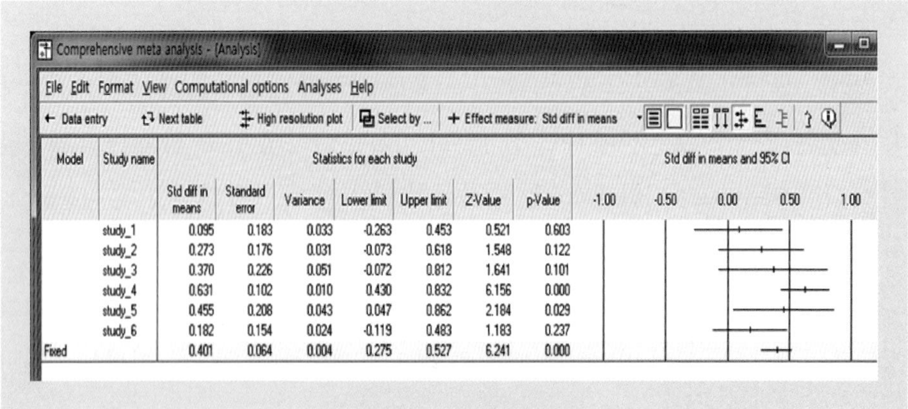

Model	Study name	Std diff in means	Standard error	Variance	Lower limit	Upper limit	Z-Value	p-Value
		Statistics for each study						
	study_1	0.095	0.183	0.033	-0.263	0.453	0.521	0.603
	study_2	0.273	0.176	0.031	-0.073	0.618	1.548	0.122
	study_3	0.370	0.226	0.051	-0.072	0.812	1.641	0.101
	study_4	0.631	0.102	0.010	0.430	0.832	6.156	0.000
	study_5	0.455	0.208	0.043	0.047	0.862	2.184	0.029
	study_6	0.182	0.154	0.024	-0.119	0.483	1.183	0.237
Fixed		0.401	0.064	0.004	0.275	0.527	6.241	0.000

[그림 7-4] 메타분석 결과

[그림 7-5]를 보면 $Q=10.478(df=5, p=.063)$로 나타나 $Q-df>0$임을 알 수 있다. 즉, 연구 간 분산이 실제 존재함을 알 수 있다.

Comprehensive meta analysis - [Analysis]

File Edit Format View Computational options Analyses Help

← Data entry | Next table | High resolution plot | Select by ... | + Effect measure: Std diff in means

Model		Effect size and 95% confidence interval					Test of null (2-Tail)		Heterogeneity			
Model	Number Studies	Point estimate	Standard error	Variance	Lower limit	Upper limit	Z-value	P-value	Q-value	df (Q)	P-value	I-
Fixed	6	0.401	0.064	0.004	0.275	0.527	6.241	0.000	10.478	5	0.063	
Random	6	0.352	0.099	0.010	0.158	0.546	3.564	0.000				

[그림 7-5] 메타분석 결과와 효과 크기의 이질성 제시(Q값)

[그림 7-6]을 보면 $I^2=52.3\%$로 나타나 효과 크기의 이질성이 상당한 수준임을 알 수 있다. 그리고 연구 간 분산, 즉 실제분산은 $T^2=0.029$로 나타났다.

Comprehensive meta analysis - [Analysis]

File Edit Format View Computational options Analyses Help

← Data entry | Next table | High resolution plot | Select by ... | + Effect measure: Std diff in means

Effect size and 95% confidence			Test of null (2-Tail)		Heterogeneity				Tau-squared			
Variance	Lower limit	Upper limit	Z-value	P-value	Q-value	df (Q)	P-value	I-squared	Tau Squared	Standard Error	Variance	Tau
0.004	0.275	0.527	6.241	0.000	10.478	5	0.063	52.282	0.029	0.037	0.001	0.172
0.010	0.158	0.546	3.564	0.000								

[그림 7-6] 효과 크기의 이질성을 보다 구체적으로 제시(I^2, T^2)

제8장 조절 효과 분석

1. 조절 효과 분석의 의미
2. 메타 ANOVA
3. 메타회귀분석

1. 조절 효과 분석의 의미

메타분석에서 조절 효과 분석은 하위 집단(subgroups) 간의 효과 크기 차이를 보다 직접적으로 검증하며, 또한 평균 효과 크기에 영향을 주는 변수, 즉 조절변수의 영향력을 검증할 수 있도록 한다. 조절변수(covariates or moderators)는 일반적으로 [그림 8-1]에서 보는 것처럼 독립변수와 종속변수 간에 영향을 주는 변수로서 메타분석에서는 연구 수준(study-level)의 변수를 말한다. 예를 들면, 연구 대상자에 대한 그룹화 방식(무선배정 또는 비무선배정), 프로그램의 기간, 출간 형태(학술지 논문 여부) 등이 조절변수가 된다.

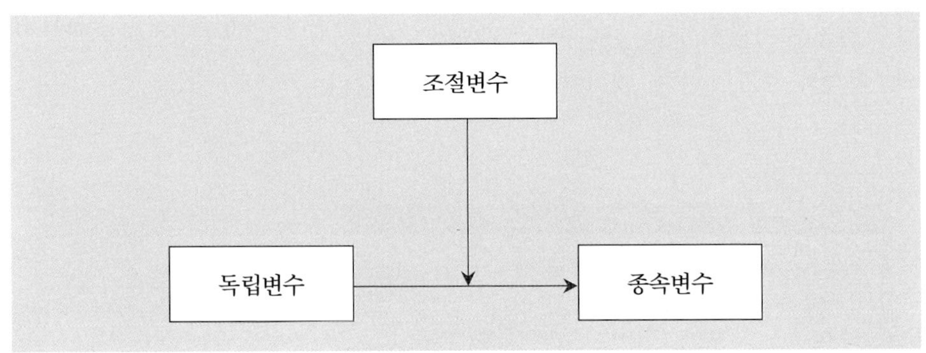

[그림 8-1] 조절변수의 의미

조절 효과 분석은 효과 크기를 설명하는 연구 차원(study-level)의 변수, 즉 조절변수(moderators)를 통해 분석하는 데 일반적으로 다음 두 가지 방법이 있다.

- 조절변수가 범주형 변수일 경우: 메타 ANOVA
- 조절변수가 연속형 변수일 경우: 메타회귀분석(meta-regression)

이 두 가지 방법은 메타분석이 아닌 일차적인 연구에서 활용되는 ANOVA 및 OLS 회귀분석과 동일하지는 않다. 즉, 데이터의 모든 분산을 활용하는 것이 아니라 실제분산, 즉 연구 간 분산을 설명하고자 하며, 조절변수당 최소 10개의 연구가 필요하다.

그리고 조절변수 분석은 비실험적(nonexperimental or observational) 분석이며, 인과관계(causal relationship)를 유추할 수 있는 것은 아니다. 이 분석은 효과 크기의 차이 및 이질성에 대한 원인, 배경 등에 대한 가설을 만들어 내는(generating hypothesis) 역할을 하게 되는 것이 일반적이다. 즉, 효과 크기의 이질성에 대한 있을 법한 원인(possible causes for heterogeneity)에 대한 탐색적 설명을 하는 데 목적이 있다.

2. 메타 ANOVA

먼저 메타 ANOVA를 실시해 보자. 여기서는 ADHD 아동의 주의력 결핍에 대한 단기 집중 인지행동치료(short-term intensive CBT) 방법(2주, 4주)의 치료 효과를 비교 · 분석해 보기로 한다. 데이터는 [그림 8-2]와 같다.

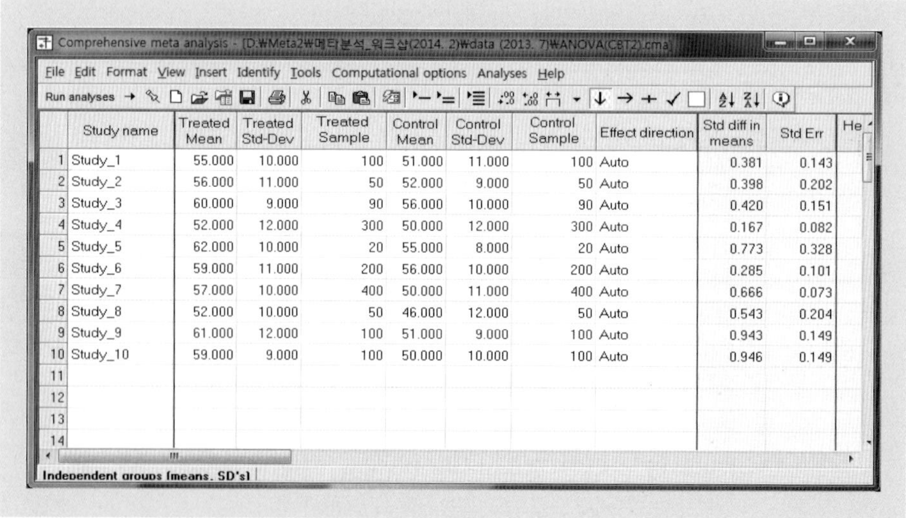

Comprehensive meta analysis - [D:₩Meta2₩메타분석_워크샵(2014. 2)₩data (2013. 7)₩ANOVA(CBT2).cma]

File Edit Format View Insert Identify Tools Computational options Analyses Help

Run analyses

	Study name	Treated Mean	Treated Std-Dev	Treated Sample	Control Mean	Control Std-Dev	Control Sample	Effect direction	Std diff in means	Std Err	He
1	Study_1	55.000	10.000	100	51.000	11.000	100	Auto	0.381	0.143	
2	Study_2	56.000	11.000	50	52.000	9.000	50	Auto	0.398	0.202	
3	Study_3	60.000	9.000	90	56.000	10.000	90	Auto	0.420	0.151	
4	Study_4	52.000	12.000	300	50.000	12.000	300	Auto	0.167	0.082	
5	Study_5	62.000	10.000	20	55.000	8.000	20	Auto	0.773	0.328	
6	Study_6	59.000	11.000	200	56.000	10.000	200	Auto	0.285	0.101	
7	Study_7	57.000	10.000	400	50.000	11.000	400	Auto	0.666	0.073	
8	Study_8	52.000	10.000	50	46.000	12.000	50	Auto	0.543	0.204	
9	Study_9	61.000	12.000	100	51.000	9.000	100	Auto	0.943	0.149	
10	Study_10	59.000	9.000	100	50.000	10.000	100	Auto	0.946	0.149	
11											
12											
13											
14											

Independent groups (means, SD's)

[그림 8-2] ADHD 아동에 대한 CBT 치료 효과에 대한 메타분석 데이터

먼저 [그림 8-3]과 같이 조절변수(치료 기간)의 값을 2주, 4주로 변수 값을 입력하는 것이 필요하므로 먼저 조절변수를 만든다.

	Study name	Treated Mean	Treated Std-Dev	Treated Sample	Control Mean	Control Std-Dev	Control Sample	Effect direction	Std diff in means	Std Err	Hedges' s g	Std Err	Differenc e in	Std Err	Tx_A
1	Study_1	55.000	10.000	100	51.000	11.000	100	Auto	0.381	0.143	0.379	0.142	4.000	1.487	2_weeks
2	Study_2	56.000	11.000	50	52.000	9.000	50	Auto	0.398	0.202	0.395	0.200	4.000	2.010	2_weeks
3	Study_3	60.000	9.000	90	56.000	10.000	90	Auto	0.420	0.151	0.419	0.150	4.000	1.418	2_weeks
4	Study_4	52.000	12.000	300	50.000	12.000	300	Auto	0.167	0.082	0.166	0.082	2.000	0.980	2_weeks
5	Study_5	62.000	10.000	20	55.000	8.000	20	Auto	0.773	0.328	0.758	0.321	7.000	2.864	4_weeks
6	Study_6	59.000	11.000	200	56.000	10.000	200	Auto	0.285	0.101	0.285	0.100	3.000	1.051	4_weeks
7	Study_7	57.000	10.000	400	50.000	11.000	400	Auto	0.666	0.073	0.665	0.073	7.000	0.743	4_weeks
8	Study_8	52.000	10.000	50	46.000	12.000	50	Auto	0.543	0.204	0.539	0.202	6.000	2.209	4_weeks
9	Study_9	61.000	12.000	100	51.000	9.000	100	Auto	0.943	0.149	0.939	0.149	10.000	1.500	4_weeks
10	Study_10	59.000	9.000	100	50.000	10.000	100	Auto	0.946	0.149	0.942	0.149	9.000	1.345	4_weeks

[그림 8-3] ADHD 아동에 대한 CBT 치료 효과에 대한 데이터 입력 후 모습

조절변수를 지정하기 위해서는 조절변수에 마우스 오른쪽 버튼을 클릭한 후 Column format이 나타나면 여기에 Column function에 Moderator, Data type에 Categorical을 지정한다.

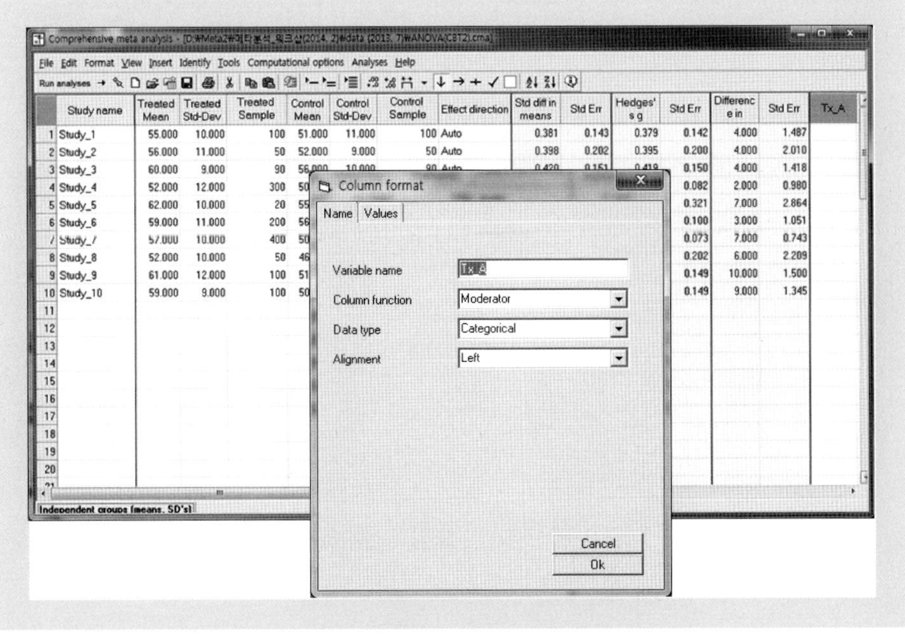

[그림 8-4] 조절변수를 정의하기 위한 모습

그리고 조절변수의 변수 값은 직접 입력할 수도 있고, Values 메뉴에서 변수 값을 미리 설정해 두고 그 값을 선택할 수도 있다.

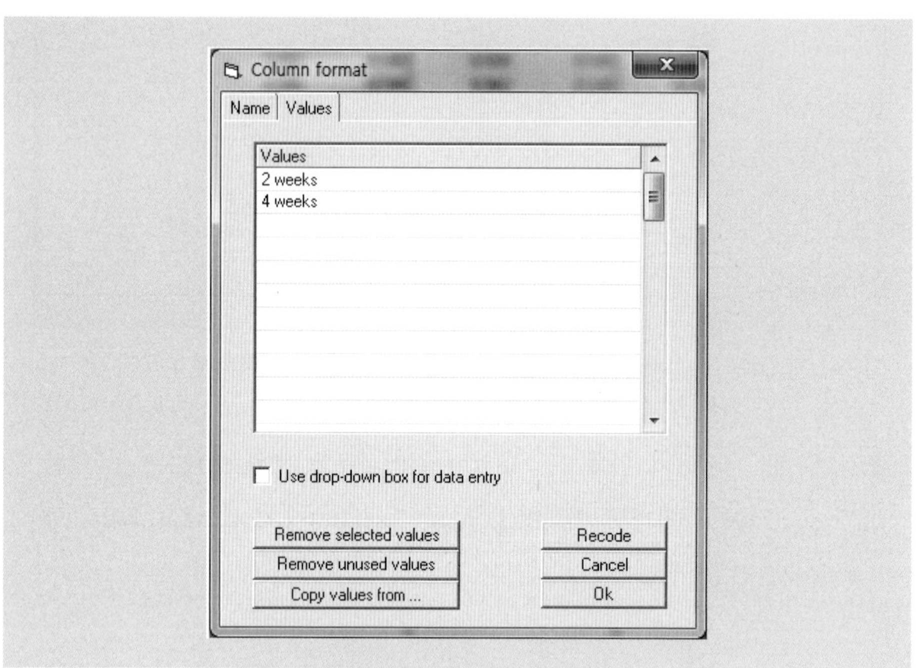

[그림 8-5] 조절변수 값을 미리 설정해 두는 모습

	Study name	Treated Mean	Treated Std-Dev	Treated Sample	Control Mean	Control Std-Dev	Control Sample	Effect direction	Std diff in means	Std Err	Hedges's g	Std Err	Difference in	Std Err	Tx_A
1	Study_1	55.000	10.000	100	51.000	11.000	100	Auto	0.381	0.143	0.379	0.142	4.000	1.487	2_weeks
2	Study_2	56.000	11.000	50	52.000	9.000	50	Auto	0.398	0.202	0.395	0.200	4.000	2.010	2_weeks
3	Study_3	60.000	9.000	90	56.000	10.000	90	Auto	0.420	0.151	0.419	0.150	4.000	1.418	
4	Study_4	52.000	12.000	300	50.000	12.000	300	Auto	0.167	0.082	0.166	0.082	2.000	0.980	2_weeks
5	Study_5	62.000	10.000	20	55.000	8.000	20	Auto	0.773	0.328	0.758	0.321	7.000	2.864	4_weeks
6	Study_6	59.000	11.000	200	56.000	10.000	200	Auto	0.285	0.101	0.285	0.100	3.000	1.051	
7	Study_7	57.000	10.000	400	50.000	11.000	400	Auto	0.666	0.073	0.665	0.073	7.000	0.743	
8	Study_8	52.000	10.000	50	46.000	12.000	50	Auto	0.543	0.204	0.539	0.202	6.000	2.209	
9	Study_9	61.000	12.000	100	51.000	9.000	100	Auto	0.943	0.149	0.939	0.149	10.000	1.500	
10	Study_10	59.000	9.000	100	50.000	10.000	100	Auto	0.946	0.149	0.942	0.149	9.000	1.345	
11															
12															

[그림 8-6] 조절변수를 입력(선택)하는 모습

여기서 primary 효과 크기를 d에서 g로 전환한다.

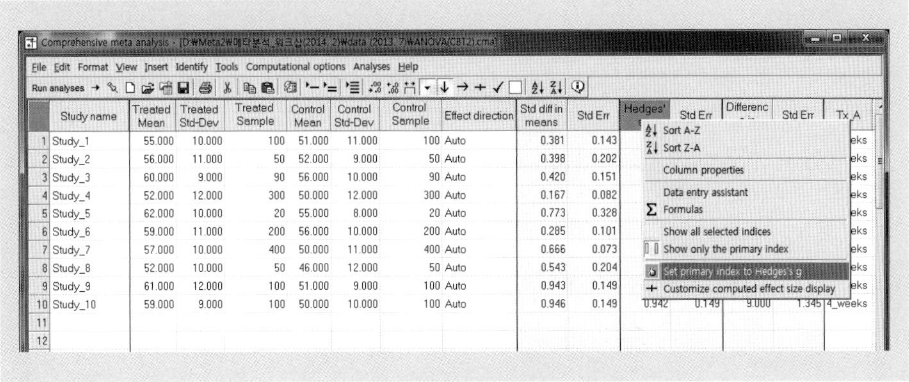

Comprehensive meta analysis - [D:₩Meta2₩메타분석_워크샵(2014. 2)₩data (2013. 7)₩ANOVA(CBT2).cma]

File Edit Format View Insert Identify Tools Computational options Analyses Help

Run analyses

	Study name	Treated Mean	Treated Std-Dev	Treated Sample	Control Mean	Control Std-Dev	Control Sample	Effect direction	Std diff in means	Std Err	Hedges' g	Std Err	Difference	Std Err	Tx_A
1	Study_1	55.000	10.000	100	51.000	11.000	100	Auto	0.381	0.143					
2	Study_2	56.000	11.000	50	52.000	9.000	50	Auto	0.398	0.202					
3	Study_3	60.000	9.000	90	56.000	10.000	90	Auto	0.420	0.151					
4	Study_4	52.000	12.000	300	50.000	12.000	300	Auto	0.167	0.082					
5	Study_5	62.000	10.000	20	55.000	8.000	20	Auto	0.773	0.328					
6	Study_6	59.000	11.000	200	56.000	10.000	200	Auto	0.285	0.101					
7	Study_7	57.000	10.000	400	50.000	11.000	400	Auto	0.666	0.073					
8	Study_8	52.000	10.000	50	46.000	12.000	50	Auto	0.543	0.204					
9	Study_9	61.000	12.000	100	51.000	9.000	100	Auto	0.943	0.149					
10	Study_10	59.000	9.000	100	50.000	10.000	100	Auto	0.946	0.149	0.942	0.149	9.000	1.345	4_weeks
11															
12															

Sort A-Z
Sort Z-A
Column properties
Data entry assistant
Formulas
Show all selected indices
Show only the primary index
Set primary index to Hedges's g
Customize computed effect size display

[그림 8-7] 효과 크기를 변경하는 모습

그리고 이제 분석을 실행한다.

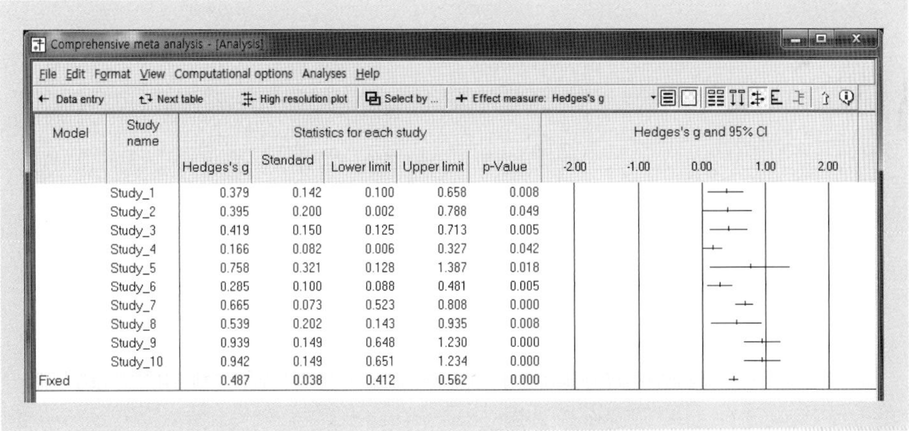

Comprehensive meta analysis - [Analysis]

File Edit Format View Computational options Analyses Help

Data entry | Next table | High resolution plot | Select by ... | Effect measure: Hedges's g

Model	Study name	Hedges's g	Standard	Lower limit	Upper limit	p-Value
	Study_1	0.379	0.142	0.100	0.658	0.008
	Study_2	0.395	0.200	0.002	0.788	0.049
	Study_3	0.419	0.150	0.125	0.713	0.005
	Study_4	0.166	0.082	0.006	0.327	0.042
	Study_5	0.758	0.321	0.128	1.387	0.018
	Study_6	0.285	0.100	0.088	0.481	0.005
	Study_7	0.665	0.073	0.523	0.808	0.000
	Study_8	0.539	0.202	0.143	0.935	0.008
	Study_9	0.939	0.149	0.648	1.230	0.000
	Study_10	0.942	0.149	0.651	1.234	0.000
Fixed		0.487	0.038	0.412	0.562	0.000

Statistics for each study; Hedges's g and 95% CI (-2.00, -1.00, 0.00, 1.00, 2.00)

[그림 8-8] 기본 분석을 실행한 모습

모형은 각 연구의 독립성과 다양성을 고려해 무선효과모형을 선택한다.

Comprehensive meta analysis - [Analysis]

File Edit Format View Computational options Analyses Help

← Data entry | Next table | High resolution plot | Select by ... | + Effect measure: Hedges's g

Model	Study name	Statistics for each study					Hedges's g and 95% CI
		Hedges's g	Standard	Lower limit	Upper limit	p-Value	-2.00 -1.00 0.00 1.00 2.00
	Study_1	0.379	0.142	0.100	0.658	0.008	
	Study_2	0.395	0.200	0.002	0.788	0.049	
	Study_3	0.419	0.150	0.125	0.713	0.005	
	Study_4	0.166	0.082	0.006	0.327	0.042	
	Study_5	0.758	0.321	0.128	1.387	0.018	
	Study_6	0.285	0.100	0.088	0.481	0.005	
	Study_7	0.665	0.073	0.523	0.808	0.000	
	Study_8	0.539	0.202	0.143	0.935	0.008	
	Study_9	0.939	0.149	0.648	1.230	0.000	
	Study_10	0.942	0.149	0.651	1.234	0.000	
Random		0.531	0.094	0.346	0.716	0.000	

[그림 8-9] 무선효과모형으로 제시된 모습

효과 크기의 패턴을 보기 위해 효과 크기순으로 정렬한다.

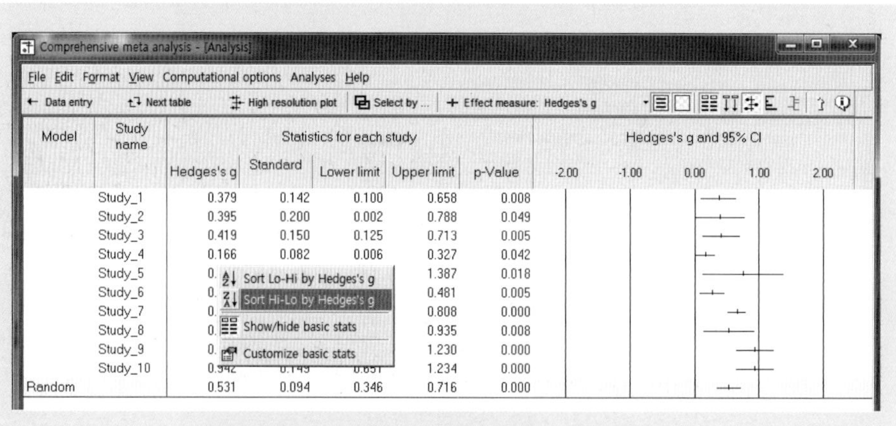

[그림 8-10] 효과 크기순으로 정렬하기 위한 모습

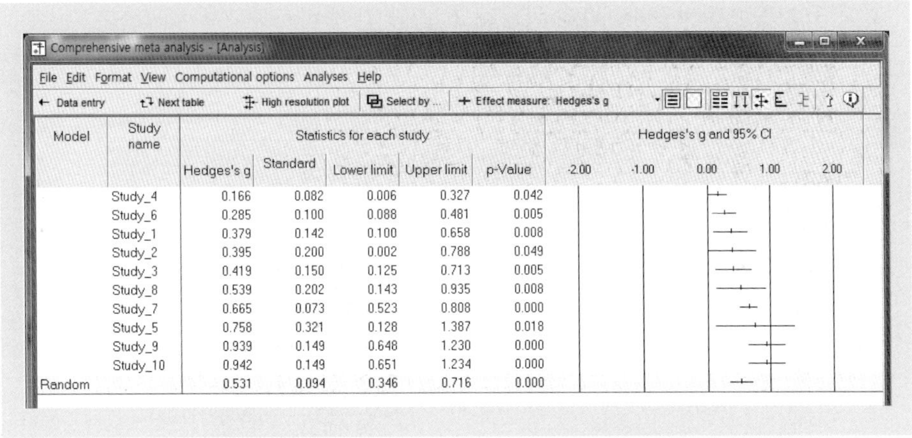

Comprehensive meta analysis - [Analysis]

File Edit Format View Computational options Analyses Help

← Data entry　Next table　High resolution plot　Select by ...　+ Effect measure: Hedges's g

Model	Study name	Statistics for each study					Hedges's g and 95% CI
		Hedges's g	Standard	Lower limit	Upper limit	p-Value	-2.00 -1.00 0.00 1.00 2.00
	Study_4	0.166	0.082	0.006	0.327	0.042	
	Study_6	0.285	0.100	0.088	0.481	0.005	
	Study_1	0.379	0.142	0.100	0.658	0.008	
	Study_2	0.395	0.200	0.002	0.788	0.049	
	Study_3	0.419	0.150	0.125	0.713	0.005	
	Study_8	0.539	0.202	0.143	0.935	0.008	
	Study_7	0.665	0.073	0.523	0.808	0.000	
	Study_5	0.758	0.321	0.128	1.387	0.018	
	Study_9	0.939	0.149	0.648	1.230	0.000	
	Study_10	0.942	0.149	0.651	1.234	0.000	
Random		0.531	0.094	0.346	0.716	0.000	

[그림 8-11] 데이터를 효과 크기 순으로 정렬한 후 모습

효과 크기의 분포(dispersion 혹은 ES의 차이)가 상당히 크게 나타난 것으로 보이는데, 이 효과 크기의 이질성(heterogeneity)을 조절변수, 즉 치료 기간이 어느 정도 설명할 수 있으리라 기대할 수 있다.

이제 집단 간 비교를 위해 [그림 8-12]와 같이 Computational options > Group by를 클릭하여,

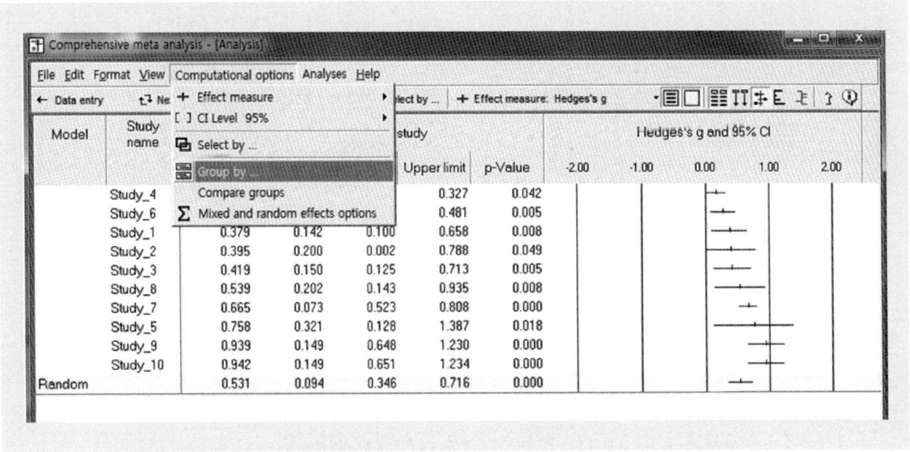

Comprehensive meta analysis - [Analysis]

File Edit Format View Computational options Analyses Help

Effect measure　[ ] CI Level 95%　Select by ...　Group by ...　Compare groups　Mixed and random effects options

Model	Study name				Upper limit	p-Value	Hedges's g and 95% CI
	Study_4				0.327	0.042	
	Study_6				0.481	0.005	
	Study_1	0.379	0.142	0.100	0.658	0.008	
	Study_2	0.395	0.200	0.002	0.788	0.049	
	Study_3	0.419	0.150	0.125	0.713	0.005	
	Study_8	0.539	0.202	0.143	0.935	0.008	
	Study_7	0.665	0.073	0.523	0.808	0.000	
	Study_5	0.758	0.321	0.128	1.387	0.018	
	Study_9	0.939	0.149	0.648	1.230	0.000	
	Study_10	0.942	0.149	0.651	1.234	0.000	
Random		0.531	0.094	0.346	0.716	0.000	

[그림 8-12] 집단별, 즉 조절변수로 구분 분석하기 위한 모습

집단 구분을 조절변수(Tx_A)로 선택하고, 집단 간에 비교하도록 체크한다.

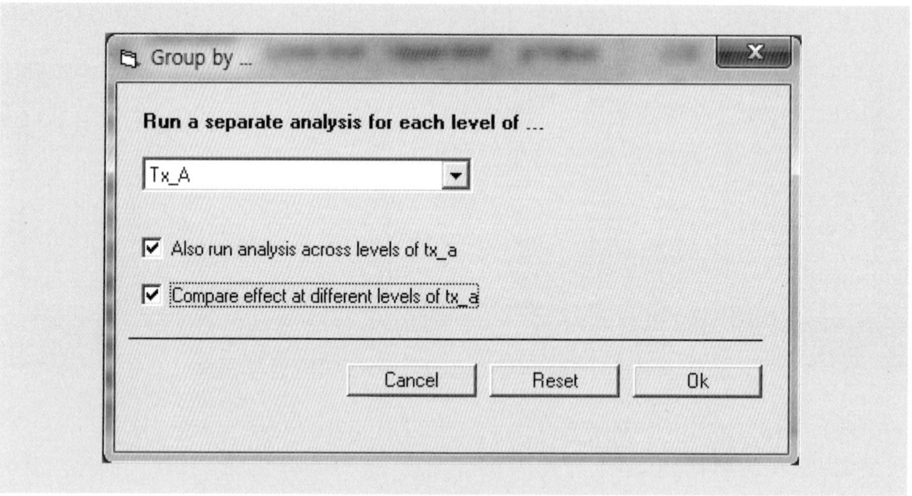

[그림 8-13] 집단 구분을 명시하는 모습

Comprehensive meta analysis - [Analysis]

File Edit Format View Computational options Analyses Help

← Data entry | Next table | High resolution plot | Select by ... | + Effect measure: Hedges's g

Model	Group by Tx_A	Study name	Statistics for each study					Hedges's g and 95% CI
			Hedges's g	Standard	Lower limit	Upper limit	p-Value	-2.00 -1.00 0.00 1.00 2.00
	2_weeks	Study_4	0.166	0.082	0.006	0.327	0.042	
	2_weeks	Study_1	0.379	0.142	0.100	0.658	0.008	
	2_weeks	Study_2	0.395	0.200	0.002	0.788	0.049	
	2_weeks	Study_3	0.419	0.150	0.125	0.713	0.005	
Random	2_weeks		0.322	0.119	0.089	0.555	0.007	
	4_weeks	Study_10	0.942	0.149	0.651	1.234	0.000	
	4_weeks	Study_6	0.285	0.100	0.088	0.481	0.005	
	4_weeks	Study_8	0.539	0.202	0.143	0.935	0.008	
	4_weeks	Study_7	0.665	0.073	0.523	0.808	0.000	
	4_weeks	Study_5	0.758	0.321	0.128	1.387	0.018	
	4_weeks	Study_9	0.939	0.149	0.648	1.230	0.000	
Random	4_weeks		0.668	0.100	0.472	0.865	0.000	
Random	Overall		0.524	0.077	0.374	0.675	0.000	

[그림 8-14] 집단별로 분석된 결과

분석 결과 [그림 8-14]와 같이 이제 2주 치료 방법과 4주 치료 방법의 효과 차이를 비교해 볼 수 있다.

메뉴 오른쪽 상단의 'show individual studies' 버튼을 클릭하면 개별 연구들이 나타날 수도 있고, 보이지 않게 감출 수도 있다([그림 8-15], [그림 8-16]).

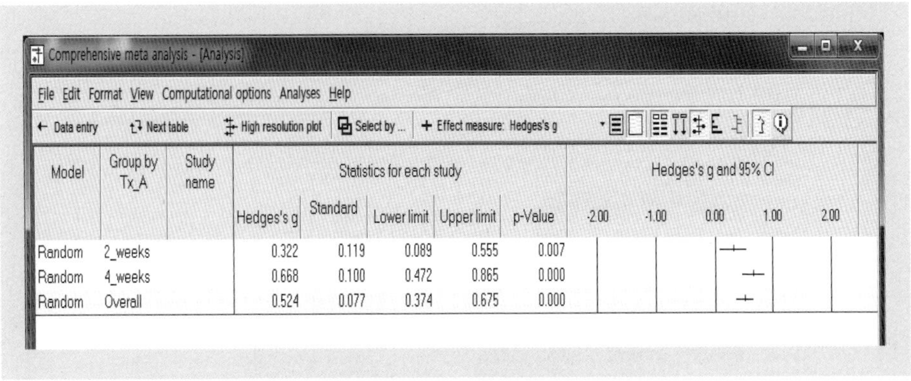

Comprehensive meta analysis - [Analysis]

File Edit Format View Computational options Analyses Help

← Data entry Next table High resolution plot Select by ... + Effect measure: Hedges's g

Model	Group by Tx_A	Study name	Statistics for each study					Hedges's g and 95% CI
			Hedges's g	Standard	Lower limit	Upper limit	p-Value	-2.00 -1.00 0.00 1.00 2.00
Random	2_weeks		0.322	0.119	0.089	0.555	0.007	
Random	4_weeks		0.668	0.100	0.472	0.865	0.000	
Random	Overall		0.524	0.077	0.374	0.675	0.000	

[그림 8-15] 집단별로만 결과가 제시된 모습

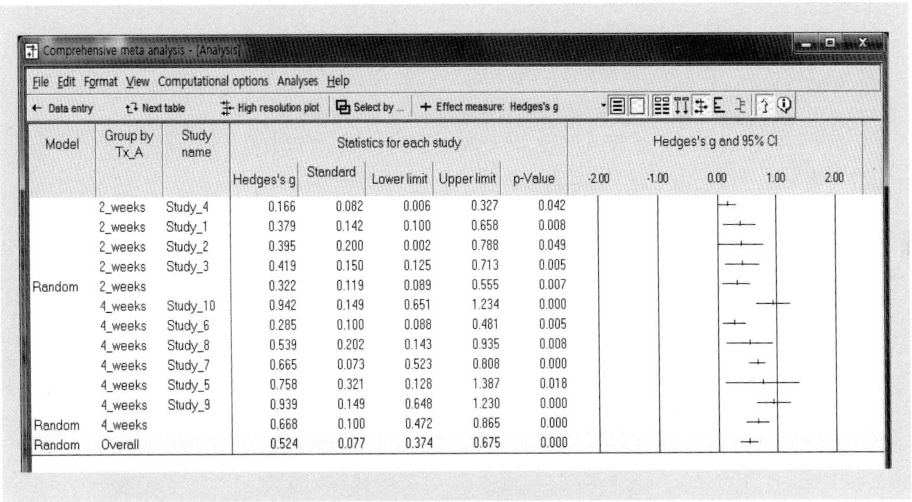

Comprehensive meta analysis - [Analysis]

File Edit Format View Computational options Analyses Help

← Data entry Next table High resolution plot Select by ... + Effect measure: Hedges's g

Model	Group by Tx_A	Study name	Statistics for each study					Hedges's g and 95% CI
			Hedges's g	Standard	Lower limit	Upper limit	p-Value	-2.00 -1.00 0.00 1.00 2.00
	2_weeks	Study_4	0.166	0.082	0.006	0.327	0.042	
	2_weeks	Study_1	0.379	0.142	0.100	0.658	0.008	
	2_weeks	Study_2	0.395	0.200	0.002	0.788	0.049	
	2_weeks	Study_3	0.419	0.150	0.125	0.713	0.005	
Random	2_weeks		0.322	0.119	0.089	0.555	0.007	
	4_weeks	Study_10	0.942	0.149	0.651	1.234	0.000	
	4_weeks	Study_6	0.285	0.100	0.088	0.481	0.005	
	4_weeks	Study_8	0.539	0.202	0.143	0.935	0.008	
	4_weeks	Study_7	0.665	0.073	0.523	0.808	0.000	
	4_weeks	Study_5	0.758	0.321	0.128	1.387	0.018	
	4_weeks	Study_9	0.939	0.149	0.648	1.230	0.000	
Random	4_weeks		0.668	0.100	0.472	0.865	0.000	
Random	Overall		0.524	0.077	0.374	0.675	0.000	

[그림 8-16] 개별 연구가 모두 표시된 모습

[그림 8-17]에서 보는 것처럼 'Computational options'에서 Mixed and random effects options를 선택한다.

Comprehensive meta analysis - [Analysis]

File Edit Format View Computational options Analyses Help

← Data entry | Effect measure | CI Level 95% | Select by ... | Group by ... | ✓ Compare groups | Σ Mixed and random effects options | + Effect measure: Hedges's g

Model	Group by Tx_A				Lower limit	Upper limit	p-Value
	2_weeks				0.006	0.327	0.042
	2_weeks				0.100	0.658	0.008
	2_weeks	Study_2	0.395	0.200	0.002	0.788	0.049
	2_weeks	Study_3	0.419	0.150	0.125	0.713	0.005
Random	2_weeks		0.322	0.119	0.089	0.555	0.007
	4_weeks	Study_10	0.942	0.149	0.651	1.234	0.000
	4_weeks	Study_6	0.285	0.100	0.088	0.481	0.005
	4_weeks	Study_8	0.539	0.202	0.143	0.935	0.008
	4_weeks	Study_7	0.665	0.073	0.523	0.808	0.000
	4_weeks	Study_5	0.758	0.321	0.128	1.387	0.018
	4_weeks	Study_9	0.939	0.149	0.648	1.230	0.000
Random	4_weeks		0.668	0.100	0.472	0.865	0.000
Random	Overall		0.524	0.077	0.374	0.675	0.000

[그림 8-17] Mixed and random effects options을 선택한 모습

이 'Mixed and random effects' 옵션은 그룹 내에서는 random model로 효과 크기와 분산을 계산하고 그룹 간에는 fixed model을 이용하여 평균 효과 크기 및 분산을 계산하는 경우다. 즉, 각 하위집단 내에서는 각 연구의 모집단 효과 크기가 서로 다르다고 가정하고(무선효과모형), 하위집단 간에는 동일한 모집단 효과 크기가(고정효과모형) 존재한다고 가정한다. 그리고 실제 연구 간 분산은 하위집단 간에 동일하다고 가정한다.

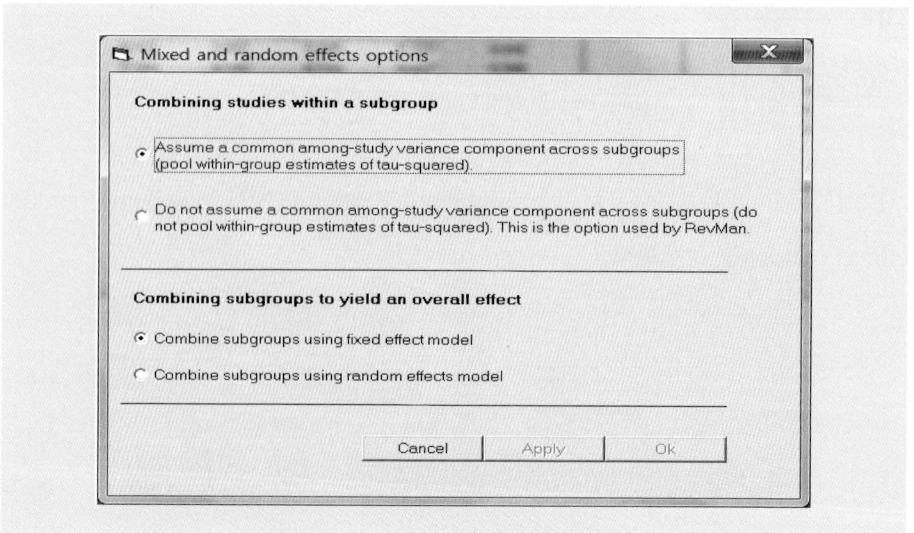

[그림 8-18] 연구 간 분산이 하위집단 간에 동일하다고 선택하는 모습

이제 분석 결과 중에서 먼저 집단 내 fixed-effect model 결과를 보자.

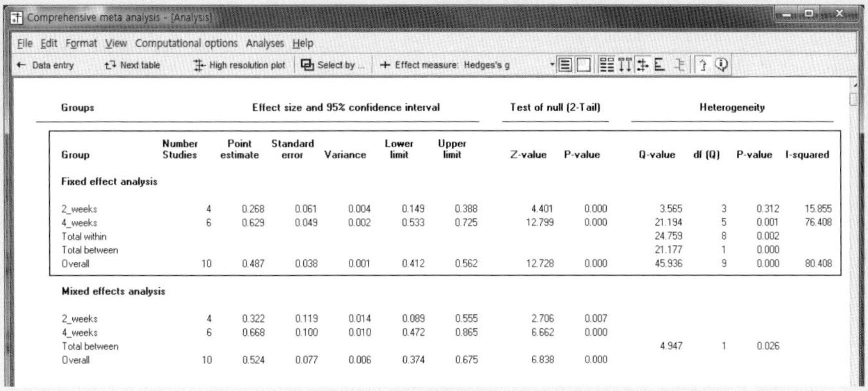

Comprehensive meta analysis - [Analysis]

File Edit Format View Computational options Analyses Help

← Data entry | Next table | High resolution plot | Select by ... | + Effect measure: Hedges's g

Groups	Effect size and 95% confidence interval						Test of null (2-Tail)		Heterogeneity			
Group	Number Studies	Point estimate	Standard error	Variance	Lower limit	Upper limit	Z-value	P-value	Q-value	df (Q)	P-value	I-squared
Fixed effect analysis												
2_weeks	4	0.268	0.061	0.004	0.149	0.388	4.401	0.000	3.565	3	0.312	15.855
4_weeks	6	0.629	0.049	0.002	0.533	0.725	12.799	0.000	21.194	5	0.001	76.408
Total within									24.759	8	0.002	
Total between									21.177	1	0.000	
Overall	10	0.487	0.038	0.001	0.412	0.562	12.728	0.000	45.936	9	0.000	80.408
Mixed effects analysis												
2_weeks	4	0.322	0.119	0.014	0.089	0.555	2.706	0.007				
4_weeks	6	0.668	0.100	0.010	0.472	0.865	6.662	0.000				
Total between									4.947	1	0.026	
Overall	10	0.524	0.077	0.006	0.374	0.675	6.838	0.000				

[그림 8-19] 분석된 결과의 모습 1

우선 각 집단의 g값은 0.268과 0.629로 나타났다. 이 두 집단 값의 차이는 Q-statistic of 21.2이며, $df=1$, $p<.001$이다. 즉, 두 집단의 효과 크기 추정 값이 동일하다는 귀무가설을 기각할 수 있다.

고정모형에서 Q값은 단순 합산된다. 즉, Within(1)+Within(2)=Within(Total) (3.565+21.194=24.759) Within+Between=Total(24.759+21.177=45.936) 그리고 자유도(df)도 마찬가지로 합산된다.

먼저 집단 구분이 없이는 상당한 수준의 분포 이질성이 있었다($Q=45.9$, $df=9$, $p<.001$, I-squared=80.4). 하지만 집단을 나눈 후에는 전체 분포의 이질성은 (최소한 2주 집단에서) 다소 줄었지만 여전히 유의한 것으로 나타났다($Q=24.8$, $df=8$, $p=.002$).

이제 [그림 8-20]의 random effects model 결과를 보자.

Comprehensive meta analysis - [Analysis]

File Edit Format View Computational options Analyses Help

← Data entry Next table High resolution plot Select by ... + Effect measure: Hedges's g

Groups		Effect size and 95% confidence interval					Test of null (2-Tail)		Heterogeneity			
Group	Number Studies	Point estimate	Standard error	Variance	Lower limit	Upper limit	Z-value	P-value	Q-value	df (Q)	P-value	I-squared
Fixed effect analysis												
2_weeks	4	0.268	0.061	0.004	0.149	0.388	4.401	0.000	3.565	3	0.312	15.855
4_weeks	6	0.629	0.049	0.002	0.533	0.725	12.799	0.000	21.194	5	0.001	76.408
Total within									24.759	8	0.002	
Total between									21.177	1	0.000	
Overall	10	0.487	0.038	0.001	0.412	0.562	12.728	0.000	45.936	9	0.000	80.408
Mixed effects analysis												
2_weeks	4	0.322	0.119	0.014	0.089	0.555	2.706	0.007				
4_weeks	6	0.668	0.100	0.010	0.472	0.865	6.662	0.000				
Total between									4.947	1	0.026	
Overall	10	0.524	0.077	0.006	0.374	0.675	6.838	0.000				

[그림 8-20] 분석된 결과의 모습 2

실제 이 모형은 mixed effects 모형이다. 즉, 각 집단 내에서는 모집단 효과 크기가 서로 다르다는 무선모형을 가정하였고, 집단 간에는 (여기서는 두 집단만 존재) 고정모형을 가정하고 계산한 것이다.

두 집단의 효과 크기는 0.322와 0.688로 나타났으며, Q값은 4.95($df=1$, $p=.026$)로 나타나 두 집단 간에 효과 크기가 동일하다는 귀무가설을 기각할 수 있다.

Comprehensive meta analysis - [Analysis]

File Edit Format View Computational options Analyses Help

← Data entry Next table High resolution plot Select by ... + Effect measure: Hedges's g

Groups		Effect size and 95% confidence interval					Test of null (2-Tail)		Heterogeneity			
Group	Number Studies	Point estimate	Standard error	Variance	Lower limit	Upper limit	Z-value	P-value	Q-value	df (Q)	P-value	I-squared
Fixed effect analysis												
2_weeks	4	0.268	0.061	0.004	0.149	0.388	4.401	0.000	3.565	3	0.312	15.855
4_weeks	6	0.629	0.049	0.002	0.533	0.725	12.799	0.000	21.194	5	0.001	76.408
Total within									24.759	8	0.002	
Total between									21.177	1	0.000	
Overall	10	0.487	0.038	0.001	0.412	0.562	12.728	0.000	45.936	9	0.000	80.408
Mixed effects analysis												
2_weeks	4	0.322	0.119	0.014	0.089	0.555	2.706	0.007				
4_weeks	6	0.668	0.100	0.010	0.472	0.865	6.662	0.000				
Total between									4.947	1	0.026	
Overall	10	0.524	0.077	0.006	0.374	0.675	6.838	0.000				

Fixed | Random | Both models

Basic stats | Calculations

[그림 8-21] 분석된 결과의 모습 3

여기서 두 집단의 차이에 대한 Q값을 제시하였을 뿐 전체 Q값은 [그림 8-21]에 제시하지 않았는데, 이는 무선모형에서는 Q값을 단순 합산할 수 없기 때문이다. 따라서 각 집단 내에 존재하는 이질성(Q)을 보거나 I^2값의 변화를 보려면 고정모형에서 제시된 Q값과 I^2값을 보면 된다(참고로 앞에서 우리는 Q값은 고정모형에서만 계산됨을 보았다).

이제 집단구분변수에 의해 설명되는 분산의 정도(proportion of variance explained by the grouping variable) R^2을 살펴보자. 즉,

$$R^2 = \left(\frac{T^2_{between}}{T^2_{total}}\right) = 1 - \left(\frac{T^2_{within}}{T^2_{total}}\right)$$

$$= 1 - \left(\frac{\text{집단 구분을 하였을 경우 집단 내 실제 분산}}{\text{집단 구분을 하지 않았을 경우 전체 실제 분산}}\right)$$

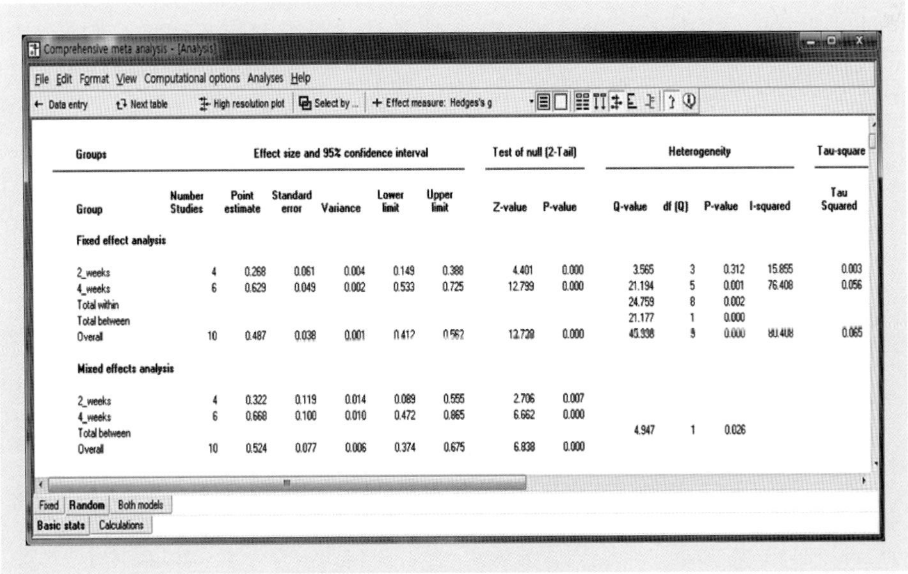

Comprehensive meta analysis - [Analysis]

File Edit Format View Computational options Analyses Help

← Data entry | Next table | High resolution plot | Select by ... | + Effect measure: Hedges's g

Groups		Effect size and 95% confidence interval					Test of null (2-Tail)		Heterogeneity				Tau-square
Group	Number Studies	Point estimate	Standard error	Variance	Lower limit	Upper limit	Z-value	P-value	Q-value	df (Q)	P-value	I-squared	Tau Squared
Fixed effect analysis													
2_weeks	4	0.268	0.061	0.004	0.149	0.388	4.401	0.000	3.565	3	0.312	15.855	0.003
4_weeks	6	0.629	0.049	0.002	0.533	0.725	12.799	0.000	21.194	5	0.001	76.408	0.056
Total within									24.759	8	0.002		
Total between									21.177	1	0.000		
Overall	10	0.487	0.038	0.001	0.412	0.562	12.728	0.000	45.938	9	0.000	80.408	0.065
Mixed effects analysis													
2_weeks	4	0.322	0.119	0.014	0.089	0.555	2.706	0.007					
4_weeks	6	0.668	0.100	0.010	0.472	0.865	6.662	0.000					
Total between									4.947	1	0.026		
Overall	10	0.524	0.077	0.006	0.374	0.675	6.838	0.000					

Fixed | Random | Both models

Basic stats | Calculations

[그림 8-22] 분석된 결과의 모습 4

Comprehensive meta analysis - [Analysis]

File Edit Format View Computational options Analyses Help

← Data entry | Next table | High resolution plot | Select by ... | + Effect measure: Hedges's g

Model	Group by Tx_A	Study name	Calculations (Pooled tau)								
			Point	Study	Tau^2	Tau^2	Total	IV-Weight	W	T*W	T^2*W
	2_weeks	Study_4	0.166	0.007	0.037	0.000	0.043	23.106	23.106	3.846	0.640
	2_weeks	Study_1	0.379	0.020	0.037	0.000	0.057	17.602	17.602	6.672	2.529
	2_weeks	Study_2	0.395	0.040	0.037	0.000	0.077	13.025	13.025	5.144	2.032
	2_weeks	Study_3	0.419	0.023	0.037	0.000	0.059	16.913	16.913	7.081	2.965
	2_weeks		1.359	0.090	0.146	0.000	0.236		70.645	22.744	8.166
	4_weeks	Study_10	0.942	0.022	0.037	0.000	0.059	17.043	17.043	16.063	15.139
	4_weeks	Study_6	0.285	0.010	0.037	0.000	0.047	21.427	21.427	6.104	1.739
	4_weeks	Study_8	0.539	0.041	0.037	0.000	0.077	12.912	12.912	6.960	3.752
	4_weeks	Study_7	0.665	0.005	0.037	0.000	0.042	23.882	23.882	15.888	10.570
	4_weeks	Study_5	0.758	0.103	0.037	0.000	0.140	7.151	7.151	5.418	4.105
	4_weeks	Study_9	0.939	0.022	0.037	0.000	0.059	17.048	17.048	16.012	15.039
	4_weeks		4.129	0.204	0.220	0.000	0.423		99.463	66.444	50.343
	Overall		5.488	0.293	0.366	0.000	0.659	170.108	170.108	89.188	58.509

[그림 8-23] 집단을 구분하였을 경우 집단 내 실제 분산 결과

CMA 결과 창에서 하단 탭에 Calculations를 클릭하면 [그림 8-23]과 같이 집단 내 분산을 보여 준다. 즉, 집단을 구분하였을 때의 집단 내 (실제)분산(T^2)은 0.037로 나타났다.

한편 집단을 구분하지 않았을 때, 즉 초기 분석 결과를 보면 [그림 8-25]와 같이 집단을 구분하지 않았을 경우의 T^2을 보여 준다.

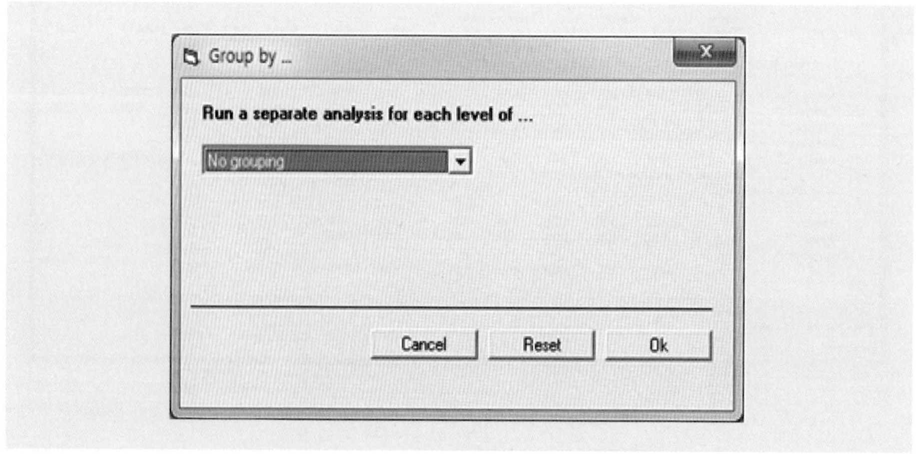

[그림 8-24] 집단을 구분하지 않도록 선택하는 모습

Comprehensive meta analysis - [Analysis]

File Edit Format View Computational options Analyses Help

← Data entry | Next table | High resolution plot | Select by ... | + Effect measure: Hedges's g

Model	Effect size and 95% confidence interval						Test of null (2-Tail)		Heterogeneity				Tau-squared	
Model	Number Studies	Point estimate	Standard error	Variance	Lower limit	Upper limit	Z-value	P-value	Q-value	df (Q)	P-value	I-squared	Tau Squared	Standard Error
Fixed	10	0.487	0.038	0.001	0.412	0.562	12.728	0.000	45.936	9	0.000	80.408	0.065	0.045
Random	10	0.531	0.094	0.009	0.346	0.716	5.635	0.000						

[그림 8-25] 집단구분을 하지 않았을 경우 집단 간 분산

즉, 집단을 구분하지 않았을 경우의 전체 (실제)분산(T^2)은 0.065로 나타난다. 그리고 Calculations 탭을 클릭하였을 경우 [그림 8-26]과 같이 보여 준다.

Comprehensive meta analysis - [Analysis]

File Edit Format View Computational options Analyses Help

← Data entry | Next table | High resolution plot | Select by ... | + Effect measure: Hedges's g

Model	Study name	Calculations (Random)									
		Point	Study	Tau^2	Tau^2	Total	IV-Weight	W	T*W	T^2*W	W^2
	Study_4	0.166	0.007	0.065	0.000	0.072	13.949	13.949	2.322	0.387	194.578
	Study_10	0.942	0.022	0.065	0.000	0.087	11.483	11.483	10.822	10.200	131.859
	Study_6	0.285	0.010	0.065	0.000	0.075	13.319	13.319	3.794	1.081	177.400
	Study_1	0.379	0.020	0.065	0.000	0.085	11.734	11.734	4.448	1.686	137.682
	Study_2	0.395	0.040	0.065	0.000	0.105	9.507	9.507	3.755	1.483	90.385
	Study_3	0.419	0.023	0.065	0.000	0.088	11.424	11.424	4.783	2.003	130.499
	Study_8	0.539	0.041	0.065	0.000	0.106	9.447	9.447	5.092	2.745	89.239
	Study_7	0.665	0.005	0.065	0.000	0.070	14.228	14.228	9.466	6.297	202.440
	Study_5	0.758	0.103	0.065	0.000	0.168	5.943	5.943	4.503	3.412	35.322
	Study_9	0.939	0.022	0.065	0.000	0.087	11.485	11.485	10.787	10.132	131.905
		5.488	0.293	0.650	0.000	0.943	112.519	112.519	59.772	39.425	1321.309

[그림 8-26] 집단구분을 하지 않았을 경우 전체 실제분산

따라서 집단구분변수에 의해 설명되는 실제분산의 정도는

$$R^2 = \left(\frac{T^2_{between}}{T^2_{total}}\right) = 1 - \left(\frac{T^2_{within}}{T^2_{total}}\right) = 1 - \left(\frac{0.037}{0.065}\right) = 1 - 0.569 = 0.431$$

즉, 집단구분변수(치료 방법)에 의해 전체 실제분산(T^2)의 43.1%가 설명된다고 하겠다.

이번에는 치료 방법을 세 집단(2주, 4주, 6주)으로 나눈 Tx_B를 이용해 분석해 보자.

	Study name	Treated Mean	Treated Std-Dev	Treated Sample	Control Mean	Control Std-Dev	Control Sample	Effect direction	Std diff in means	Std Err	Hedges's g	Std Err	Difference in	Std Err	Tx_A	Tx_B
1	Study_1	55.000	10.000	100	51.000	11.000	100	Auto	0.381	0.143	0.379	0.142	4.000	1.487	2_weeks	2_weeks
2	Study_2	56.000	11.000	50	52.000	9.000	50	Auto	0.398	0.202	0.395	0.200	4.000	2.010	2_weeks	2_weeks
3	Study_3	60.000	9.000	90	56.000	10.000	90	Auto	0.420	0.151	0.419	0.150	4.000	1.418	2_weeks	2_weeks
4	Study_4	52.000	12.000	300	50.000	12.000	300	Auto	0.167	0.082	0.166	0.082	2.000	0.980	2_weeks	2_weeks
5	Study_5	62.000	10.000	20	55.000	8.000	20	Auto	0.773	0.328	0.758	0.321	7.000	2.864	4_weeks	4_weeks
6	Study_6	59.000	11.000	200	56.000	10.000	200	Auto	0.285	0.101	0.285	0.100	3.000	1.051	4_weeks	4_weeks
7	Study_7	57.000	10.000	400	50.000	11.000	400	Auto	0.666	0.073	0.665	0.073	7.000	0.743	4_weeks	4_weeks
8	Study_8	52.000	10.000	50	46.000	12.000	50	Auto	0.543	0.204	0.539	0.202	6.000	2.209	4_weeks	6_weeks
9	Study_9	61.000	12.000	100	51.000	9.000	100	Auto	0.943	0.149	0.939	0.149	10.000	1.500	4_weeks	6_weeks
10	Study_10	59.000	9.000	100	50.000	10.000	100	Auto	0.946	0.149	0.942	0.149	9.000	1.345	4_weeks	6_weeks
11																
12																

[그림 8-27] Tx_B가 제시된 데이터의 모습

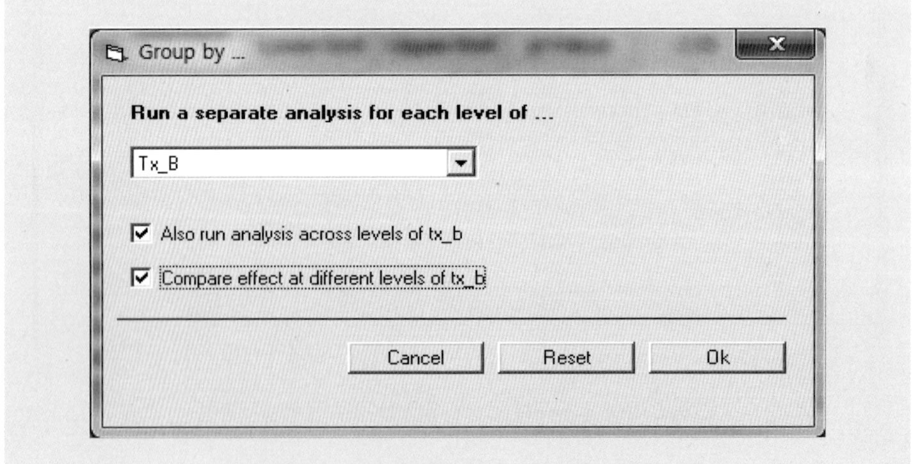

[그림 8-28] 집단 구분을 Tx_B로 선택하는 모습

이제 2주, 4주, 6주 치료 간 효과 차이를 비교해서 볼 수 있다.

Comprehensive meta analysis - [Analysis]

File Edit Format View Computational options Analyses Help

← Data entry | Next table | High resolution plot | Select by ... | + Effect measure: Hedges's g

Model	Group by Tx_B	Study name	Hedges's g	Standard error	Lower limit	Upper limit	p-Value
	2_weeks	Study_1	0.379	0.142	0.100	0.658	0.008
	2_weeks	Study_2	0.395	0.200	0.002	0.788	0.049
	2_weeks	Study_3	0.419	0.150	0.125	0.713	0.005
	2_weeks	Study_4	0.166	0.082	0.006	0.327	0.042
Random	2_weeks		0.316	0.105	0.110	0.523	0.003
	4_weeks	Study_5	0.758	0.321	0.128	1.387	0.018
	4_weeks	Study_6	0.285	0.100	0.088	0.481	0.005
	4_weeks	Study_7	0.665	0.073	0.523	0.808	0.000
Random	4_weeks		0.519	0.120	0.284	0.754	0.000
	6_weeks	Study_8	0.539	0.202	0.143	0.935	0.008
	6_weeks	Study_9	0.939	0.149	0.648	1.230	0.000
	6_weeks	Study_10	0.942	0.149	0.651	1.234	0.000
Random	6_weeks		0.835	0.131	0.577	1.093	0.000
Random	Overall		0.519	0.068	0.386	0.652	0.000

Statistics for each study; Hedges's g and 95% CI (-2.00, -1.00, 0.00, 1.00, 2.00)

[그림 8-29] 세 집단으로 나눈 분석 결과

Comprehensive meta analysis - [Analysis]

File Edit Format View Computational options Analyses Help

← Data entry | Next table | High resolution plot | Select by ... | + Effect measure: Hedges's g

Groups		Effect size and 95% confidence interval					Test of null (2-Tail)		Heterogeneity				Tau-square
Group	Number Studies	Point estimate	Standard error	Variance	Lower limit	Upper limit	Z-value	P-value	Q-value	df (Q)	P-value	I-squared	Tau Squared
Fixed effect analysis													
2_weeks	4	0.268	0.061	0.004	0.149	0.388	4.401	0.000	3.565	3	0.312	15.855	0.003
4_weeks	3	0.542	0.058	0.003	0.428	0.655	9.367	0.000	9.907	2	0.007	79.812	0.055
6_weeks	3	0.855	0.093	0.009	0.673	1.038	9.179	0.000	3.113	2	0.211	35.746	0.015
Total within									16.585	7	0.020		
Total between									29.352	2	0.000		
Overall	10	0.487	0.038	0.001	0.412	0.562	12.728	0.000	45.936	9	0.000	80.408	0.065
Mixed effects analysis													
2_weeks	4	0.316	0.105	0.011	0.110	0.523	3.008	0.003					
4_weeks	3	0.519	0.120	0.014	0.284	0.754	4.332	0.000					
6_weeks	3	0.835	0.131	0.017	0.577	1.093	6.351	0.000					
Total between									9.489	2	0.009		
Overall	10	0.519	0.068	0.005	0.386	0.652	7.660	0.000					

[그림 8-30] 세 집단으로 분석한 결과

세 집단의 효과 크기는 0.316, 0.519 및 0.835로 나타났으며, Q값은 9.489 ($df=2$, $p=.009$)로 나타나 세 집단 간에 효과 크기가 동일하다는 귀무가설을 기각할 수 있다.

그리고 세 집단으로 집단을 구분하였을 때의 집단 내 실제분산(T^2)은 [그림 8-31]과 같이 0.025로 나타났다.

Comprehensive meta analysis - [Analysis]

File Edit Format View Computational options Analyses Help

← Data entry | Next table | High resolution plot | Select by ... | + Effect measure: Hedges's g

Model	Group by Tx_B	Study name	Calculations (Pooled tau)							
			Point	Study	Tau^2	Tau^2	Total	IV-Weight	W	T*W
	2_weeks	Study_1	0.379	0.020	0.025	0.000	0.045	22.187	22.187	8.411
	2_weeks	Study_2	0.395	0.040	0.025	0.000	0.065	15.377	15.377	6.073
	2_weeks	Study_3	0.419	0.023	0.025	0.000	0.047	21.104	21.104	8.836
	2_weeks	Study_4	0.166	0.007	0.025	0.000	0.032	31.710	31.710	5.278
	2_weeks		1.359	0.090	0.099	0.000	0.189		90.378	28.598
	4_weeks	Study_5	0.758	0.103	0.025	0.000	0.128	7.806	7.806	5.914
	4_weeks	Study_6	0.285	0.010	0.025	0.000	0.035	28.631	28.631	8.156
	4_weeks	Study_7	0.665	0.005	0.025	0.000	0.030	33.189	33.189	22.080
	4_weeks		1.708	0.119	0.075	0.000	0.193		69.627	36.150
	6_weeks	Study_8	0.539	0.041	0.025	0.000	0.066	15.220	15.220	8.204
	6_weeks	Study_9	0.939	0.022	0.025	0.000	0.047	21.314	21.314	20.019
	6_weeks	Study_10	0.942	0.022	0.025	0.000	0.047	21.307	21.307	20.082
	6_weeks		2.421	0.085	0.075	0.000	0.160		57.841	48.305
	Overall		5.488	0.293	0.249	0.000	0.542	217.846	217.846	113.054

[그림 8-31] 세 집단으로 구분하였을 경우 집단 내 실제분산

이제 집단을 구분하지 않았을 경우, 즉 전체 실제분산을 보자.

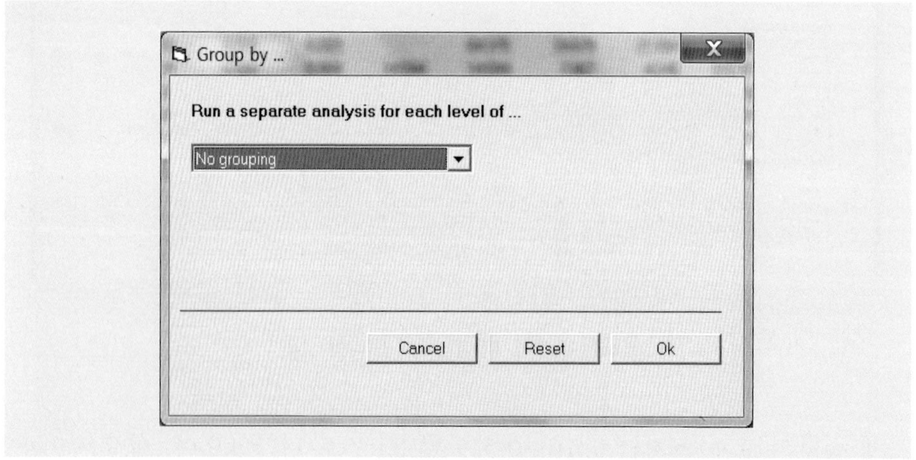

[그림 8-32] 집단 구분을 하지 않는 선택의 모습

집단을 구분하지 않았을 경우의 전체 실제분산(T^2)은 0.065이며, 이는 앞에서 집단을 두 개로 나누었을 때와 동일함을 알 수 있다.

Comprehensive meta analysis - [Analysis]

File Edit Format View Computational options Analyses Help

← Data entry | Next table | High resolution plot | Select by ... | + Effect measure: Hedges's g

Model	Study name	Calculations (Random)								
		Point	Study	Tau^2	Tau^2	Total	IV-Weight	W	T*W	T^2*W
	Study_1	0.379	0.020	0.065	0.000	0.085	11.734	11.734	4.448	1.686
	Study_2	0.395	0.040	0.065	0.000	0.105	9.507	9.507	3.755	1.483
	Study_3	0.419	0.023	0.065	0.000	0.088	11.424	11.424	4.783	2.003
	Study_4	0.166	0.007	0.065	0.000	0.072	13.949	13.949	2.322	0.387
	Study_5	0.758	0.103	0.065	0.000	0.168	5.943	5.943	4.503	3.412
	Study_6	0.285	0.010	0.065	0.000	0.075	13.319	13.319	3.794	1.081
	Study_7	0.665	0.005	0.065	0.000	0.070	14.228	14.228	9.466	6.297
	Study_8	0.539	0.041	0.065	0.000	0.106	9.447	9.447	5.092	2.745
	Study_9	0.939	0.022	0.065	0.000	0.087	11.485	11.485	10.787	10.132
	Study_10	0.942	0.022	0.065	0.000	0.087	11.483	11.483	10.822	10.200
		5.488	0.293	0.650	0.000	0.943	112.519	112.519	59.772	39.425

[그림 8-33] 집단 구분을 하지 않았을 경우 전체 실제분산

따라서 집단구분변수에 의해 설명되는 실제분산의 정도는

$$R^2 = \left(\frac{T^2_{between}}{T^2_{total}}\right) = 1 - \left(\frac{T^2_{within}}{T^2_{total}}\right)$$

$$= 1 - \left(\frac{0.025}{0.065}\right) = 1 - 0.385 = 0.615$$

즉, 집단구분변수(치료 방법)에 의해 전체 실제분산(T^2)의 61.5%가 설명된다.

3. 메타회귀분석

이번에는 [그림 8-34]에 있는 BCG 데이터를 활용하여 메타회귀분석(meta-regression)을 실시해 보자. 이 데이터는 결핵(TB) 예방을 위해 사용한 BCG백신의 효과를 검증한 연구(Colditz et al., 1994)로서 메타분석에 대한 저서와 논문에 폭넓게 사용하고 있다(Borenstein et al., 2009; Egger et al., 2003; Viechtbauer, 2010).

Comprehensive meta analysis - [C:\Users\Michael B\Desktop\Advanced Meta\BCG.cma]

File Edit Format View Insert Identify Tools Computational options Analyses Help

Run analyses

	Study name	Treated TB	Treated Total N	Control TB	Control Total N	Risk ratio	Log risk ratio	Std Err	Variance	startyr	latitude	trialnam	alloc	N
1	Ferguson & Simes	6	306	29	303	0.205	-1.585	0.441	0.195	1933	55	Canada	Random allocation	
2	Aronson	4	123	11	139	0.411	-0.889	0.571	0.326	1935	52	Northern USA	Random allocation	
3	Rosenthal et al	17	1716	65	1665	0.254	-1.371	0.270	0.073	1941	42	Chicago	Alternation/systematic allocation	
4	Comstock & Webster	5	2498	3	2341	1.562	0.446	0.730	0.533	1947	33	Georgia (Sch)	Alternation/systematic allocation	
5	Comstock et al (a)	186	50634	141	27338	0.712	-0.339	0.111	0.012	1949	18	Puerto Rico	Alternation/systematic allocation	
6	Frimont-Moller et al	33	5069	47	5808	0.804	-0.218	0.226	0.051	1950	13	Madanapalle	Alternation/systematic allocation	
7	Comstock et al (b)	27	16913	29	17854	0.983	-0.017	0.267	0.071	1950	33	Georgia (Comm)	Alternation/systematic allocation	
8	Hart & Sutherland	62	13598	248	12867	0.237	-1.442	0.141	0.020	1950	53	UK	Random allocation	
9	Vandeviere et al	8	2545	10	629	0.198	-1.621	0.472	0.223	1965	18	Haiti	Random allocation	
10	Coetzee & Berjak	29	7499	45	7277	0.625	-0.469	0.238	0.056	1965	27	South Africa	Random allocation	
11	TB Prevention Trial	505	88391	499	88391	1.012	0.012	0.063	0.004	1968	13	Madras	Random allocation	
12														
13														
14														

[그림 8-34] TB 예방에 대한 BCG 효과에 대한 메타분석 데이터

우선 ANOVA 분석을 먼저 해 보자.

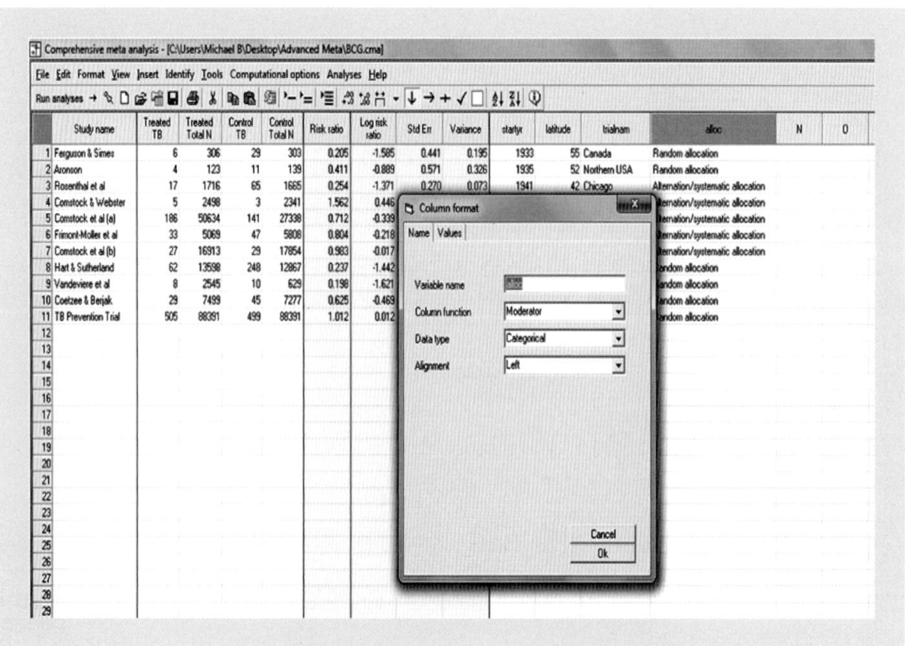

[그림 8-35] ANOVA를 위한 조절변수의 선택

데이터에 조절변수를 추가하기 위해 Insert＞Column for＞Moderator variable을 선택한다.

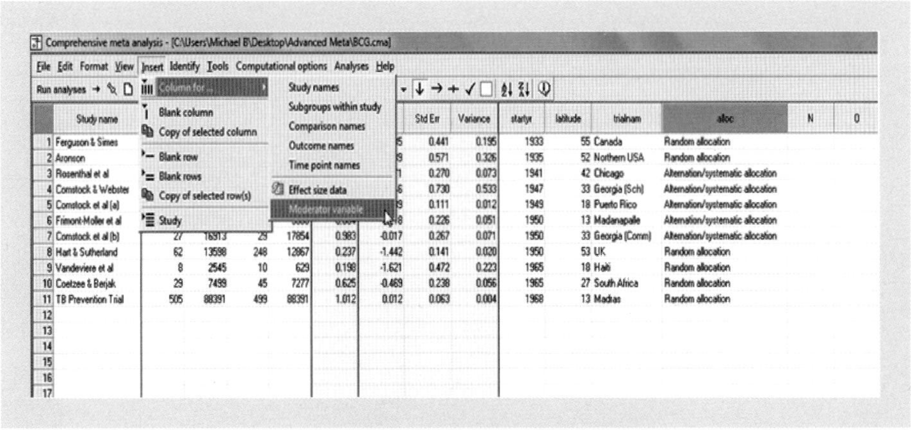

[그림 8-36] 조절변수를 추가하기 위한 과정

'Alloc2' 변수를 만들고 이 변수에 대한 정의를 내린다. 이때 칼럼의 기능은 Moderator로 정의하고 데이터 유형은 categorical로 규정한다.

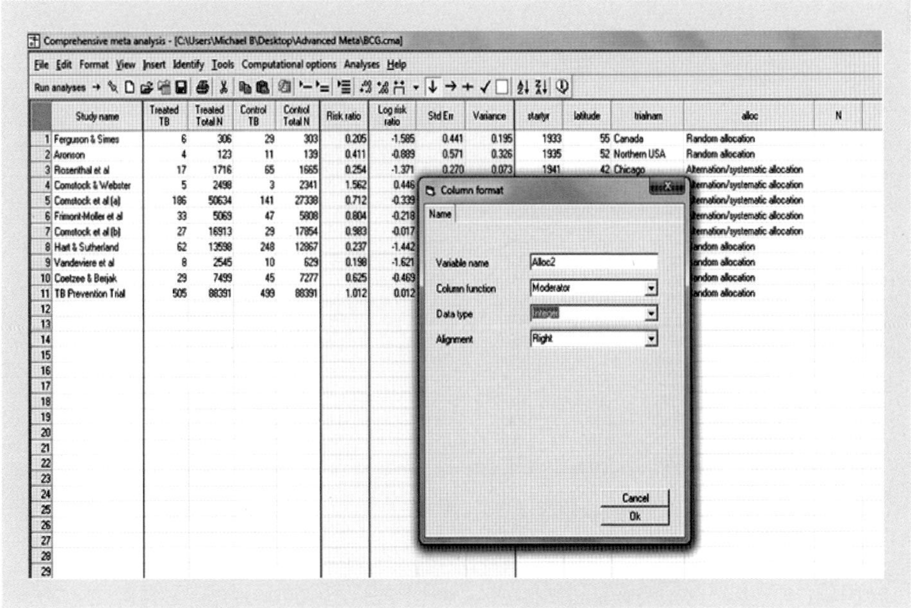

[그림 8-37] 조절변수 정의를 위한 과정

이때 기존 alloc 변수에서 'alternation/systematic allocation'은 0으로, 'random allocation'은 1로 코딩한다.

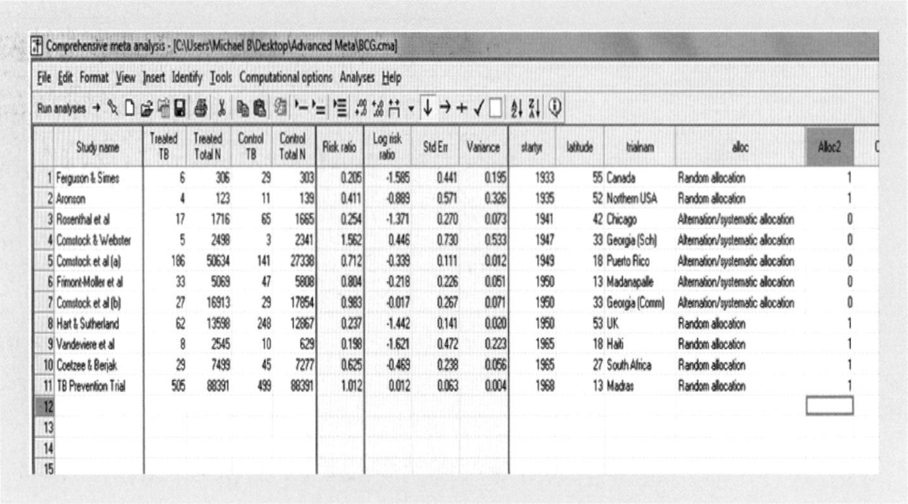

Comprehensive meta analysis - [C:\Users\Michael B\Desktop\Advanced Meta\BCG.cma]

File Edit Format View Insert Identify Tools Computational options Analyses Help

Run analyses

	Study name	Treated TB	Treated Total N	Control TB	Control Total N	Risk ratio	Log risk ratio	Std Err	Variance	startyr	latitude	trialnam	alloc	Alloc2
1	Ferguson & Simes	6	306	29	303	0.205	-1.585	0.441	0.195	1933	55	Canada	Random allocation	1
2	Aronson	4	123	11	139	0.411	-0.889	0.571	0.326	1935	52	Northern USA	Random allocation	1
3	Rosenthal et al	17	1716	65	1665	0.254	-1.371	0.270	0.073	1941	42	Chicago	Alternation/systematic allocation	0
4	Comstock & Webster	5	2498	3	2341	1.562	0.446	0.730	0.533	1947	33	Georgia (Sch)	Alternation/systematic allocation	0
5	Comstock et al (a)	186	50634	141	27338	0.712	-0.339	0.111	0.012	1949	18	Puerto Rico	Alternation/systematic allocation	0
6	Frimont-Moller et al	33	5069	47	5808	0.804	-0.218	0.226	0.051	1950	13	Madanapalle	Alternation/systematic allocation	0
7	Comstock et al (b)	27	16913	29	17854	0.983	-0.017	0.267	0.071	1950	33	Georgia (Comm)	Alternation/systematic allocation	0
8	Hart & Sutherland	62	13598	248	12867	0.237	-1.442	0.141	0.020	1950	53	UK	Random allocation	1
9	Vandeviere et al	8	2545	10	629	0.198	-1.621	0.472	0.223	1965	18	Haiti	Random allocation	1
10	Coetzee & Berjak	29	7499	45	7277	0.625	-0.469	0.238	0.056	1965	27	South Africa	Random allocation	1
11	TB Prevention Trial	505	88391	499	88391	1.012	0.012	0.063	0.004	1968	13	Madras	Random allocation	1
12														
13														
14														
15														

[그림 8-38] 조절변수(Alloc2)가 추가된 모습

이제 분석을 실행하면 [그림 8-39]와 같다.

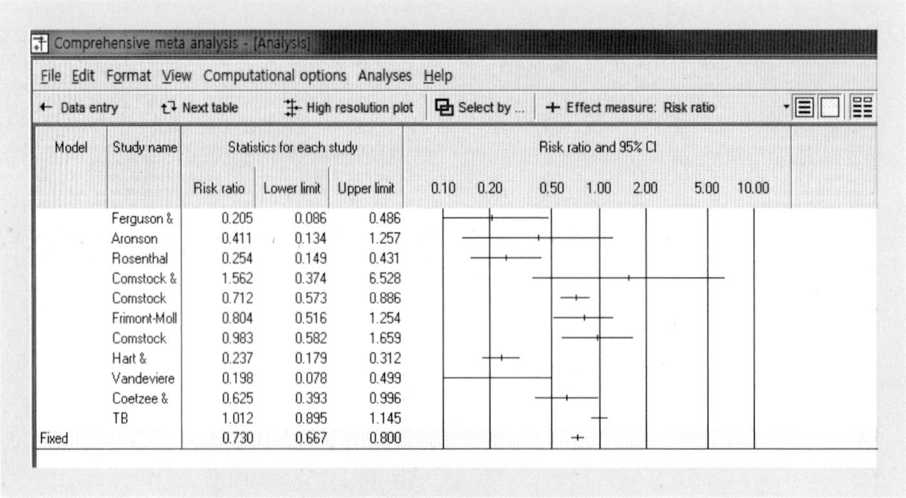

Comprehensive meta analysis - [Analysis]

File Edit Format View Computational options Analyses Help

← Data entry | Next table | High resolution plot | Select by ... | + Effect measure: Risk ratio

Model	Study name	Statistics for each study			Risk ratio and 95% CI
		Risk ratio	Lower limit	Upper limit	0.10 0.20 0.50 1.00 2.00 5.00 10.00
	Ferguson &	0.205	0.086	0.486	
	Aronson	0.411	0.134	1.257	
	Rosenthal	0.254	0.149	0.431	
	Comstock &	1.562	0.374	6.528	
	Comstock	0.712	0.573	0.886	
	Frimont-Moll	0.804	0.516	1.254	
	Comstock	0.983	0.582	1.659	
	Hart &	0.237	0.179	0.312	
	Vandeviere	0.198	0.078	0.499	
	Coetzee &	0.625	0.393	0.996	
	TB	1.012	0.895	1.145	
Fixed		0.730	0.667	0.800	

[그림 8-39] 초기 분석 결과

이제 ANOVA 분석을 위해 Computational options > Group by > alloc2를 클릭한다([그림 8-40] 참조).

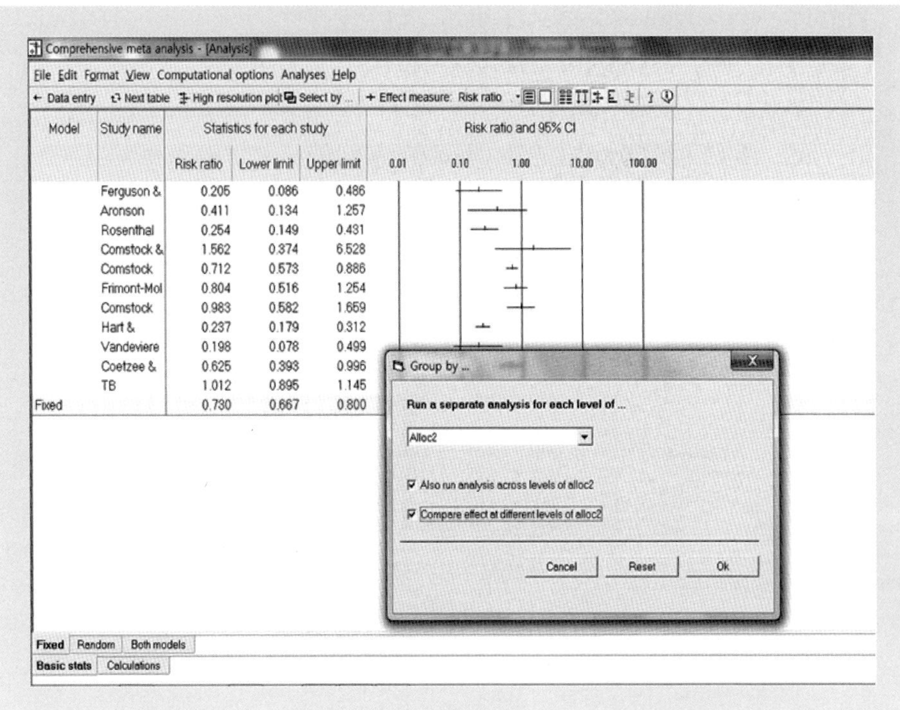

[그림 8-40] ANOVA 분석을 위해 집단 구분 변수(Alloc2)를 선택하는 모습

그리고 집단 내에서는 무선모형, 집단 간에는 고정모형을 그리고 집단 간에는 동일한 연구 간 분산을 가정한다.

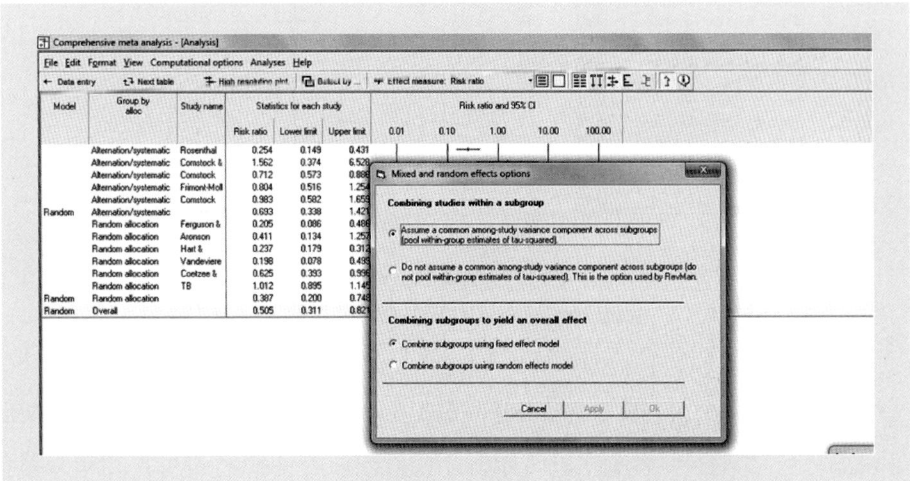

[그림 8-41] ANOVA 분석에서 집단 내에서는 무선모형, 집단 간에는 고정모형을 선택

그러면 [그림 8-42]와 같은 결과를 얻게 된다.

Model	Group by alloc2	Study name	Risk ratio	Lower limit	Upper limit	Z-Value	p-Value
	0.00	Rosenthal	0.254	0.149	0.431	-5.075	0.000
	0.00	Comstock	1.562	0.374	6.528	0.611	0.541
	0.00	Comstock	0.712	0.573	0.886	-3.046	0.002
	0.00	Frimont-Mol	0.804	0.516	1.254	-0.961	0.336
	0.00	Comstock	0.983	0.582	1.659	-0.065	0.948
Random	0.00		0.693	0.338	1.421	-1.000	0.317
	1.00	Ferguson &	0.205	0.086	0.486	-3.594	0.000
	1.00	Aronson	0.411	0.134	1.257	-1.559	0.119
	1.00	Hart &	0.237	0.179	0.312	-10.191	0.000
	1.00	Vandeviere	0.198	0.078	0.499	-3.432	0.001
	1.00	Coetzee &	0.625	0.393	0.996	-1.976	0.048
	1.00	TB	1.012	0.895	1.145	0.190	0.849
Random	1.00		0.387	0.200	0.748	-2.822	0.005
Random	Overall		0.505	0.311	0.821	-2.756	0.006

[그림 8-42] 집단 간 구분 분석된 결과 1

Model	Group by alloc	Study name	Risk ratio	Lower limit	Upper limit
	Alternation/systematic	Rosenthal	0.254	0.149	0.431
	Alternation/systematic	Comstock &	1.562	0.374	6.528
	Alternation/systematic	Comstock	0.712	0.573	0.886
	Alternation/systematic	Frimont-Mol	0.804	0.516	1.254
	Alternation/systematic	Comstock	0.983	0.582	1.659
Random	Alternation/systematic		0.693	0.338	1.421
	Random allocation	Ferguson &	0.205	0.086	0.486
	Random allocation	Aronson	0.411	0.134	1.257
	Random allocation	Hart &	0.237	0.179	0.312
	Random allocation	Vandeviere	0.198	0.078	0.499
	Random allocation	Coetzee &	0.625	0.393	0.996
	Random allocation	TB	1.012	0.895	1.145
Random	Random allocation		0.387	0.200	0.748
Random	Overall		0.505	0.311	0.821

[그림 8-43] 집단 간 구분 분석된 결과 2

여기서 'alternate' 집단의 risk ratio는 0.693, 'random' 집단의 risk ratio는 0.387로 나타났다. 이 결과로는 두 집단 간에 차이가 많은 것으로 보인다. 하지만 [그림 8-44]를 살펴보자.

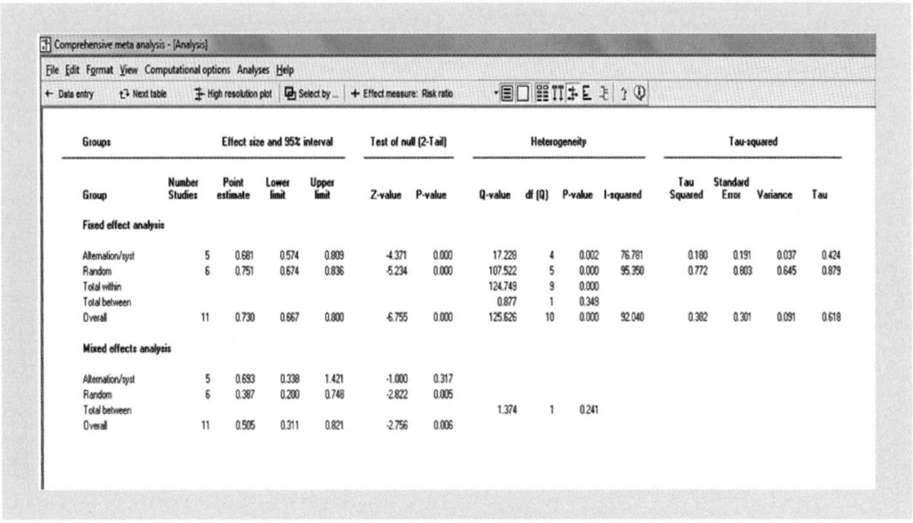

Comprehensive meta analysis - [Analysis]

File Edit Format View Computational options Analyses Help

← Data entry | Next table | High resolution plot | Select by ... | + Effect measure: Risk ratio

Groups		Effect size and 95% interval			Test of null (2-Tail)		Heterogeneity				Tau-squared			
Group	Number Studies	Point estimate	Lower limit	Upper limit	Z-value	P-value	Q-value	df (Q)	P-value	I-squared	Tau Squared	Standard Error	Variance	Tau
Fixed effect analysis														
Alternation/syst	5	0.681	0.574	0.809	-4.371	0.000	17.229	4	0.002	76.781	0.180	0.191	0.037	0.424
Random	6	0.751	0.674	0.836	-5.234	0.000	107.522	5	0.000	95.350	0.772	0.803	0.645	0.879
Total within							124.749	9	0.000					
Total between							0.877	1	0.349					
Overall	11	0.730	0.667	0.800	-6.755	0.000	125.626	10	0.000	92.040	0.382	0.301	0.091	0.618
Mixed effects analysis														
Alternation/syst	5	0.693	0.338	1.421	-1.000	0.317								
Random	6	0.387	0.200	0.748	-2.822	0.005								
Total between							1.374	1	0.241					
Overall	11	0.505	0.311	0.821	-2.756	0.006								

[그림 8-44] 집단 간 구분 분석된 결과 3

이 결과 [그림 8-44]에서도 두 집단의 결과는 0.693, 0.387로 나타났다. 하지만 집단 간 차이에 대한 Q값은 1.374($df=1$, $p=0.241$)로 나타나 'type of allocation' 변수가 효과 크기와 관계가 있는 것으로 말할 수 없다. 즉, 집단변수(allocation)가 두 집단의 효과 크기의 차이를 유의미하게 설명하는 것으로 볼 수 없다.

여기서 물론 효과 크기를 log risk ratio로 볼 수 있다.

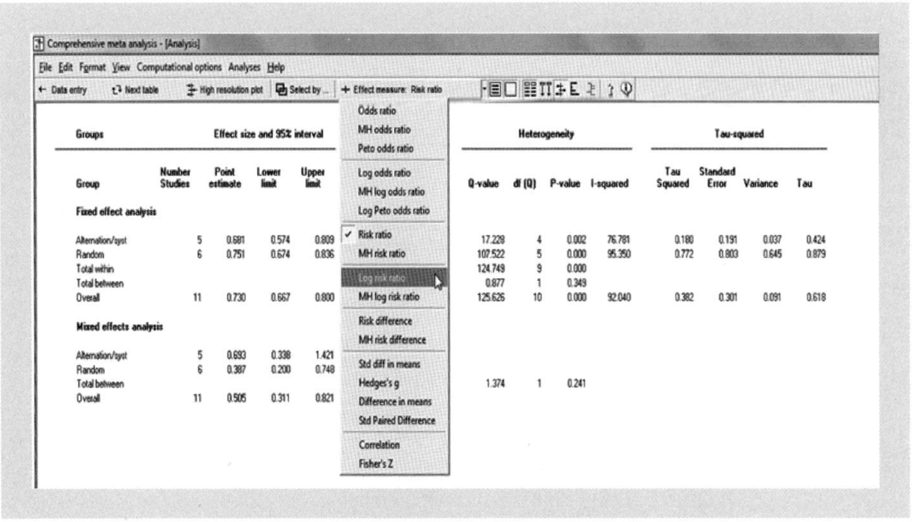

Comprehensive meta analysis - [Analysis]

File Edit Format View Computational options Analyses Help

← Data entry | Next table | High resolution plot | Select by ... | + Effect measure: Risk ratio

Odds ratio
MH odds ratio
Peto odds ratio
Log odds ratio
MH log odds ratio
Log Peto odds ratio
✓ Risk ratio
MH risk ratio
Log risk ratio
MH log risk ratio
Risk difference
MH risk difference
Std diff in means
Hedges's g
Difference in means
Std Paired Difference
Correlation
Fisher's Z

Groups		Effect size and 95% interval			Heterogeneity				Tau-squared			
Group	Number Studies	Point estimate	Lower limit	Upper limit	Q-value	df (Q)	P-value	I-squared	Tau Squared	Standard Error	Variance	Tau
Fixed effect analysis												
Alternation/syst	5	0.681	0.574	0.809	17.229	4	0.002	76.781	0.180	0.191	0.037	0.424
Random	6	0.751	0.674	0.836	107.522	5	0.000	95.350	0.772	0.803	0.645	0.879
Total within					124.749	9	0.000					
Total between					0.877	1	0.349					
Overall	11	0.730	0.667	0.800	125.626	10	0.000	92.040	0.382	0.301	0.091	0.618
Mixed effects analysis												
Alternation/syst	5	0.693	0.338	1.421								
Random	6	0.387	0.200	0.748								
Total between					1.374	1	0.241					
Overall	11	0.505	0.311	0.821								

[그림 8-45] 효과 크기를 log risk ratio로 전환하는 모습

Comprehensive meta analysis - [Analysis]

File Edit Format View Computational options Analyses Help

← Data entry | Next table | High resolution plot | Select by ... | + Effect measure: Log risk ratio

Groups		Effect size and 95% confidence interval					Test of null (2-Tail)		Heterogeneity				Tau-	
Group	Number Studies	Point estimate	Standard error	Variance	Lower limit	Upper limit	Z-value	P-value	Q-value	df (Q)	P-value	I-squared	Tau Squared	Standard Error
Fixed effect analysis														
Alternation/syst	5	-0.384	0.088	0.008	-0.556	-0.212	-4.371	0.000	17.228	4	0.002	76.781	0.180	0.19
Random	6	-0.287	0.055	0.003	-0.394	-0.179	-5.234	0.000	107.522	5	0.000	95.350	0.772	0.80
Total within									124.749	9	0.000			
Total between									0.877	1	0.349			
Overall	11	-0.314	0.046	0.002	-0.405	-0.223	-6.755	0.000	125.626	10	0.000	92.040	0.382	0.30
Mixed effects analysis														
Alternation/syst	5	-0.366	0.366	0.134	-1.084	0.351	-1.000	0.317						
Random	6	-0.949	0.336	0.113	-1.608	-0.290	-2.822	0.005						
Total between									1.374	1	0.241			
Overall	11	-0.683	0.248	0.061	-1.168	-0.197	-2.756	0.006						

[그림 8-46] log risk ratio로 나타난 분석 결과

효과 크기는 −0.366 vs. −0.949(각 RR of 0.693 vs. 0.387에 해당)로 나타났지만 이 두 효과 크기의 차이에 대한 Q−value, *df*, p−value는 변하지 않았다. 왜냐하면 이 수치는 항상 로그값에 기초하고 있기 때문이다. 그러면 allocation type에 의해 설명된 분산이 있는지 알아보자.

먼저 효과 크기 계산 유형을 무선모형으로 하고, 집단 유형을 'No grouping'으로 하면 $T^2=0.382$이 된다.

Comprehensive meta analysis - [Analysis]

File Edit Format View Computational options Analyses Help

← Data entry | Next table | High resolution plot | Select by ... | + Effect measure: Log risk ratio

Model	Study name	Calculations (Random)													
		Point	Study Variance	Tau^2 Within	Tau^2 Between	Total Variance	IV-Weight	W	T*W	T^2*W	W^2	W^3	C	Q	Q df
	Ferguson &	-1.585	0.195	0.382	0.000	0.576	1.735	1.735	-2.750	4.360	3.010	5.221	20.352	9.927	10.0
	Aronson	-0.889	0.326	0.382	0.000	0.707	1.414	1.414	-1.257	1.118	1.998	2.825	20.352	9.927	10.0
	Rosenthal	-1.371	0.073	0.382	0.000	0.455	2.198	2.198	-3.015	4.134	4.833	10.626	20.352	9.927	10.0
	Comstock &	0.446	0.533	0.382	0.000	0.914	1.094	1.094	0.488	0.217	1.196	1.308	20.352	9.927	10.0
	Comstock	-0.339	0.012	0.382	0.000	0.394	2.536	2.536	-0.861	0.292	6.434	16.318	20.352	9.927	10.0
	Frimont-Moll	-0.218	0.051	0.382	0.000	0.433	2.309	2.309	-0.502	0.109	5.332	12.314	20.352	9.927	10.0
	Comstock	-0.017	0.071	0.382	0.000	0.453	2.206	2.206	-0.038	0.001	4.868	10.740	20.352	9.927	10.0
	Hart &	-1.442	0.020	0.382	0.000	0.402	2.488	2.488	-3.587	5.171	6.193	15.410	20.352	9.927	10.0
	Vandeviere	-1.621	0.223	0.382	0.000	0.605	1.653	1.653	-2.680	4.344	2.733	4.519	20.352	9.927	10.0
	Coetzee &	-0.469	0.056	0.382	0.000	0.438	2.282	2.282	-1.071	0.503	5.206	11.879	20.352	9.927	10.0
	TB	0.012	0.004	0.382	0.000	0.386	2.592	2.592	0.031	0.000	6.719	17.414	20.352	9.927	10.0
		-7.494	1.564	4.200	0.000	5.764	22.508	22.508	-15.243	20.250	48.522	108.574	20.352	9.927	10.0

[그림 8-47] 집단을 나누지 않았을 경우 전체 실제분산

이때 집단 구분을 alloc2로 선택하면, $T^2=0.561$로 나타난다.

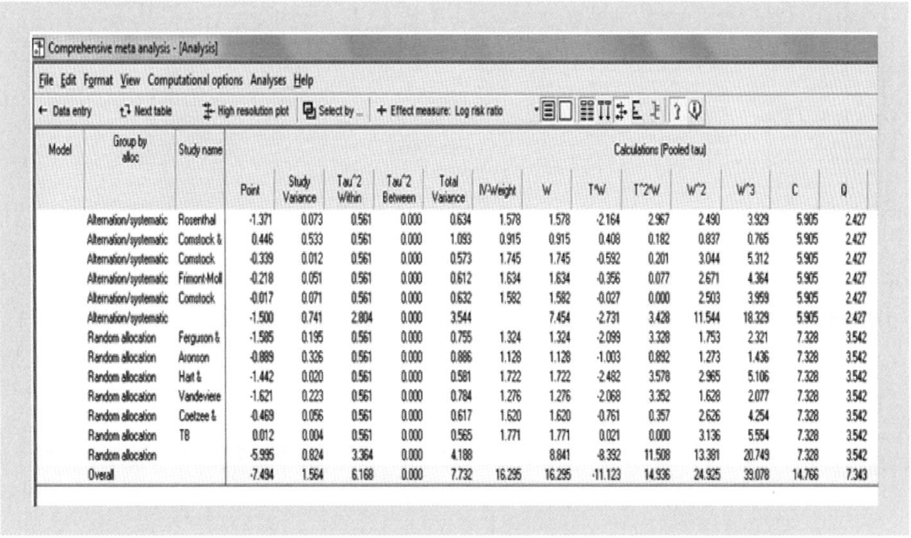

Comprehensive meta analysis - [Analysis]

File Edit Format View Computational options Analyses Help

← Data entry | Next table | High resolution plot | Select by ... | + Effect measure: Log risk ratio

Model	Group by alloc	Study name	Calculations (Pooled tau)												
			Point	Study Variance	Tau^2 Within	Tau^2 Between	Total Variance	IV-Weight	W	T*W	T^2*W	W^2	W^3	C	Q
	Alternation/systematic	Rosenthal	-1.371	0.073	0.561	0.000	0.634	1.578	1.578	-2.164	2.967	2.490	3.929	5.905	2.427
	Alternation/systematic	Comstock &	0.446	0.533	0.561	0.000	1.093	0.915	0.915	0.408	0.182	0.837	0.765	5.905	2.427
	Alternation/systematic	Comstock	-0.339	0.012	0.561	0.000	0.573	1.745	1.745	-0.592	0.201	3.044	5.312	5.905	2.427
	Alternation/systematic	Frimont-Moll	-0.218	0.051	0.561	0.000	0.612	1.634	1.634	-0.356	0.077	2.671	4.364	5.905	2.427
	Alternation/systematic	Comstock	-0.017	0.071	0.561	0.000	0.632	1.582	1.582	-0.027	0.000	2.503	3.959	5.905	2.427
	Alternation/systematic		-1.500	0.741	2.804	0.000	3.544		7.454	-2.731	3.428	11.544	18.329	5.905	2.427
	Random allocation	Ferguson &	-1.585	0.195	0.561	0.000	0.755	1.324	1.324	-2.099	3.328	1.753	2.321	7.328	3.542
	Random allocation	Aronson	-0.889	0.326	0.561	0.000	0.886	1.128	1.128	-1.003	0.892	1.273	1.436	7.328	3.542
	Random allocation	Hart &	-1.442	0.020	0.561	0.000	0.581	1.722	1.722	-2.482	3.578	2.965	5.106	7.328	3.542
	Random allocation	Vandeviere	-1.621	0.223	0.561	0.000	0.784	1.276	1.276	-2.068	3.352	1.628	2.077	7.328	3.542
	Random allocation	Coetzee &	-0.469	0.056	0.561	0.000	0.617	1.620	1.620	-0.761	0.357	2.626	4.254	7.328	3.542
	Random allocation	TB	0.012	0.004	0.561	0.000	0.565	1.771	1.771	0.021	0.000	3.136	5.554	7.328	3.542
	Random allocation		-5.995	0.824	3.364	0.000	4.188		8.841	-8.392	11.508	13.381	20.749	7.328	3.542
	Overall		-7.494	1.564	6.168	0.000	7.732	16.295	16.295	-11.123	14.936	24.925	39.078	14.766	7.343

[그림 8-48] 집단 구분을 하였을 경우 집단 내 실제분산

여기서는 집단 내 실제분산(0.561)이 전체 실제분산(0.382)보다 큰 것으로 나타났다. 즉, $R^2=1-(.561/.382)=-.469$하지만 R^2는 0보다 작을 수 없으므로 0으로 고정한다(Borenstein et al., 2009). 즉, allocation 변수가 설명할 수 있는 분산은 없다는 의미다.

이제 regression을 이용하여 동일한 분석을 해 보자. 먼저 Alloc2를 메타회귀분석을 위한 moderator로 바꾸자. 즉, 데이터 유형을 Categorical에서 Integer로 변경한다.

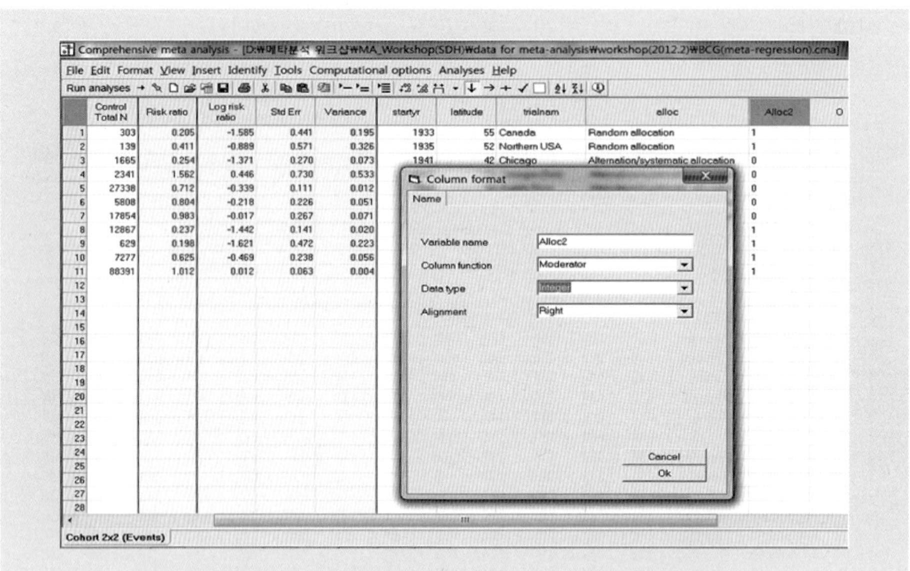

[그림 8-49] Regression 분석을 위해 조절변수의 속성을 변경하는 모습

그리고 메뉴 Computational options>group by>No grouping을 클릭한 후,

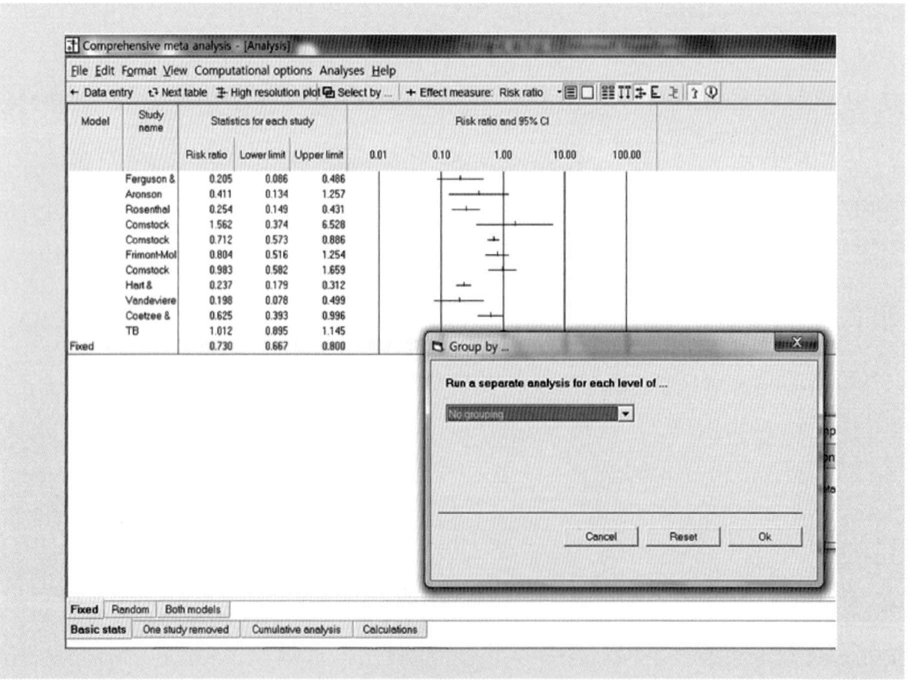

[그림 8-50] 메타회귀분석을 위한 준비

메뉴 Analysis > Meta-regression을 클릭하고 독립변수(예측변수)를 선택한다.

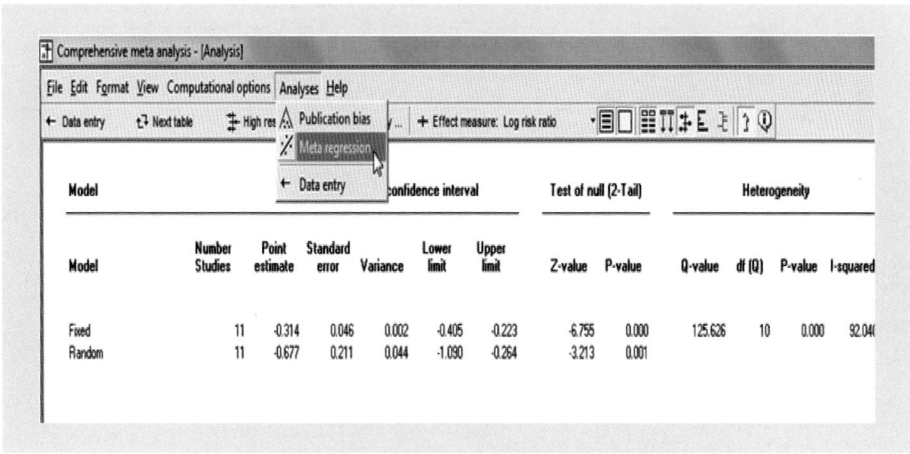

[그림 8-51] 메뉴에서 Meta-regression을 클릭하는 모습

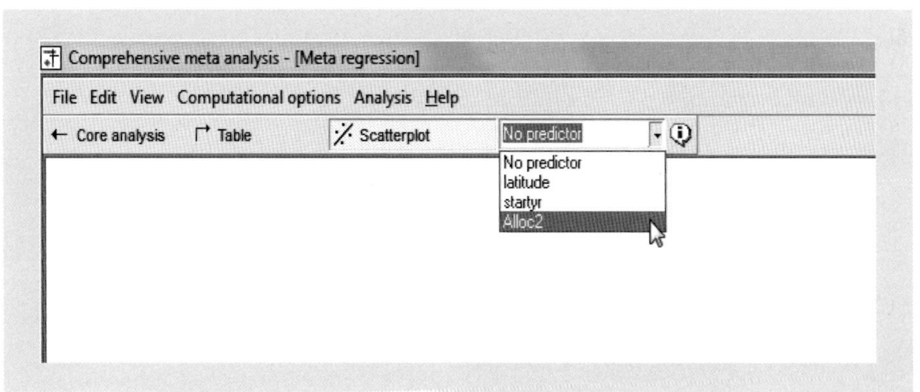

[그림 8-52] Meta-regression에서 독립변수로 Alloc2을 선택

그러면 [그림 8-53]과 같은 회귀선이 제시된다.

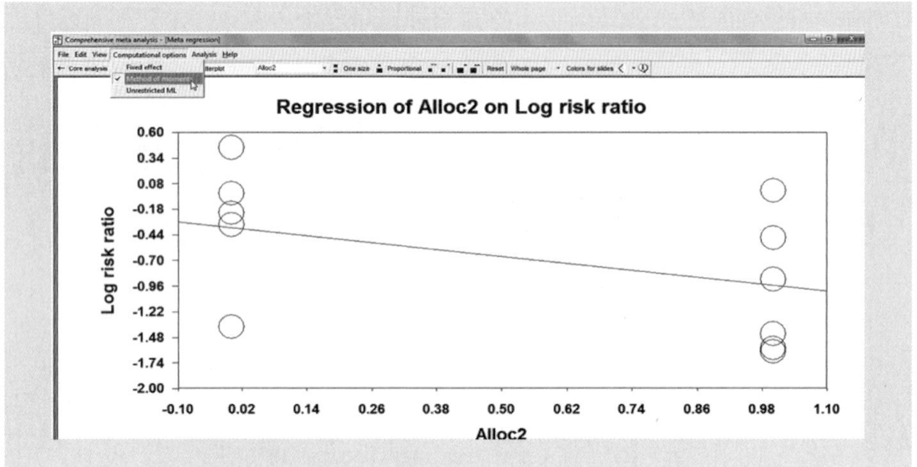

[그림 8-53] Alloc2를 독립변수로 하는 BCG효과의 회귀선

[그림 8-53]에서 '0'=alternate allocation, '1'=random allocation을 각각 나타낸다. 회귀선이 Alloc2가 0일 때 −0.366 그리고 1일 때 −0.949를 가리킨다. 여기서 −0.366(a risk ratio of 0.693)은 앞서 본 ANOVA에서 alternate 집단의 평균이고 −0.949(a risk ratio of 0.387)는 random 집단의 평균과 일치한다. 즉, ANOVA의 결과는 더미 변수로 수행한 회귀분석의 결과와 동일함을 알 수 있다.

이제 회귀계수와 통계적 유의미성을 검토해 보자.

Comprehensive meta analysis - [Meta regression]

File Edit View Computational options Analysis Help

← Core analysis | Table | Scatterplot | Alloc2

Mixed effects regression (method of moments)

	Point estimate	Standard error	Lower limit	Upper limit	Z-value	p-Value
Slope	-0.58281	0.49726	-1.55741	0.39180	-1.17204	0.24118
Intercept	-0.36640	0.36628	-1.08430	0.35150	-1.00033	0.31715
Tau-squared	0.56072					

	Q	df	p-value
Model	1.37367	1.00000	0.24118
Residual	5.96944	9.00000	0.74297
Total	7.34311	10.00000	0.69270

[그림 8-54] Alloc2를 독립변수로 하는 BCG효과의 회귀식 결과

[그림 8-54]에서 보는 바와 같이 회귀식의 초기 값은 −0.366, 기울기는 −0.583으로 나타나 회귀식을 제시하면 Y=−0.366−0.583*allocation이므로 랜덤배정집단의 경우 TB에 걸릴 확률이 .583만큼 줄어들지만 유의하지는 않다고 해석할 수 있다(p=0.241). 즉, allocation=0인 경우 Y=−0.366, allocation=1인 경우 Y=−0.949로 나타났다.

여기서 회귀선(기울기)은 조절변수(covariate)에 의한 효과 크기의 예측치로 조절변수와 효과 크기의 관계를 나타낸다. 이 회귀식에서 기울기의 Z값은 −1.17 그리고 유의확률 값은 0.241로 나타나 회귀계수는 유의하지 않은 것으로 나타났다. 이는 [그림 8-54] 아래쪽에 제시된 Model, 즉 독립변수를 포함한 모형의 유의성은 $Q=1.37(df=1,\ p=0.241)$로 유의하지 않은 것과 일치하는 것으로 나타났으며, 이는 앞서 본 ANOVA 분석 결과([그림 8-46])와 동일함을 알 수 있다. 여기서 독립변수(predictor)는 하나이므로 $Z^2=Q$, 즉 $(-1.17)^2=1.37$이 됨을 알 수 있다.

회귀분석에서도 마찬가지로 조절변수를 포함하기 전에는 실제분산(tau-squared)이 [그림 8-60]에서 보는 것처럼 0.382 그리고 조절변수를 포함한 후에는 [그림 8-54]에서 나타난 것처럼 0.561로 오히려 더 커졌다. 따라서 ANOVA에서와 같이 조절변수에 의해 설명된 분산을 0으로 고정한다. 즉, 조절변수 allocation이 설명할 수 있는 분산은 제로라고 할 수 있다.

이번에는 연구가 수행된 장소, 즉 국가의 위도(latitude)를 독립변수(predictor)로 해서 분석해 보자. 먼저 [그림 8-34]의 기본 데이터에서 분석을 실시한다.

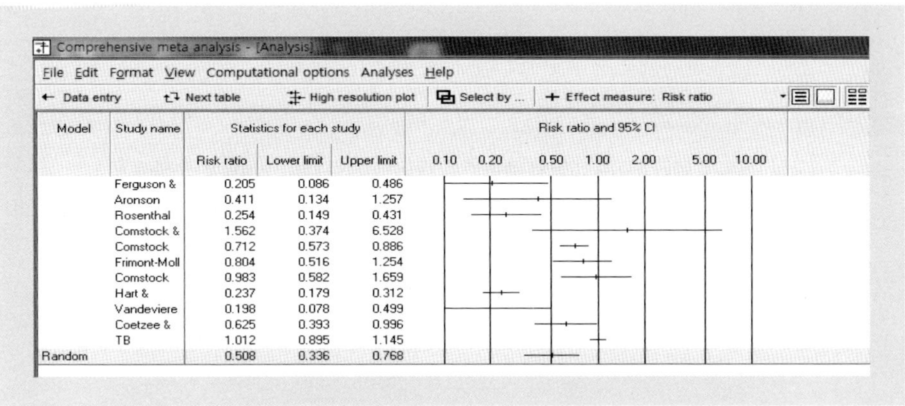

Model	Study name	Risk ratio	Lower limit	Upper limit
	Ferguson &	0.205	0.086	0.486
	Aronson	0.411	0.134	1.257
	Rosenthal	0.254	0.149	0.431
	Comstock &	1.562	0.374	6.528
	Comstock	0.712	0.573	0.886
	Frimont-Moll	0.804	0.516	1.254
	Comstock	0.983	0.582	1.659
	Hart &	0.237	0.179	0.312
	Vandeviere	0.198	0.078	0.499
	Coetzee &	0.625	0.393	0.996
	TB	1.012	0.895	1.145
Random		0.508	0.336	0.768

[그림 8-55] 메타회귀분석을 위해 기본 데이터에서 분석을 먼저 실시한 모습

그리고 Analysis 메뉴에서 Meta-regression을 클릭한다.

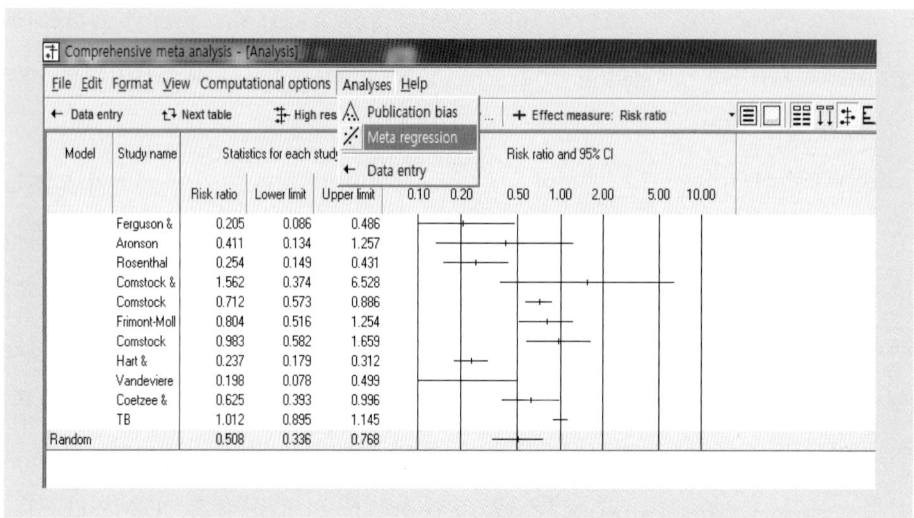

[그림 8-56] Analysis 메뉴에서 메타회귀분석을 선택하는 모습

그리고 이번에는 latitude를 예측변수로 선택한다.

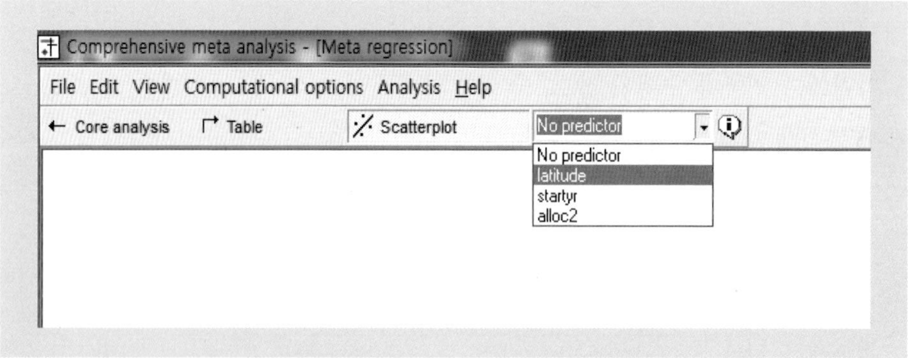

Comprehensive meta analysis - [Meta regression]
File Edit View Computational options Analysis Help
Core analysis
Table
Scatterplot
No predictor
No predictor
latitude
startyr
alloc2

[그림 8-57] 메타회귀분석에서 예측변수(독립변수)로 latitude를 선택하는 모습

실제분산(T^2)의 추정 방법은 디폴트인 'Method of moments'을 선택한다.

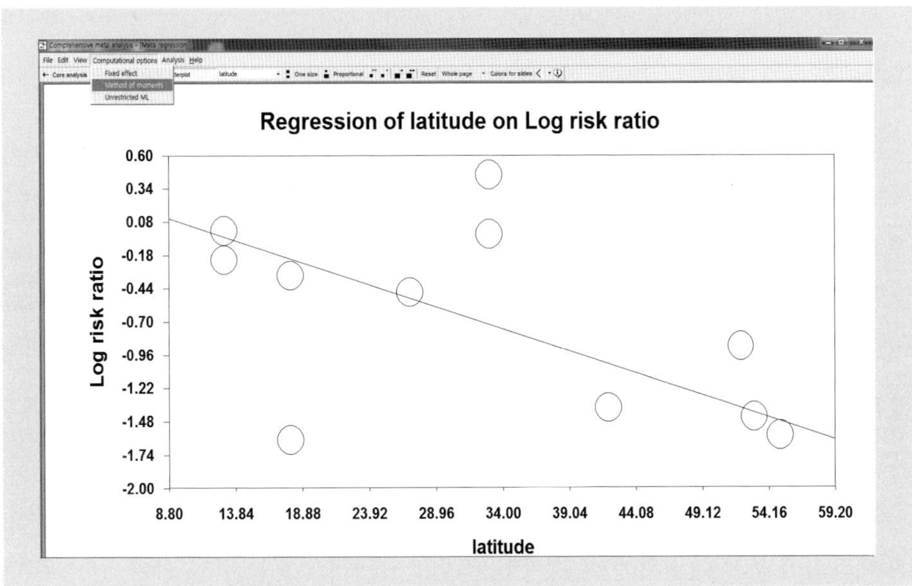

[그림 8-58] 실제분산을 추정하는 방법으로 'Method of moments'를 선택

그러면 다음과 같은 회귀분석 결과가 나타난다. 우선 회귀모형의 적합성을 나타내는 Model $Q=17.73(df=1, p<0.001)$이므로 통계적으로 유의미한 모형으로 나타났다. 기울기의 계수는 $-0.02978(Z=-4.21, p<0.001)$로서 유의한 것으로 나타났다.

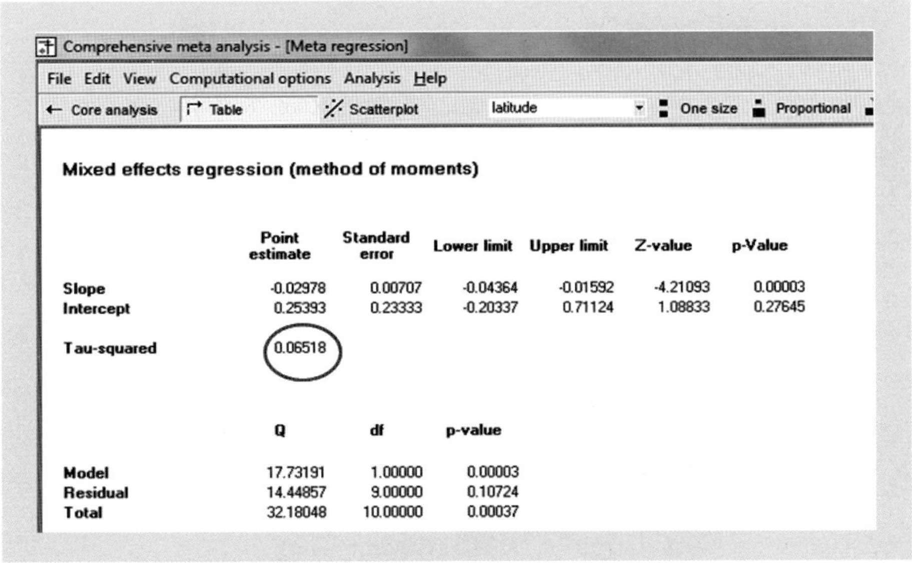
Comprehensive meta analysis - [Meta regression]

File Edit View Computational options Analysis Help

← Core analysis | Table | Scatterplot | latitude | One size | Proportional

Mixed effects regression (method of moments)

	Point estimate	Standard error	Lower limit	Upper limit	Z-value	p-Value
Slope	-0.02978	0.00707	-0.04364	-0.01592	-4.21093	0.00003
Intercept	0.25393	0.23333	-0.20337	0.71124	1.08833	0.27645
Tau-squared	0.06518					

	Q	df	p-value
Model	17.73191	1.00000	0.00003
Residual	14.44857	9.00000	0.10724
Total	32.18048	10.00000	0.00037

[그림 8-59] latitude를 독립변수로 하는 회귀분석 결과

이 결과에서 회귀식은 Y=0.25393−0.02978*latitude으로 제시할 수 있다(Y: 예측값으로 로그 단위로 표시). 예를 들어, [그림 8−34]의 데이터에서 1번째 연구(Fergusen and Simes)의 경우(latitude=55) 예측값은 0.25393−(0.02978*55)=−1.384으로 산출할 수 있으며, 이 값을 risk ratio로 전환하면 exp(−1.384)=0.25, 즉 TB risk가 실험집단이 통제집단에 비해 75% 낮다고 해석할 수 있다.

R^2를 계산하기 위해서는 조절변수(covariates)가 포함된 타우제곱값(Tau−squared value)이 필요하다. 이때 타우제곱값은 조절변수가 포함된 회귀식에서 설명되지 않은 연구 간 분산, 즉 실제 잔여분산(residual T^2)을 의미한다. 이 값은 [그림 8−59]에서 0.065로 나타났다.

이제 공변량을 포함하지 않았을 경우의 타우제곱값이 필요한데, 이는 초기 분석, 즉 메타회귀 분석 이전의 분석 결과인 [그림 8−60]에서 보는 바와 같이 0.382로 나타났다.

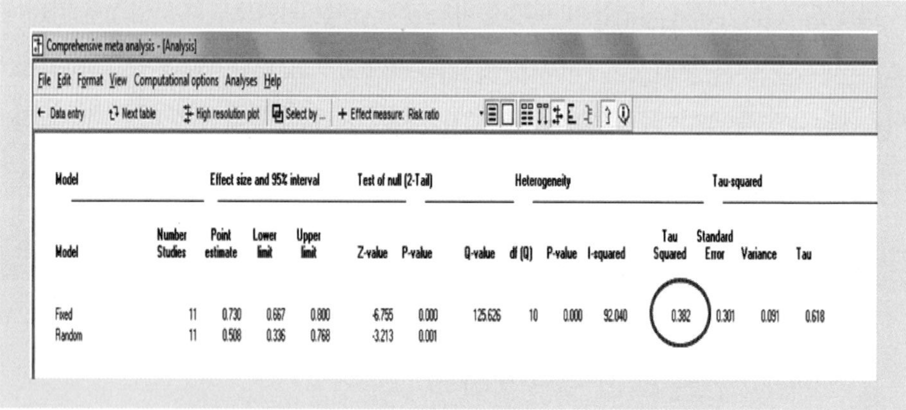

Comprehensive meta analysis - [Analysis]

File Edit Format View Computational options Analyses Help

← Data entry | Next table | High resolution plot | Select by ... | + Effect measure: Risk ratio

Model	Effect size and 95% interval				Test of null (2-Tail)		Heterogeneity				Tau-squared			
Model	Number Studies	Point estimate	Lower limit	Upper limit	Z-value	P-value	Q-value	df (Q)	P-value	I-squared	Tau Squared	Standard Error	Variance	Tau
Fixed	11	0.730	0.667	0.800	-6.755	0.000	125.626	10	0.000	92.040	0.382	0.301	0.091	0.618
Random	11	0.508	0.336	0.768	-3.213	0.001								

[그림 8−60] TB 예방에 대한 BCG 효과의 초기 메타분석 결과

따라서

$$R^2=\left(\frac{T^2_{\text{explained}}}{T^2_{total}}\right)=1-\left(\frac{T^2_{unexplained}}{T^2_{total}}\right)$$

$$=1-\left(\frac{T^2_{residual}}{T^2_{total}}\right)=1-\left(\frac{0.065}{0.382}\right)=1-0.170=0.83$$

이므로 조절변수 latitude가 실제분산(T^2)의 83%를 설명한다고 하겠다. 즉, 각 연구의 효과 크기들의 실제분산 대부분(83%)이 latitude라는 조절변수에 의해 설명된다고 할 수 있다.

포인트

■ 1차 연구(primary studies)에서 회귀분석

$$Y=a+bX$$

$$b=\frac{S_{xy}}{s_x^2}=\frac{xy\text{공분산}}{x\text{분산}} \qquad \beta=b\frac{S_x}{S_y} \qquad F=\frac{SSR/k}{SSE/(n-k-1)}$$

$$R^2=\frac{\textit{explained variance with a covariate}}{\textit{total variance}}$$

$$R^2=\frac{\sigma^2{}_{\text{explained}}}{\sigma^2{}_{total}}=\frac{SSR}{SST}=1-\left(\frac{\sigma^2{}_{unexplained}}{\sigma^2{}_{total}}\right)=1-\frac{SSE}{SST}$$

$$R^2=\frac{\text{회귀분산}}{\text{총 분산}}=1-\left(\frac{\text{오차제곱합}}{\text{총 분산}}\right)$$

■ 메타연구에서의 회귀분석

$$Y=a+bX$$

메타분석에서 전체분산=연구 내 분산+연구 간 분산

조절변수(covariates)는 연구 수준의 변수이므로 연구 간 분산(true variance)만 설명할 수 있다. 따라서 전체분산 대신 연구 간 분산에 대한 설명을 하게 된다.

$$R^2=\frac{\textit{true variance explained}}{\textit{total true variance}}$$

$$R^2-\frac{T^2{}_{explained}}{T^2{}_{total}}=1\left(\frac{T^2{}_{unexplained}}{T^2{}_{total}}\right)=1-\left(\frac{T^2{}_{residual}}{T^2{}_{total}}\right)$$

* ANOVA에서 R^2는 집단 구분 변수에 의해 설명되는 정도

즉, $R^2=\frac{T^2{}_{between}}{T^2{}_{total}}=1-\left(\frac{T^2{}_{within}}{T^2{}_{total}}\right)=1-\left(\frac{\text{집단을 구분하였을 경우 집단 내 분산}}{\text{집단을 구분하지 않았을 경우 전체 분산}}\right)$

제9장 출간 오류 분석

1. 출간 오류의 의미

2. 출간 오류의 분석 과정

   1) 데이터에 대한 검토

   2) 오류의 존재 유무에 대한 확인

   3) 오류의 정도에 대한 분석

   4) 오류가 결과에 미치는 영향

   5) 결 론

일반적으로 다른 연구에서와 마찬가지로 메타분석에서도 여러 가지 오류(bias)가 존재할 수 있는데, 그 유형으로는 언어적 오류, 접근성 오류, 친숙도 오류, 결과 보고 오류, 비용 오류 등이 있다. 이를 정리하면 〈표 9-1〉과 같다.

〈표 9-1〉 메타분석에서의 오류 유형

오류 유형	설명
언어적 오류 (language bias)	영어로 출간된 연구 결과를 선별적으로 포함시킴으로써 발생하는 오류
접근성 오류 (availability bias)	연구자가 접근하기 쉬운 연구 결과를 선별적으로 포함시키는 오류
친숙도 오류 (familiarity bias)	자신의 학문 분야의 연구 결과만을 선별적으로 포함시키는 오류
결과 보고 오류 (outcome-reporting bias)	연구자가 연구 결과를 선별적으로 보고하는 경우, 즉 통계적으로 유의한 연구 결과가 그렇지 않은 연구 결과보다 더 잘 보고되는 경향이 있음으로 발생하는 오류
비용 오류 (cost bias)	무료 또는 저비용으로 이용 가능한 연구를 선별적으로 포함하는 경우에 발생하는 오류
이 모든 오류는 연구에 포함된 연구가 전체 연구(population of completed studies)를 대표하지 못하는 오류, 즉 '비대표성(unrepresentativeness)'과 관련되어 있다. 따라서 이 모든 오류를 보통 '배포 오류(dissemination bias)'라는 포괄적 용어로 지칭하기도 한다. 하지만 이와 유사한 용어로 출간 오류(publication bias)라는 용어가 이미 학계에 정착되어 있어 출간 오류라는 용어를 계속 사용하기로 한다. 한편 Cochrane Collaboration에서는 이를 '보고 오류(reporting bias)'라고 부르기도 한다.	

포인트

■ **배포 오류(dissemination bias)**

통계적으로 유의한 연구 결과는 동일한 과학성을 갖추고 있지만 통계적으로 유의하지 않은 결과를 도출한 연구보다 찾기가 더 수월하고, 또 영어라는 언어로 출간되었을 경우 더 쉽게 접근할 수 있다. 즉, 연구 결과의 언어, 익숙함, 이용 가능성, 비용 등과 관련된 오류다.

■ **출간 오류(publication bias)**

긍정적이고 통계적으로 유의미한 결과를 도출한 연구는 그렇지 않은 결과를 도출한 연구보다 더 쉽게 출간되는 경향이 있다. 따라서 출간된 연구라고 해서 모두가 높은 수준의 질을 보여 주는 연구라고 할 수 없지만 통계적으로 유의한 결과를 보여 주는 연구일 가능성이 높다.

1. 출간 오류의 의미

출간 오류의 일반적인 의미는 연구 결과의 속성이나 방향에 따라 연구 결과가 출간되거나 출간되지 못하는 오류를 의미한다(Higgins & Green, 2011). 현재 메타분석에 포함된 연구로부터 나타난 분석 결과가 분석에 포함되어야 할 연구가 모두 포함되었을 때 나타나는 분석 결과와 체계적으로 다르다면 출간 오류가 존재한다고 하겠다. 즉, 출간된 연구의 결과가 모든 (수행된) 연구의 결과를 대표하지 못할 때 출간 오류가 발생한다. 그리고 메타분석에 포함된 연구가 관련된 모든 연구의 왜곡된 표본(biased sample)이라면 그 결과, 즉 메타분석의 결과로 나타난 전체 효과크기는 왜곡된—일반적으로 과대추정(overestimated)된—결과인 것이다(Borenstein et al., 2009).

포인트

■ **누락된 연구 문제(missing studies)**

긍정적인 결과 그리고 통계적으로 유의미한 결과를 보여 주는 연구는 그렇지 않은 연구보다 출간될 가능성이 높다. 출간된 연구는 메타분석에 포함될 가능성이 높다. 따라서 통계적으로 유의하지 않거나 긍정적인 결과를 도출하지 못한 연구는 출간되지 않아서 메타분석에 포함되지 않았을 가능성이 높다.

■ **표본 오류(sampling bias)**

문헌에는 출간된 문헌뿐만 아니라 출간되지 않은 회색문헌(grey literature)도 존재하며, 이는 다음과 같은 것들이다. technical reports, governmental reports, thesis/dissertation, conference papers…… 만약 이러한 회색문헌이 메타분석에 포함되지 않았다면 메타분석은 표본 오류에서 자유로울 수 없다.

'small-study effects'(표본 크기가 작은 연구로 인한 영향)

메타분석에서 표본 크기(sample size)가 작은 연구들이 상대적으로 큰 효과 크기를 보이는 경향을 의미하며, 이에 대한 논리는 다음과 같다.

- 통계적 유의성에 상관없이 표본이 큰 연구들은 출간될 가능성이 높다.
- 표본이 중간 크기인 경우 출간되지 않을 가능성이 있다.
- 표본이 작은 연구들은 출간되지 않을 가능성(missing)이 가장 높다. 하지만 효과 크기가 크다면 출간될 가능성이 있다.

즉, 메타분석에 포함된 연구 중 표본 크기가 작은 연구는 효과 크기가 상대적으로 큰 연구일 가능성이 높다고 할 수 있다. 따라서 'small-study effects'에 대한 이러한 가설을 검정하기 위해 표본 크기와 효과 크기의 관계를 고찰할 필요가 있다. 만약 이 양자 간에 어떤 의미 있는 관계가 존재한다면 'small-study effects'에 대한 가설은 사실(true)이라고 볼 수 있다. 즉, 메타분석에 포함된 연구 중에서 표본 크기가 작은 연구들의 효과 크기가 상대적으로 크다면 이것은 'small-study effects', 즉 출간 오류가 존재하는 근거로 볼 수 있다.

Tip

출간 오류는 'small-study effects'의 여러 원인 중 한 가지로 보는 것이 타당하다. 왜냐하면 'small-study effects'의 원인으로 출간 오류 외에 연구 디자인의 문제 또는 연구 실행상의 문제(예: poor quality design, lack of control, more strict program implementation……)가 있기 때문이다.

2. 출간 오류의 분석 과정

출간 오류에 대한 분석 과정은 일반적으로 다음과 같다.

- 우선 데이터에 대한 검토
- 오류가 있는지 그 근거를 확인
- 오류가 어느 정도인지 파악
- 오류가 미치는 영향을 고려

포인트

일반적으로 출간 오류에 대한 분석 목표는 다음 결론 중 한 가지로 볼 수 있다.

- 오류의 영향력(the impact of bias)이 미미하다.
- 오류의 영향력이 미미하지는 않지만 결과에 영향을 줄 정도는 아니다.
- 오류가 심각해서 연구 결과가 의심스럽다.

사례

Hackshaw 등(1997)은 간접흡연과 폐암 간의 관계에 대한 메타분석을 실시(37개의 연구 결과 분석)하였으며, 연구 결과 간접흡연으로 인해 흡연 배우자를 둔 비흡연 배우자의 폐암 발생률이 20% 더 높다고 하였다.

하지만 이 연구 결과에 대해 의문이 제기되었는데, 그 이유는 효과 크기가 큰 연구들은 작은 연구들에 비해 출간될 가능성이 높고, 따라서 연구에 포함될 가능성이 높다. 하지만 효과 크기가 작거나 효과가 없는 연구들은 출간될 가능성이 낮아서 연구에 포함되지 못했기 때문에 이러한 결과가 도출되었다고 이의를 제기하였다.

1) 데이터에 대한 검토(forest plot 이용)

먼저 오류가 존재하는지 살펴보는 가장 좋은 출발점은 메타분석 결과 데이터를 검토해 보는 것이며, 여기에는 forest plot이 적합하다고 하겠다. 이 forest plot은 부분과 전체를 보여 준다. 즉, 각 개별 연구들의 결과(효과 크기 및 통계적 유의성)와 패턴 그리고 전체 연구 결과의 모습(평균 효과 크기 및 통계적 유의성)을 보여 준다. [그림 9-1]을 살펴보면 그림의 아래쪽에 있는 가중치가 작은 연구들, 즉 표본의 크기가 작은 연구들이 대체로 효과 크기가 큰 것으로 나타났음을 알 수 있다. 따라서 'small-study effects' 가능성이 있는 것으로 볼 수 있다.

Model	Study name	Statistics for each study					Risk ratio and 95% CI	Weight (Fixed)
		Risk ratio	Lower limit	Upper limit	Z-Value	p-Value	0.10 0.20 0.50 1.00 2.00 5.00 10.00	Relative weight
	study 29	1.260	1.035	1.533	2.308	0.021		13.63
	study 25	0.970	0.779	1.208	-0.272	0.786		10.90
	study 22	0.790	0.616	1.013	-1.856	0.063		8.48
	study 34	1.180	0.902	1.544	1.208	0.227		7.28
	study 37	1.200	0.895	1.609	1.218	0.223		6.11
	study 14	1.650	1.159	2.348	2.781	0.005		4.22
	study 35	1.450	1.015	2.071	2.044	0.041		4.14
	study 21	1.060	0.740	1.519	0.317	0.751		4.06
	study 15	1.190	0.819	1.728	0.913	0.361		3.77
	study 32	1.160	0.798	1.686	0.778	0.437		3.76
	study 31	1.660	1.122	2.455	2.538	0.011		3.43
	study 7	1.230	0.810	1.869	0.970	0.332		3.00
	study 33	1.110	0.670	1.839	0.405	0.686		2.06
	study 18	1.080	0.640	1.821	0.289	0.773		1.92
	study 12	1.030	0.610	1.740	0.111	0.912		1.91
	study 11	1.550	0.900	2.670	1.580	0.114		1.78
	study 9	1.520	0.874	2.643	1.484	0.138		1.72
	study 1	0.750	0.431	1.304	-1.019	0.308		1.72
	study 30	1.100	0.619	1.956	0.325	0.745		1.59
	study 3	2.130	1.187	3.821	2.536	0.011		1.54
	study 27	1.190	0.662	2.138	0.582	0.561		1.53
	study 20	1.620	0.901	2.913	1.611	0.107		1.53
	study 6	2.010	1.088	3.713	2.229	0.026		1.39
	study 26	1.600	0.826	3.098	1.394	0.163		1.20
	study 17	2.160	1.084	4.305	2.189	0.029		1.10
	study 28	1.660	0.730	3.777	1.208	0.227		0.78
	study 23	0.740	0.322	1.701	-0.709	0.478		0.76
	study 4	0.800	0.338	1.891	-0.508	0.611		0.71
	study 10	1.030	0.413	2.569	0.063	0.949		0.63
	study 2	2.070	0.813	5.270	1.526	0.127		0.60
	study 8	1.200	0.467	3.083	0.379	0.705		0.59
	study 13	2.340	0.811	6.755	1.572	0.116		0.47
	study 24	2.270	0.753	6.845	1.456	0.145		0.43
	study 5	0.790	0.252	2.473	-0.405	0.686		0.40
	study 19	2.550	0.740	8.783	1.483	0.138		0.34
	study 16	1.520	0.389	5.942	0.602	0.547		0.28
	study 36	2.020	0.478	8.530	0.957	0.339		0.25
Fixed		1.204	1.120	1.295	5.022	0.000		

[그림 9-1] 간접흡연과 폐암 간의 관련성(forest plot)

2) 오류의 존재 유무에 대한 확인(funnel plot 이용)

메타분석에서 표본의 크기와 효과 크기의 관계를 보여 주는 방법은 funnel plot을 통해서다. 깔때기 모양을 하고 있다고 해서 이름이 붙은 funnel plot은 수평축에 효과 크기를 수직축에는 표준오차(standard error)로 구성된다. 일반적으로 표본이 큰 연구들은 그래프의 상단에 위치하는데, 가운데 직선, 즉 평균 효과 크기 주변에 몰려 있다. 하지만 표본 크기가 작은 연구들은 그래프의 하단에 위치하며 상대적으로 폭넓게 분포되어 있다([그림 9-2] 참조). 왜냐하면 표본 크기가 작은 연구들은 효과 크기와 표준오차가 더 크기 때문이다. 여기서 대각선은 각 효과 크기의 95% 신뢰구간을 나타낸다.

이 funnel plot에서 (효과 크기) 데이터들이 오류가 없다면 좌우 대칭(symmetry)의 모습을 보일 것이지만 만약 비대칭(asymmetry)의 모습을 보인다면 이것은 데이터에 오류가 있음을 보여 주는 것이다. 이 비대칭을 파악하는 것은 시각적으로 확인하는 방법과 통계적으로 검증하는 방법 두 가지가 있다.

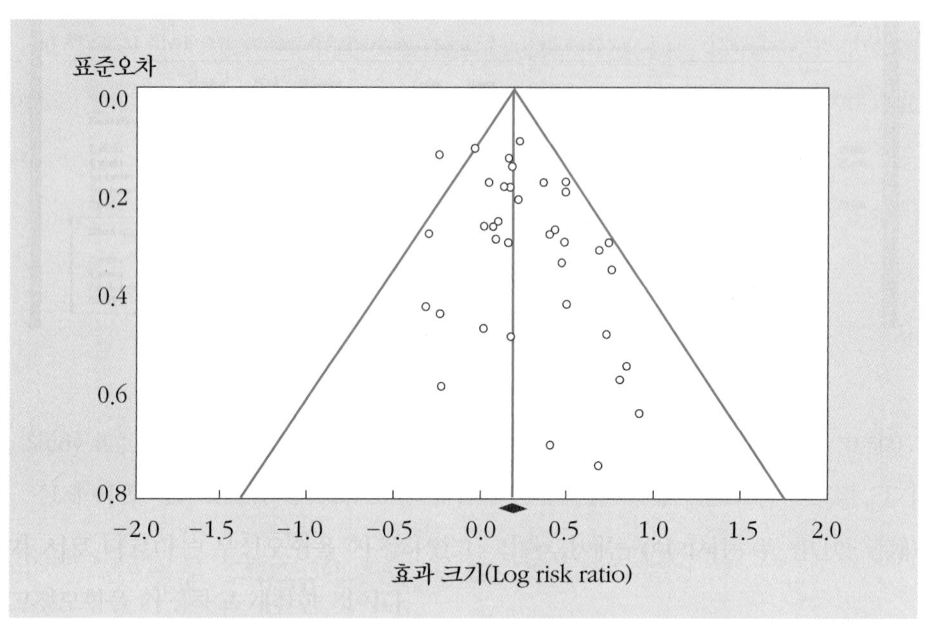

[그림 9-2] 간접흡연과 폐암 간의 관계에 대한 funnel plot

(1) 비대칭에 대한 시각적 분석

[그림 9-2]에서 보듯이 X축에는 효과 크기, Y축에는 표준오차(standard error)를 사용하여 그래프 하단에 표본 크기가 작은 연구들이 보다 폭넓게 위치할 수 있다. 그리고 효과 크기(Log risk ratio)=0을 기준으로 주로 오른쪽에 위치하고 있어 육안으로 비대칭임을 확인할 수 있다([그림 9-3] 참조).

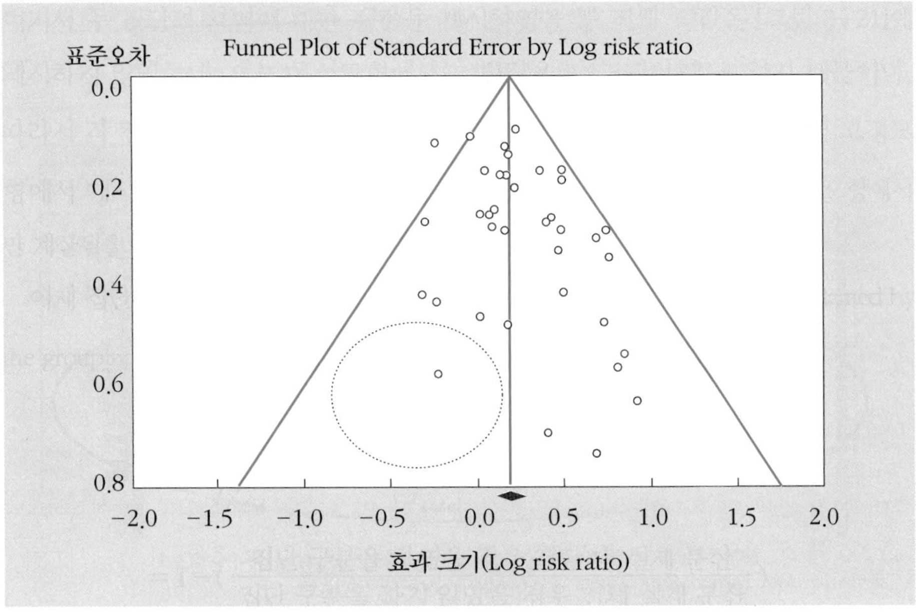

[그림 9-3] 비대칭을 보이는 간접흡연과 폐암 간의 관계 funnel plot

포인트

funnel plot은 오류에 대한 증명이 아니라 오류의 가능성(possibility of bias)을 제기하기 위한 도구이며, 'small-study effects'를 검토하기 위한 일반적인 수단이라고 보는 것이 타당하다.

(2) 비대칭에 대한 통계적 분석

앞의 funnel plot을 보면 효과 크기의 분포가 비대칭인을 쉽게 인지할 수 있다. 즉, 대다수의 작은 연구는 평균의 아래쪽 오른쪽에 몰려 있다. funnel plot의 비대칭에 대한 통계적 분석으로 가장 많이 활용되는 방법은 Egger의 회귀분석(Egger's regression test)이 있다.

Egger와 Davey Smith, Schneider, Minder(1997)는 각 연구의 효과 크기와 표준오차와의 관계를 회귀식으로 설명하고 있다. 즉, Egger의 회귀분석(Egger's regression test)에 의하면 [그림 9-4]에서 보는 것처럼 회귀식 초기 값(Intercept)의 유의확률(p-value)이 통계적으로 유의함($p=.024$)을 알 수 있다. 즉, 초기 값이 우연히 생긴 결과라는 귀무가설을 기각하게 되어 오류가 있다고 말할 수 있다.

Egger's regression intercept

Intercept	0.89225
Standard error	0.37672
95% lower limit (2-tailed)	0.12747
95% upper limit (2-tailed)	1.65703
t-value	2.36848
df	35.00000
P-value (1-tailed)	0.01176
P-value (2-tailed)	0.02351

[그림 9-4] CMA로 분석한 Egger의 회귀분석 결과

다음 결과 [그림 9-5]는 Stata로 분석한 Egger의 회귀분석 결과다. 앞서 살펴본 CMA의 분석 결과와 동일함을 알 수 있다. 특히 [그림 9-6]에서 초기 값의 신뢰구간이 0을 포함하고 있지 않아 통계적으로 유의함을 증명하고 있다.

Egger와 그 동료들은 다음 두 방정식은 동일하다고 주장하고 있다(Sterne, Becker, & Egger, 2005). 즉, 정밀성(precision)을 독립변수로 하고 표준화된 효과크기(standardized effect)를 종속변수로 한 회귀식은 표준오차를 독립변수로 하고 관찰된 효과 크기를 종속변수로 삼은 회귀식과 일치한다고 하였다. 따라서 [그림 9-5], [그림 9-6]의 결과에서 보듯이 표준오차와 효과 크기 간에는 유의미한 관계가 있는 것으로 나타났기 때문에 효과 크기와 표본 크기는 통계적으로 유의한 관계가 있다고 하겠다.

$$E[Z_i] = \beta_0 + \beta_1 Prec_i$$
$$E[\theta_i] = \beta_1 + \beta_0 S_i$$

Egger's test

Std_Eff	Coef.	Std. Err.	t	P>|t|	[95% Conf.	Interval]
slope	.0087534	.0847357	0.10	0.918	-.1632692	.180776
bias	.8922971	.3767187	2.37	0.024	.1275175	1.657077

[그림 9-5] Stata로 분석한 Egger의 회귀분석 결과 1(초기 값)

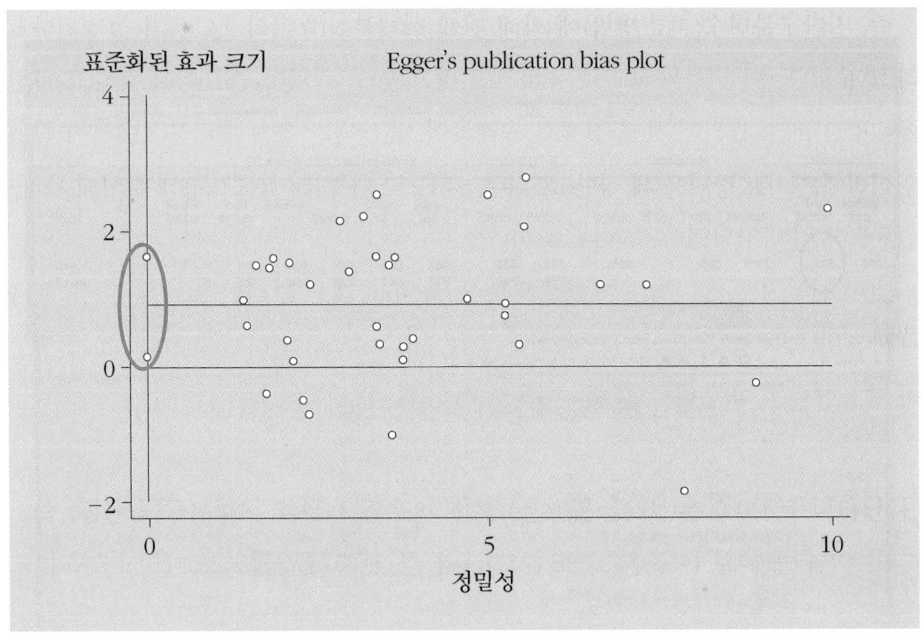

[그림 9-6] Stata로 분석한 Egger의 회귀분석 결과 2(초기 값)

전반적으로 표본의 크기가 작은 연구들은 표본의 크기가 큰 연구들보다 간접흡연과 폐암 사이의 관계, 즉 효과 크기가 크다는 것을 보여 주고 있기 때문에 통계적으로도 funnel plot의 비대칭을 증명할 수 있다.

포인트

funnel plot의 비대칭을 검증하기 위한 또 다른 방법으로 Begg & Mazumdar(1994)의 rank correlation test를 이용하기도 한다. 하지만 이 분석 방법은 효과 크기와 그 분산 간의 서열상관관계를 검증하기 때문에 Egger의 회귀분석보다 검증력이 약한 것으로 평가되어 널리 사용되지는 않는다.

3) 오류의 정도에 대한 분석

오류가 있다고 판단되면 그다음 단계는 오류가 어느 정도인가, 즉 전반적으로 연구 결과가 얼마나 신빙성이 있는가를 살펴보는 것이 필요하다. 여기에는 지금까지 일반적으로 안전성 계수(fail-safe N) 방법을 활용해 왔다.

이 안전성 계수 분석 방법은 원래 Rosenthal(1979)에 의해 'file drawer analysis' 라고 불렸다. 이는 통계적으로 유의하지 않은 연구 결과는 출간되지 못하고 파일 캐비닛 안에 보관되어 왔던 것에서 유래하여, 출간되지 못해 메타분석에서 누락된 연구의 수를 계산하는 것을 의미하였다. 이는 나중에 Harris Cooper에 의해 'fail-safe N'으로 명명되었다(Cooper, 2010).

먼저 전통적인 fail-safe N 분석으로 Rosenthal 계산 방식이 있는데, 다음 결과에서 보는 것처럼 전체 효과가 유의하지 않게(p>alpha) 되려면 398개의 추가 연구가 필요함을 보여 준다.

Classic fail-safe N

Z-value for observed studies	5.63630
P-value for observed studies	0.00000
Alpha	0.05000
Tails	1.00000
Z for alpha	1.64485
Number of observed studies	37.00000
Number of missing studies that would bring p-value to > alpha	398.00000

[그림 9-7] Rosenthal의 Fail-safe N 계산 결과

Rosenthal(1979)은 이 수치(N)가 비록 충분히 크지는 않다 하더라도 어느 정도만 되면 대체로 신빙성 있는 결과라고 주장하였으며, 이 N의 기준을 5k+10으로 제시하였다(k: 연구 수). 즉, 5*(37)+10=195, 따라서 fail-safe N이 195개보다 더 많으면 이 연구 결과는 신빙성이 있다고 주장한다.

두 번째 방법은 Orwin(1983)의 방법으로, 전체 연구 결과가 유의하지 않도록 하기 위한 기준(criterion for a 'trivial' risk ratio) 값을 정한 후 누락된 데이터가 얼마나 되는지 계산한다. 이때 기준 값은 실제 값과 누락된 연구의 평균값 사이에 존재해야 한다. 즉, b는 a와 c 사이에 존재한다.

Orwin's fail-safe N		
Risk ratio in observed studies	1.20406	a
Criterion for a 'trivial' risk ratio	1.05000	b
Mean risk ratio in missing studies	1.00000	c
Number missing studies needed to bring risk ratio under 1.05	104.00000	

[그림 9-8] Orwin의 fail-safe N 계산 결과

기존의 연구가 37개의 연구 결과를 분석하였다는 점을 감안하면 104개의 연구가 누락되었다고 보기는 어렵다(만약 누락된 연구의 평균 효과 크기, 즉 c=1.04라면 530개의 연구가 누락).

결론적으로 누락된 연구의 수가 충분히 크다면 출간 오류는 그다지 크지 않다고 결론을 내릴 수 있다.

포인트 **fail-safe N의 일반적인 계산 공식**

$$N_{fs} = k(d - d_e)/d_e$$

k: 평균 효과 크기 산출에 이용된 연구의 수(예: 29)
d: 평균 효과 크기(예: 0.47)
d_e: 누락된 연구가 추가될 때 기준 효과 크기(예: 0.20)
$N_{fs} = 39$

예) 앞의 연구 결과에서 log(1.204)=0.186, log(1.05)=0.049
따라서 $N_{fs} = \dfrac{37(0.186 - 0.049)}{0.049} = 103.45$

출처: Densㅑon & Seltzer 2011; Orwin, 1983.

안전성 계수에 대한 비판

그동안 메타분석 연구에서 제시되어 온 안전성 계수는 최근 들어 많은 비판을 받고 있는데, 이를 정리하면 다음과 같다.

일반적으로 의학 연구, 특히 체계적 연구결과분석에서는 특정한 유의확률보다는 효

과 크기의 신뢰구간에 더 초점을 두는 것이 일반적이다. 따라서 Cochrane Collaboration에서는 유의확률에 의존하는 안전성 계수를 사용하는 것을 권장하지 않는다(Higgins & Green, 2011).

이 계산 방법은 누락된 연구의 평균 효과 크기에 달려 있다. 즉, 누락된 연구의 평균 효과 크기 기준에 따라 안전성 계수에 대한 추정이 매우 다양하게 산출된다. 그리고 안전성 계수를 추정하는 공식은 여러 가지이며, 공식에 따라 결과가 매우 다르게 나타난다. 따라서 결론도 달라진다(예: Rosenthal 공식, Orwin 공식). 특히 안전성 계수 산출에 있어서는 각 연구의 표본 크기 또는 이질성(heterogeneity)을 고려하지 않으며, 아울러 효과 크기의 규모(magnitude)에 대한 문제의식이 없다.

마지막으로 안전성 계수의 해석에 대한 통계적 기준이 없다(Becker, 2005). 따라서 Becker 교수는 '……안전성 계수는 다른 더 나은 분석 방법이 있다면 폐기되어야 한다.'고 주장하고 있다(2005, p. 124). 안전성 계수는 실질적인 유의성(substantial significance)에 초점을 두는 것이 아니라 통계적 유의성(statistical significance)에 초점을 두고 있다. 또한 누락된 연구의 효과 크기를 0(zero)라고 가정하고 있다(Borenstein et al., 2009).

이상의 비판을 종합하면 안전성 계수는 출간 오류를 검증함에 있어 많은 문제가 있다고 하겠다. 따라서 Littell 교수와 동료들은 "……연구자들은 안전성 계수 방법을 이용하지 않아야 한다……."(Littell et al., 2008, p. 131)라고 결론을 내리고 있다.

4) 오류가 결과에 미치는 영향

다음 단계는 만약 오류가 있는 것으로 밝혀졌다면 그 오류는 연구 결과에 어느 정도 영향을 주는가 하는 것이다. 이 연구는 간접흡연이 폐암 발생률을 20% 증가시키는 것으로 결론을 내리고 있다. 여기서 Duval과 Tweedie(2000)가 개발한 trim-and-fill 기법을 이용하여 비대칭을 대칭으로 교정하면 risk ratio는 약간 바뀌는 것을 알 수 있다([그림 9-9]).

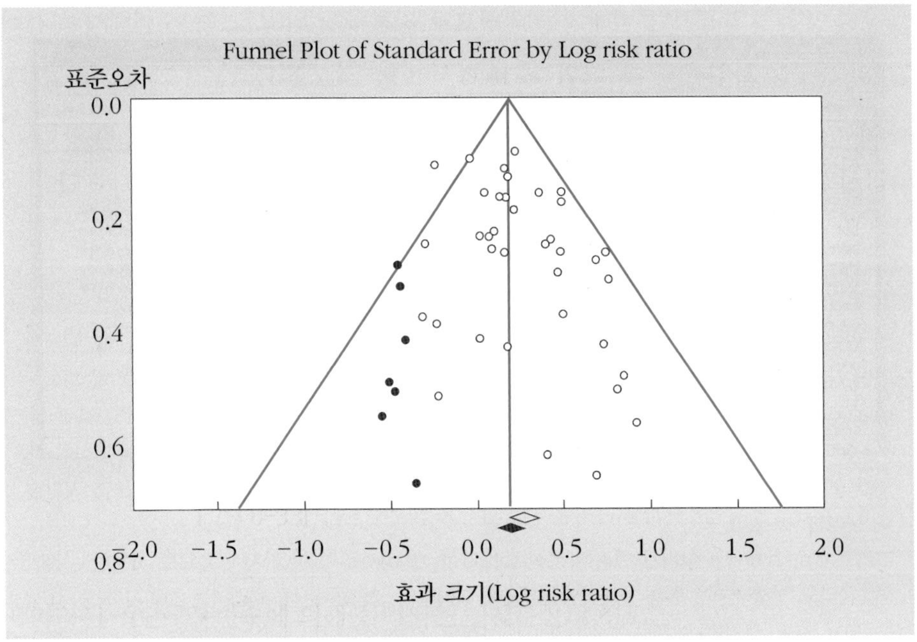

[그림 9-9] trim-and-fill 방법으로 만든 투입한 후 funnel plot

Duval and Tweedie's trim and fill

		Fixed Effects			Random Effects			Q Value
	Studies Trimmed	Point Estimate	Lower Limit	Upper Limit	Point Estimate	Lower Limit	Upper Limit	
Observed values		1.20406	1.11988	1.29457	1.23770	1.12934	1.35645	47.49809
Adjusted values	7	1.16893	1.08901	1.25471	1.18862	1.08023	1.30789	61.78739

[그림 9-10] trim-and-fill 방법으로 투입한 이후 평균 효과 크기의 변화

구체적으로 trim-and-fill 방법은 다음과 같이 진행한다.

① trim: 먼저 대칭이 되도록 대칭이 되지 않는 연구를 제외한다.

② 제외한 후 평균을 다시 구한다.

③ fill: 이번에는 새로운 평균을 중심으로 하여 제외한 연구를 복원시켜 놓고 대칭이 되도록 누락된 연구를 채워 나간다.

앞의 방법을 활용하여 비대칭을 대칭으로 전환하기 위해 [그림 9-9]에서와 같이 7개의 연구를 투입했을 때 [그림 9-10]에서 보는 것처럼 Risk는 17% 증가하는(즉, adjusted RR=1.17) 것으로 나타난다(trim-and-fill 이전에는 20% 증가, 즉 RR=1.20). 따라서 이 연구 결과에 그다지 큰 영향을 주지는 않는 것으로 결론 내릴 수 있다.

Tip trim-and-fill 방법의 한계

이 방법은 데이터가 서로 이질적인(heterogeneous) 경우에 진짜 결측 연구(missing studies)가 아닌 다른 연구들로 채워 넣을 수(impute) 있다는 한계가 있다. 즉, 개별 연구 차원의 특성(study-related factors)이 funnel plot의 모양을 왜곡시킬 수 있다는 점이다(Duval, 2005; Richardson & Rothstein, 2008, p. 87 재인용). 따라서 이러한 경우 하위집단별로 trim-and-fill 분석을 해 보는 것이다. 예를 들면, 배우자의 흡연량, 비흡연 배우자의 건강 상태, 결혼 기간, 즉 노출 기간별로 분석할 수 있다.

그리고 trim-and-fill 방법은 민감성 분석(sensitivity analysis)의 한 가지 방법으로 사용하는 것이 적절하다고 하겠다. 즉, 전체 효과에 대한 결측 데이터의 영향을 분석, 확인하는 것이지 최종 결과, 즉 평균 효과 크기를 실제로 수정하는 데 목적이 있는 것이 아니다(Richardson & Rothstein, 2008, pp. 87-88).

요약하면 trim-and-fill 방법은 일종의 민감성 분석(sensitivity analysis) 방법으로 이해하는 것이 필요하다. 즉, 출간 오류와 그 밖의 오류에 대해 이 분석 결과가 얼마나 타당하느냐(robust)를 해석의 기준으로 삼는 것이 적절하다(Duval, 2005).

5) 결 론

결론적으로 표본의 크기가 작은 연구들이 효과 크기가 크다는 근거는 있지만 그렇다고 해서 연구 결과의 타당성을 의심할 만한 근거는 없다. 따라서 간접흡연은 임상적으로 폐암 발생을 (20%) 증가시키는 중요한 요인이 됨을 알 수 있다고 결론 내릴 수 있다.

포인트 **연구 결과의 진실성**

메타분석에서는 항상 출간 오류를 분석하는 것이 중요하다. 이는 메타분석의 결과가 신빙성이 있는 것인지 아니면 의심스러운지 독자들이 판단할 수 있는 중요한 근거를 제공한다. 따라서 개별 메타분석 연구뿐만 아니라 메타분석이라는 연구 방법 및 연구 분야 자체의 진실성(integrity)을 위한 기준이 된다.

제10장 누적메타분석과 민감성 분석

출간 오류 분석과 더불어 메타분석에서 많이 활용되는 데이터 오류에 대한 분석 방법으로 누적메타분석과 민감성 분석이 있다.

1. 누적메타분석

누적메타분석(cumulative meta-analysis)은 시간의 흐름에 따라 연구 결과 및 트렌드가 어떻게 달라지는가를 추적하는 분석 방법이다. 즉, 출간 연도별로 정렬하여 시간이 경과함에 따라 효과 크기가 어떻게 변화하는지 분석할 수 있다. 또 다른 방법은 연구의 정밀성, 즉 표본이 큰 연구부터 차례로 투입하여 효과 크기가 어떻게 달라지는지를 분석할 수도 있다.

1) 시간적 순서에 따른 누적메타분석

먼저 시간적 순서에 따른 누적메타분석을 위해 일차 진료기관에서 우울증에 대한 전통적인 치료 방법과 여러 전문가를 참여시킨 연합적 치료 방법(collaborative care)의 치료 효과를 비교한 35개 연구를 누적메타분석 데이터로 사용하기로 한다(Gilbody, Bower, Fletcher, Richard, & Sutton, 2006).

Comprehensive meta analysis - [D:₩Meta (workshop2)₩메타분석_워크샵(2014. 2)₩data (2013. 7)₩Gilbody_2006_R2.cma]

File Edit Format View Insert Identify Tools Computational options Analyses Help

Run analyses →

	Study name	Point estimate	Lower Limit	Upper Limit	Confidence level	Point estimate	Std Err	year	setting	J
1	Study_01 1993	-0.290	-0.790	0.220	0.950	-0.290	0.258	1993	0	
2	Study_02 1994	0.050	-0.480	0.580	0.950	0.050	0.270	1994	1	
3	Study_03 1995	0.430	-0.010	0.870	0.950	0.430	0.224	1995	0	
4	Study_04 1995	0.190	-0.120	0.490	0.950	0.190	0.156	1995	1	
5	Study_05 1996	0.490	0.130	0.850	0.950	0.490	0.184	1996	1	
6	Study_06 1998	-0.080	-0.290	0.130	0.950	-0.080	0.107	1998	0	
7	Study_07 1999	-0.140	-0.530	0.250	0.950	-0.140	0.199	1999	1	
8	Study_08 1999	0.310	0.010	0.610	0.950	0.310	0.153	1999	1	
9	Study_09 1999	0.210	-0.110	0.540	0.950	0.210	0.166	1999	0	
10	Study_10 2000	-0.300	-0.830	0.240	0.950	-0.300	0.273	2000	1	
11	Study_11 2000	0.280	0.030	0.530	0.950	0.280	0.128	2000	1	
12	Study_12 2000	0.430	0.220	0.630	0.950	0.430	0.105	2000	1	
13	Study_13 2000	0.300	0.070	0.520	0.950	0.300	0.115	2000	1	
14	Study_14 2000	0.220	-0.020	0.460	0.950	0.220	0.122	2000	1	
15	Study_15 2000	0.220	-0.010	0.450	0.950	0.220	0.117	2000	1	
16	Study_16 2000	0.160	-0.210	0.530	0.950	0.160	0.189	2000	1	
17	Study_17 2001	0.110	-0.090	0.320	0.950	0.110	0.105	2001	1	
18	Study_18 2001	0.200	-0.100	0.500	0.950	0.200	0.153	2001	1	
19	Study_19 2001	0.290	-0.050	0.620	0.950	0.290	0.171	2001	1	
20	Study_20 2001	0.405	0.310	0.500	0.950	0.405	0.048	2001	1	
21	Study_21 2003	0.260	0.070	0.450	0.950	0.260	0.097	2003	0	
22	Study_22 2003	1.130	0.790	1.470	0.950	1.130	0.173	2003	0	
23	Study_23 2003	0.000	-0.340	0.340	0.950	0.000	0.173	2003	0	
24	Study_24 2003	0.420	-0.140	0.980	0.950	0.420	0.286	2003	1	
25	Study_25 2003	0.610	0.080	1.130	0.950	0.610	0.268	2003	1	
26	Study_26 2003	0.180	-0.300	0.660	0.950	0.180	0.245	2003	1	
27	Study_27 2004	0.190	-0.010	0.390	0.950	0.190	0.102	2004	1	
28	Study_28 2004	0.300	0.070	0.520	0.950	0.300	0.115	2004	1	
29	Study_29 2004	0.170	-0.380	0.720	0.950	0.170	0.281	2004	1	
30	Study_30 2004	0.160	-0.080	0.390	0.950	0.160	0.120	2004	1	
31	Study_31 2004	0.420	0.000	0.820	0.950	0.420	0.209	2004	1	
32	Study_32 2004	0.240	-0.030	0.510	0.950	0.240	0.138	2004	1	
33	Study_33 2004	0.250	-0.370	0.870	0.950	0.250	0.316	2004	1	
34	Study_34 2004	0.180	-0.110	0.460	0.950	0.180	0.145	2004	1	
35	Study_35 2004	0.330	0.050	0.620	0.950	0.330	0.145	2004	1	
36										
37										
38										
39										
40										
41										
42										

Point estimate, CI

[그림 10-1] 우울증에 대한 연합치료 효과에 대한 데이터

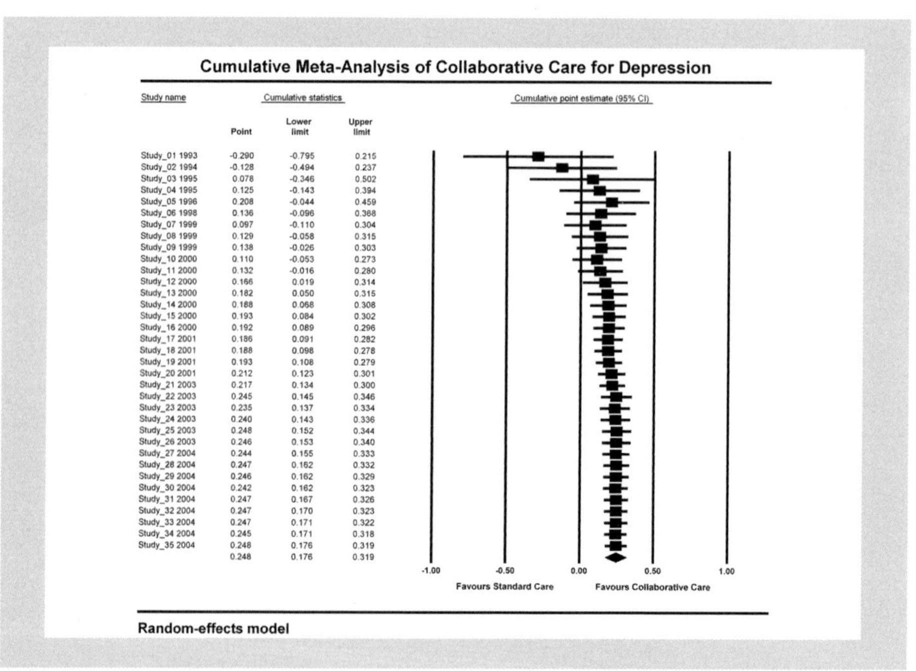

[그림 10-2] 누적메타분석 결과(출간연도순)

출처: Gilbody et al., 2006 재구성.

[그림 10-2] 누적 분석 결과를 보면 1990년대 중반 이후, 특히 2000년대에 들어서면서 연합적 치료 방법의 효과가 전통적인 치료 방법에 비해 더 효과적이면서 안정적인 결과(0.10~0.25)를 보여 주고 있음을 알 수 있다.

2) 표본 크기에 따른 누적메타분석

표본 크기의 영향을 살펴보기 위해 표본이 큰 연구부터 작은 연구의 순서(즉, most precise to least precise)로 정렬하여 누적된 효과 크기를 검토해 볼 필요가 있다. 여기에도 연구를 하나씩 더하면서 분석하는 누적메타분석 방법을 활용한다.

앞에서 언급한 것처럼 원래 누적분석은 시간의 흐름에 따라 결과가 어떻게 축적되어 나타나는지를 검증하는 방법으로 고안되었다. 따라서 [그림 10-2]와 같이 출간연도별로 정렬하여 시간이 경과함에 따라 효과 크기가 어떻게 변화하는지를 분석할 수 있다. 하지만 여기서는 표본 크기가 큰 연구부터 차례로 투입하여 효과 크기가 어느 정도 안정화되면, 즉 작은 연구들을 더 투입해도 효과 크기에 큰 변화가 나타나지 않는지를 확인한다. 그렇게 되면 작은 연구들이 오류(bias)를 일으킨다고 보기 어렵다고 해석할 수 있다.

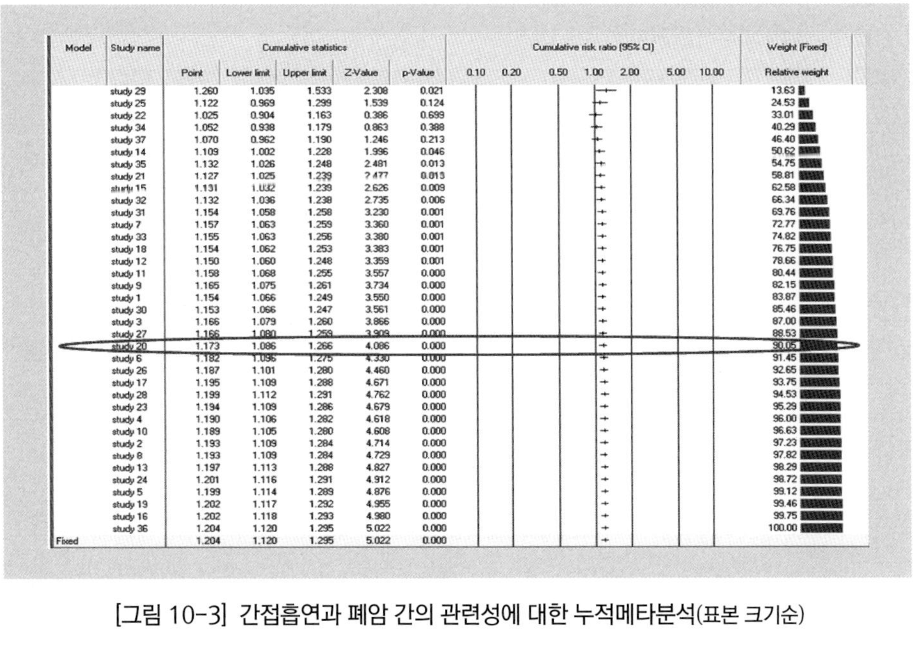

Model	Study name	Cumulative statistics					Cumulative risk ratio (95% CI)	Weight (Fixed)
		Point	Lower limit	Upper limit	Z-Value	p-Value	0.10 0.20 0.50 1.00 2.00 5.00 10.00	Relative weight
	study 29	1.260	1.035	1.533	2.308	0.021		13.63
	study 25	1.122	0.969	1.299	1.539	0.124		24.53
	study 22	1.025	0.904	1.163	0.386	0.699		33.01
	study 34	1.052	0.938	1.179	0.863	0.388		40.29
	study 37	1.070	0.962	1.190	1.246	0.213		46.40
	study 14	1.109	1.002	1.228	1.996	0.046		50.62
	study 35	1.132	1.026	1.248	2.481	0.013		54.75
	study 21	1.127	1.025	1.239	2.477	0.013		58.81
	study 15	1.131	1.032	1.239	2.626	0.009		62.58
	study 32	1.132	1.036	1.238	2.735	0.006		66.34
	study 31	1.154	1.058	1.258	3.230	0.001		69.76
	study 7	1.157	1.063	1.259	3.360	0.001		72.77
	study 33	1.155	1.063	1.256	3.380	0.001		74.82
	study 18	1.154	1.062	1.253	3.383	0.001		76.75
	study 12	1.150	1.060	1.248	3.359	0.001		78.66
	study 11	1.158	1.068	1.255	3.557	0.000		80.44
	study 9	1.165	1.075	1.261	3.734	0.000		82.15
	study 1	1.154	1.066	1.249	3.550	0.000		83.87
	study 30	1.153	1.066	1.247	3.561	0.000		85.46
	study 3	1.166	1.079	1.260	3.866	0.000		87.00
	study 27	1.166	1.080	1.259	3.909	0.000		88.53
	study 20	1.173	1.086	1.266	4.086	0.000		90.05
	study 6	1.182	1.096	1.275	4.330	0.000		91.45
	study 26	1.187	1.101	1.280	4.460	0.000		92.65
	study 17	1.195	1.109	1.288	4.671	0.000		93.75
	study 28	1.199	1.112	1.291	4.762	0.000		94.53
	study 23	1.194	1.109	1.286	4.679	0.000		95.29
	study 4	1.190	1.106	1.282	4.618	0.000		96.00
	study 10	1.189	1.105	1.280	4.608	0.000		96.63
	study 2	1.193	1.109	1.284	4.714	0.000		97.23
	study 8	1.193	1.109	1.284	4.729	0.000		97.82
	study 13	1.197	1.113	1.288	4.827	0.000		98.29
	study 24	1.201	1.116	1.291	4.912	0.000		98.72
	study 5	1.199	1.114	1.289	4.876	0.000		99.12
	study 19	1.202	1.117	1.292	4.955	0.000		99.46
	study 16	1.202	1.118	1.293	4.980	0.000		99.75
	study 36	1.204	1.120	1.295	5.022	0.000		100.00
Fixed		1.204	1.120	1.295	5.022	0.000		

[그림 10-3] 간접흡연과 폐암 간의 관련성에 대한 누적메타분석(표본 크기순)

연구의 크기순으로 22개(Study 20까지) 연구를 투입했을 때(이때 누적 가중치는 90%에 달하는데) 전체 효과 크기는 1.17로 나타났다. 나머지 15개의 상대적으로 작은 연구들을 투입하면 전체 효과 크기는 1.20으로 증가해 전체 결과에 큰 영향을 미치지는 못하는 것으로 나타났다. 따라서 효과의 크기가 큰 것으로 나타난 작은 표본의 연구들이 전체 결과에 영향을 주는, 즉 오류를 일으키는 원인이라고 말할 수 없다고 하겠다.

요약하면 누적메타분석은 각 연구들이 더해지면서 평균 효과 크기와 신뢰구간이 어떻게 달라지는지를 보여 준다. 누적분석은 민감성 분석(sensitivity analysis)의 한 부분으로도 활용될 수 있다. 즉, 새로운 연구가 추가되면서 연구 결과(결론)가 어떻게 달라지는지 또는 변함이 없는지를 보여 준다.

2. 민감성 분석

민감성 분석은 분석의 기준이나 내용에 따라 결과가 어떻게 변화하는지를 검토하는 분석 방법이며, 기준은 〈표 10-1〉과 같이 정리할 수 있다.

〈표 10-1〉 민감성 분석을 위한 기준과 내용

기준	내용
연구 포함 기준	기준에 따라 어떤 특정한 연구나 몇몇 연구를 누락하면 전체적인 결론이 크게 다르게 나타나는가를 검증
통계적 방법	• 효과 크기의 종류(risk ratio 또는 odds ratio) • 효과 크기의 산출 모형(고정효과모형 또는 무선효과모형)
누락된 데이터를 다루는 방법	누락된 연구를 포함시켰을 때 결과가 어느 정도 달라지는가를 검증 (예: trim-and-fill)

민감성 분석은 〈표 10-1〉에서와 같이 서로 다른 조건(가정)하에서 도출된 분석 결과가 일관성을 보이는지 검증하는 방법이라고 할 수 있다. 즉, 체계적 연구결과 분석 과정에서 이루어진 여러 가지 결정의 영향력을 검증하기 위해 그리고 누락된

데이터의 영향을 탐색하기 위해 사용되기도 한다.

민감성 분석 사례로 청소년의 비행을 예방하기 위해 비행 위험 청소년들에게 청소년보호시설을 미리 경험하게 한 후 이들의 비행이 실제 감소하는지를 연구한 데이터를 활용해 보자(Borenstein et al., 2009; Petrosino et al., 2013).

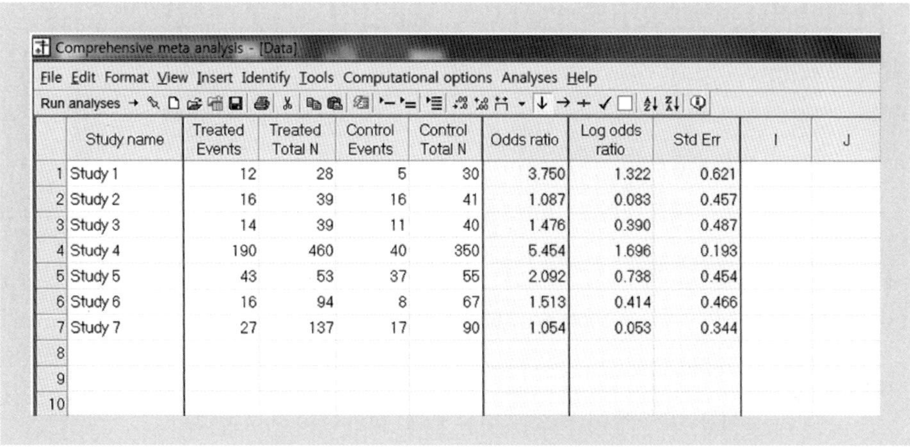

Comprehensive meta analysis - [Data]

	Study name	Treated Events	Treated Total N	Control Events	Control Total N	Odds ratio	Log odds ratio	Std Err	I	J
1	Study 1	12	28	5	30	3.750	1.322	0.621		
2	Study 2	16	39	16	41	1.087	0.083	0.457		
3	Study 3	14	39	11	40	1.476	0.390	0.487		
4	Study 4	190	460	40	350	5.454	1.696	0.193		
5	Study 5	43	53	37	55	2.092	0.738	0.454		
6	Study 6	16	94	8	67	1.513	0.414	0.466		
7	Study 7	27	137	17	90	1.054	0.053	0.344		
8										
9										
10										

[그림 10-4] 민감성 분석을 위한 데이터

먼저 전체 분석을 해 본다.

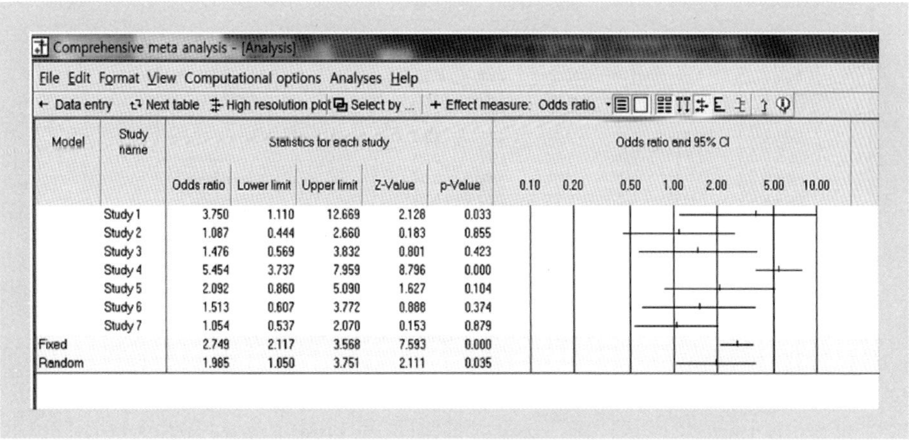

Comprehensive meta analysis - [Analysis]

Model	Study name	Statistics for each study					Odds ratio and 95% CI
		Odds ratio	Lower limit	Upper limit	Z-Value	p-Value	0.10 0.20 0.50 1.00 2.00 5.00 10.00
	Study 1	3.750	1.110	12.669	2.128	0.033	
	Study 2	1.087	0.444	2.660	0.183	0.855	
	Study 3	1.476	0.569	3.832	0.801	0.423	
	Study 4	5.454	3.737	7.959	8.796	0.000	
	Study 5	2.092	0.860	5.090	1.627	0.104	
	Study 6	1.513	0.607	3.772	0.888	0.374	
	Study 7	1.054	0.537	2.070	0.153	0.879	
Fixed		2.749	2.117	3.568	7.593	0.000	
Random		1.985	1.050	3.751	2.111	0.035	

[그림 10-5] 초기 분석 결과

그리고 각 연구의 가중치(weight)를 검토한다. 검토 결과 Study 4의 가중치가 월

등하게 크다는 것을 알 수 있다.

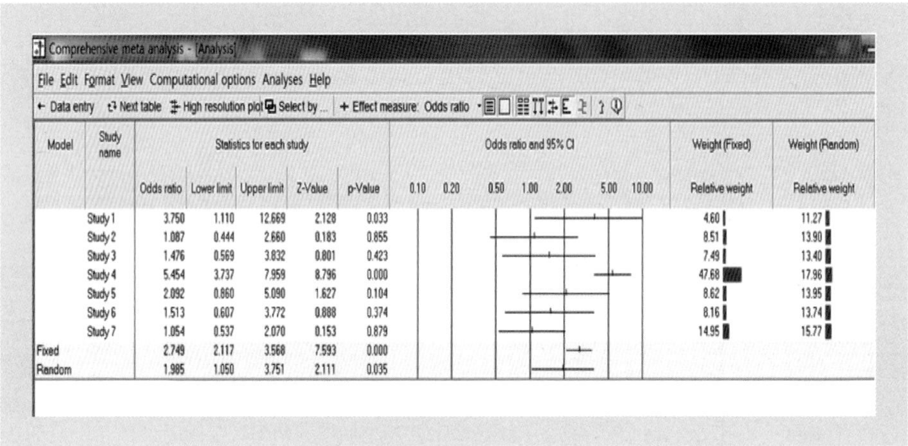

Comprehensive meta analysis - [Analysis]

File Edit Format View Computational options Analyses Help

← Data entry Next table High resolution plot Select by ... + Effect measure: Odds ratio

Model	Study name	Statistics for each study					Odds ratio and 95% CI	Weight (Fixed)	Weight (Random)
		Odds ratio	Lower limit	Upper limit	Z-Value	p-Value	0.10 0.20 0.50 1.00 2.00 5.00 10.00	Relative weight	Relative weight
	Study 1	3.750	1.110	12.669	2.128	0.033		4.60	11.27
	Study 2	1.087	0.444	2.660	0.183	0.855		8.51	13.90
	Study 3	1.476	0.569	3.832	0.801	0.423		7.49	13.40
	Study 4	5.454	3.737	7.959	8.796	0.000		47.68	17.96
	Study 5	2.092	0.860	5.090	1.627	0.104		8.62	13.95
	Study 6	1.513	0.607	3.772	0.888	0.374		8.16	13.74
	Study 7	1.054	0.537	2.070	0.153	0.879		14.95	15.77
Fixed		2.749	2.117	3.568	7.593	0.000			
Random		1.985	1.050	3.751	2.111	0.035			

[그림 10-6] 각 연구의 잔차 검토

연구 간 다양성을 인정하여 분석모형은 무선효과모형으로 한다.

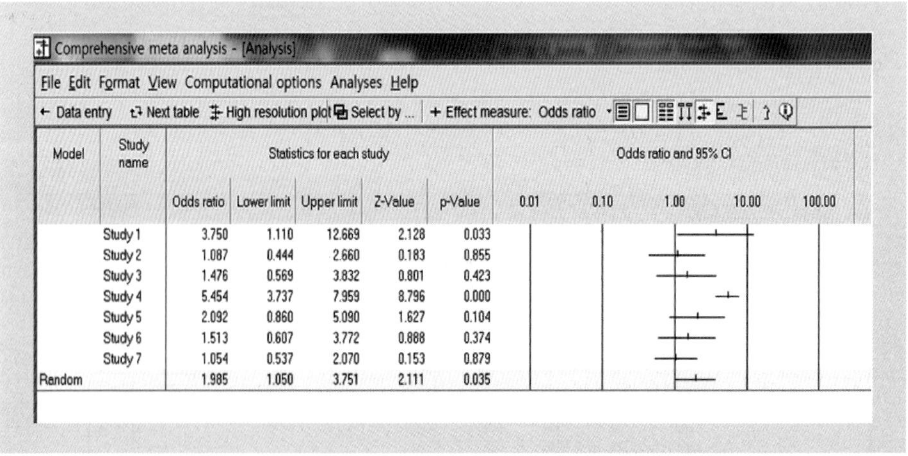

Comprehensive meta analysis - [Analysis]

File Edit Format View Computational options Analyses Help

← Data entry Next table High resolution plot Select by ... + Effect measure: Odds ratio

Model	Study name	Statistics for each study					Odds ratio and 95% CI
		Odds ratio	Lower limit	Upper limit	Z-Value	p-Value	0.01 0.10 1.00 10.00 100.00
	Study 1	3.750	1.110	12.669	2.128	0.033	
	Study 2	1.087	0.444	2.660	0.183	0.855	
	Study 3	1.476	0.569	3.832	0.801	0.423	
	Study 4	5.454	3.737	7.959	8.796	0.000	
	Study 5	2.092	0.860	5.090	1.627	0.104	
	Study 6	1.513	0.607	3.772	0.888	0.374	
	Study 7	1.054	0.537	2.070	0.153	0.879	
Random		1.985	1.050	3.751	2.111	0.035	

[그림 10-7] 무선효과모형 결과

이제 Study name 칼럼에 마우스 오른쪽 버튼을 가져다 놓은 후 Select by Study name을 선택한다.

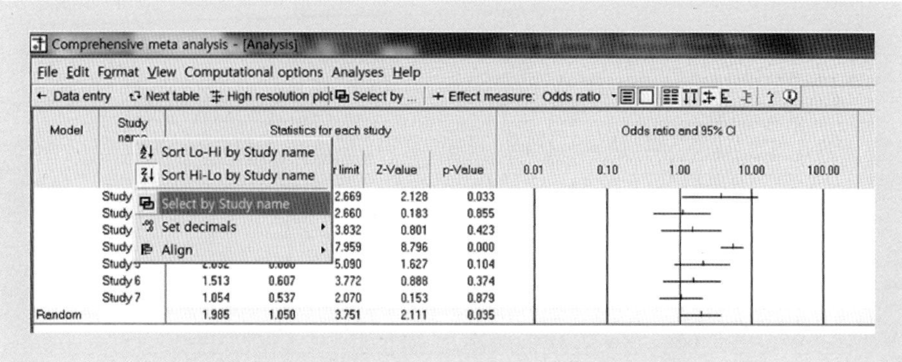

[그림 10-8] Select by Study name을 선택하는 모습

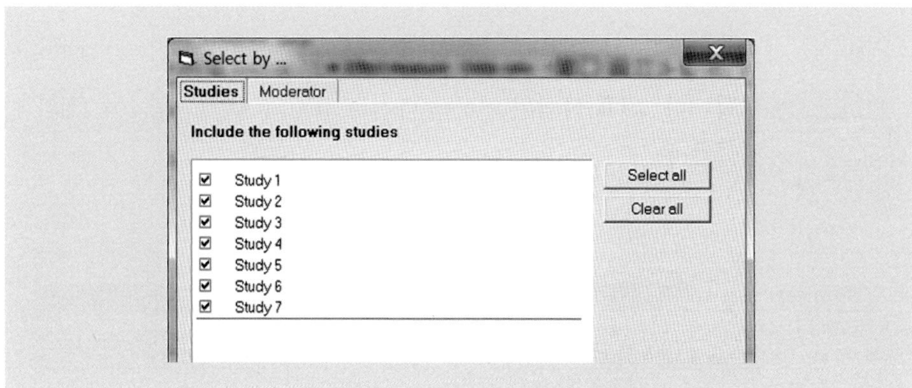

[그림 10-9] Select by Study name을 선택한 후 모습

이제 전체 연구 중 가중치가 가장 큰 연구인 Study 4를 제외한 후 그 결과를 본다.

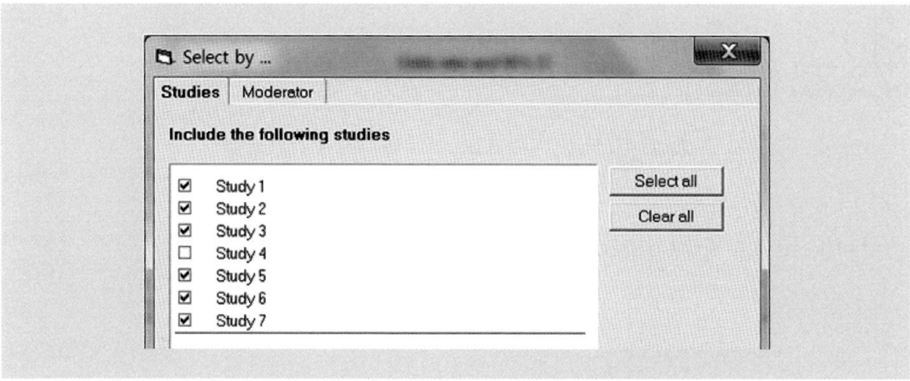

Select by ...
Studies
Moderator
Include the following studies
Study 1
Study 2
Study 3
Study 4
Study 5
Study 6
Study 7
Select all
Clear all

[그림 10-10] Study 4를 제외한 경우

Comprehensive meta analysis - [Analysis]

File Edit Format View Computational options Analyses Help

← Data entry ↻ Next table ‡ High resolution plot Select by ... + Effect measure: Odds ratio

Model	Study name	Odds ratio	Lower limit	Upper limit	Z-Value	p-Value
		Statistics for each study				
	Study 1	3.750	1.110	12.669	2.128	0.033
	Study 2	1.087	0.444	2.660	0.183	0.855
	Study 3	1.476	0.569	3.832	0.801	0.423
	Study 5	2.092	0.860	5.090	1.627	0.104
	Study 6	1.513	0.607	3.772	0.888	0.374
	Study 7	1.054	0.537	2.070	0.153	0.879
Random		1.472	1.026	2.112	2.100	0.036

Odds ratio and 95% CI: 0.01 0.10 1.00 10.00 100.00

[그림 10-11] Study 4를 제외한 후 분석 결과

[그림 10-11]에서 보는 것처럼 Study 4를 제외하면 평균 효과 크기가 1.985에서 1.472로 크게 변화된다. 이제 삭제된 연구를 다시 포함시키려면 [그림 10-12]와 같이 Study 4를 추가한다.

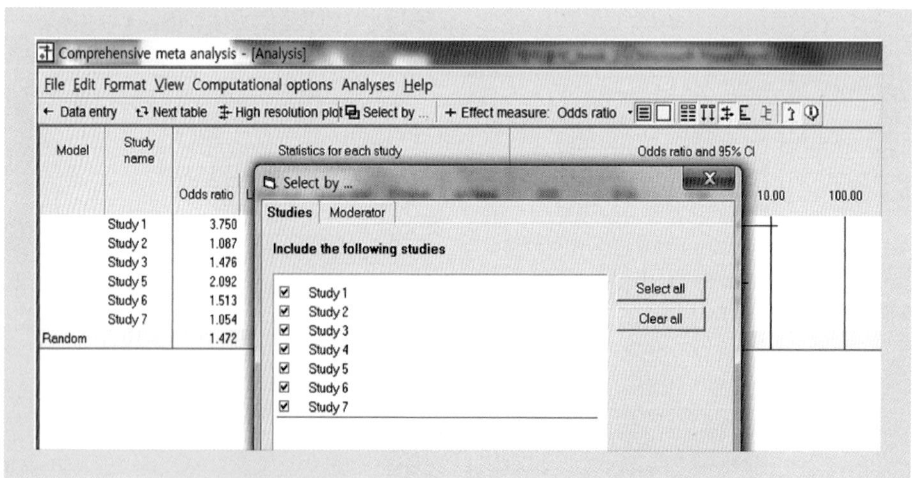

[그림 10-12] 삭제된 Study 4를 다시 추가한 모습

그리고 분석을 하면 결과는 다시 원래 결과(OR=1.985)로 돌아온다.

Comprehensive meta analysis - [Analysis]

File Edit Format View Computational options Analyses Help

← Data entry Next table High resolution plot Select by ... + Effect measure: Odds ratio

Model	Study name	Statistics for each study					Odds ratio and 95% CI
		Odds ratio	Lower limit	Upper limit	Z-Value	p-Value	0.01 0.10 1.00 10.00 100.00
	Study 1	3.750	1.110	12.669	2.128	0.033	
	Study 2	1.087	0.444	2.660	0.183	0.855	
	Study 3	1.476	0.569	3.832	0.801	0.423	
	Study 4	5.454	3.737	7.959	8.796	0.000	
	Study 5	2.092	0.860	5.090	1.627	0.104	
	Study 6	1.513	0.607	3.772	0.888	0.374	
	Study 7	1.054	0.537	2.070	0.153	0.879	
Random		1.985	1.050	3.751	2.111	0.035	

[그림 10-13] 삭제된 Study 4를 추가한 후 분석한 모습

이번에는 연구를 수동적으로 하나씩 제외하는 대신 보다 편리하게 하는 방법으로 화면 하단의 'One study removed' 탭을 클릭한다.

Comprehensive meta analysis - [Analysis]

File Edit Format View Computational options Analyses Help

← Data entry Next table High resolution plot Select by ... + Effect measure: Odds ratio

Model	Study name	Statistics with study removed					Odds ratio (95% CI) with study removed
		Point	Lower limit	Upper limit	Z-Value	p-Value	0.01 0.10 1.00 10.00 100.00
	Study 1	1.823	0.899	3.698	1.664	0.096	
	Study 2	2.188	1.107	4.327	2.251	0.024	
	Study 3	2.074	1.018	4.224	2.010	0.044	
	Study 4	1.472	1.026	2.112	2.100	0.036	
	Study 5	1.960	0.938	4.096	1.791	0.073	
	Study 6	2.068	1.011	4.231	1.989	0.047	
	Study 7	2.249	1.174	4.308	2.443	0.015	
Random		1.985	1.050	3.751	2.111	0.035	

Fixed Random

Basic stats | One study removed | Cumulative analysis | Calculations

[그림 10-14] 화면 하단 'One study removed'을 클릭한 후 결과

그러면 [그림 10-14]에 나타난 결과는 전체 연구에서 각 연구를 제외하였을 때의 평균 효과 크기를 보여 준다. 앞에서 Study 4를 수동적으로 제외하였을 때 결과와 마찬가지로 여기서도 Study 4를 제외하였을 경우 효과 크기는 1.472로 나타나

모든 연구를 포함한 결과인 1.985와는 차이가 상당하다는 것을 알 수 있다. 다른 연구들은 각각 제외하였을 때도 전체를 포함한 평균 효과 크기 1.985와 크게 다르지 않았음을 알 수 있다. 즉, 어떤 특정한 연구를 제외 또는 포함시켰을 때 전체 평균 효과 크기가 어떻게 달라져서 연구 결과에 얼마나 변화가 있는지를 검증하는 것이 바로 민감성 분석의 목적이다.

제11장 메타분석의 결과 보고

1. 서 론
2. 연구 방법
   1) 포함된 연구에 대한 기준
   2) 문헌(연구) 검색
   3) 선정된 문헌, 즉 연구의 질 검증
   4) 변수의 코딩
   5) 데이터 분석 방법
3. 분석 결과
   1) 메타분석에 포함된 개별 연구의 질 검증
   2) 효과 크기 및 forest plot
   3) 평균 효과 크기의 산출 모형
   4) 조절 효과 분석
   5) 데이터 오류 검증
4. 논의 및 결론
5. 참고문헌
6. 부 록

일반적으로 메타분석 결과에 대한 보고는 여타 연구 결과의 보고와 비슷하며, 연구 결과 구성은 다음과 같이 이루어진다.

- 서론(Introduction)
- 연구 방법(Method)
- 분석 결과(Results)
- 논의(Discussion)
- 참고문헌(References)
- 부록(Appendices)

사례 **청소년에 대한 학교 기반 멘토링 효과: 체계적 연구결과분석 및 메타분석**
(School-Based Mentoring for Adolescents: A Systematic Review and Meta-Analysis)

1. 서론(문제 제기, 선행연구, 연구의 필요성 및 목적……)
2. 연구 방법(포함될 연구의 기준, 연구 선정, 데이터 분석……)
3. 연구 결과(대상자 특성, 개입 방법, 연구의 질, 개입 효과……)
4. 논의 및 함의
5. 결론
   - 이해관계의 명시(Declaration of Conflicting Interests): 저작권, 저자 역할 표시 등
   - 재정 지원(Funding)
   - 참고문헌(References)

출처: Wood & Mayo-Wilson, 2012.

1. 서 론

서론에서는 연구의 필요성 및 중요성, 관련 이론 그리고 연구 질문 등을 서술해야 한다. 예를 들면, "기존 연구의 결과들은……" 또는 "이 연구에서 분석하고자 하는 조절변수는……" 등과 같이 연구의 필요성과 연구 목적을 연구 질문과 함께 분명하게 제시하는 것이 필요하다.

2. 연구 방법

보통 메타분석 연구에서 연구 방법에 대한 내용은 메타분석에 포함된 연구의 기준 명시, 문헌 검색, 선정된 문헌에 대한 질 검증, 데이터 추출 및 코딩 그리고 데이터 분석 방법에 대한 내용을 포함하게 된다. 이에 대한 내용을 세부 내용과 함께 간략히 정리하면 다음과 같다.

1) 포함된 연구에 대한 기준

- 포함된 연구의 핵심 기준
- 제외된 연구의 기준(예: 나이 등)
- 주요 변수(조작적 정의)

2) 문헌(연구) 검색

- 데이터베이스(키워드) 및 저널 검색
- 주요 연구의 참고문헌을 활용한 검색
- 회색문헌(grey literature) 검색
- 필요 시 연구자와 직접 접촉(전화, 이메일)

3) 선정된 문헌, 즉 연구의 질 검증

- 개별 연구의 질, 즉 과학성을 평가
- 다양한 검증 도구 활용(예: 실험조사설계인 경우 Cochrane의 Risk of Bias 활용)

4) 변수의 코딩

- 연구 수준 변수의 코딩(예: 표본 특성, 연구 디자인 등)
- 효과 크기 코딩(효과 크기의 조정 및 계산 등)

- 코딩의 신뢰도(예: 복수의 코딩자 및 상호 검증)

5) 데이터 분석 방법

- 평균 효과 크기의 계산(예: 가중치, 고정 및 무선효과모형)
- 조절 효과의 검증(strategy for testing moderation)

3. 분석 결과

분석 결과에는 보통 다음과 같은 내용을 포함한다.

- 포함된 연구(데이터)의 수(k) 그리고 전체 표본 수(N)
- 효과 크기의 시각적 표현(예: funnel plot)
- 효과 크기의 집중 경향치(예: 평균 효과 크기), 평균 효과 크기의 통계적 유의성 및 신뢰구간
- 효과 크기의 분포(variability in effect sizes) (예: 동질성 통계치 Q값 등)

이외에도 다음과 같은 내용을 포함하는 것이 일반적이다.

- 개별 연구의 질 검증 및 전체 연구 결과의 질 검증(study quality, risk of bias, publication bias)
- 효과 크기의 이질성(heterogeneity of results)

(Littell et al., 2008, pp. 134-136)

메타분석의 목적이 기존 연구 결과를 종합 분석하는 것임을 기억하고 분석 결과에 대한 내용은 다음 주요 사항을 중심으로 구체적으로 기술한다.

1) 메타분석에 포함된 개별 연구의 질 검증

연구자는 메타분석을 보다 과학적이고 합리적으로 수행했음을 밝히기 위해 메타분석에 포함된 개별 연구(individual studies)의 질을 검증하여 그 결과를 밝히는 것이 필요하다. 이때 기준으로 삼는 것은 대체로 다음과 같다(Higgins & Green, 2011).

- 실험연구에서 무작위 배정 및 배정 과정을 비공개로 실시했는지 여부
- 실험 참가자 및 스태프의 실험집단 및 통제집단 구분에 대한 미인지 여부
- 실험 도중 탈락으로 인한 불충분한 결과(데이터) 여부
- 실험 결과에 대한 선별적 결과 보고 여부

	무작위 배정	집단 배정 비공개	집단 소속 미인지	결과 측정시 집단 미인지	대상자 중도 탈락	선별적 결과 보고
Aseltine 2000	?	?	−	−	−	?
Bernstein 2009	+	+	−	−	+	?
Herrera 2007	+	?	−	−	+	?
Karcher 2008	?	?	−	−	+	?
LoSciuto 1996	?	?	−	−	−	−
McPartland 1991	−	−	−	−	−	?
Portwood 2005	−	−	−	−	−	−
Whiting 2007	−	−	−	−	−	−

[그림 11-1] 메타분석에 포함된 개별 연구들에 대한 질(study quality) 검증 결과

출처: Wood & Mayo-Wilson, 2012, p. 260에서 재구성.

2) 효과 크기 및 forest plot

먼저 forest plot을 통해 개별 연구의 효과 크기와 신뢰구간 그리고 전체 평균 효과 크기와 신뢰구간 등을 보고한다. 특히 분석 결과, 즉 효과 크기 통계치를 맥락 차원(in context)에서 이해하는 것이 중요하며 forest plot이 이 맥락을 이해하는 데 도움을 준다. 즉, forest plot을 통해 다음 내용을 구체적으로 제시할 수 있어 나무(예: 개별 효과 크기)와 숲(예: 전체 효과 크기)을 모두 볼 수 있다.

- 개별 효과(individual study effect)
- 평균 효과(the summary effect)
- 정밀성(the confidence interval)
- 효과 크기의 일관성(consistency) 여부

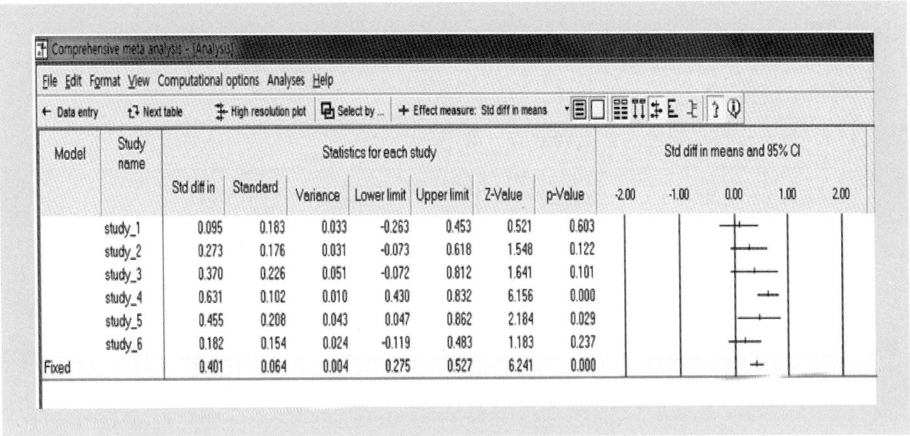

Comprehensive meta analysis - [Analysis]

File Edit Format View Computational options Analyses Help

← Data entry　Next table　High resolution plot　Select by ...　+ Effect measure: Std diff in means

Model	Study name	Statistics for each study							Std diff in means and 95% CI
		Std diff in	Standard	Variance	Lower limit	Upper limit	Z-Value	p-Value	-2.00 -1.00 0.00 1.00 2.00
	study_1	0.095	0.183	0.033	-0.263	0.453	0.521	0.603	
	study_2	0.273	0.176	0.031	-0.073	0.618	1.548	0.122	
	study_3	0.370	0.226	0.051	-0.072	0.812	1.641	0.101	
	study_4	0.631	0.102	0.010	0.430	0.832	6.156	0.000	
	study_5	0.455	0.208	0.043	0.047	0.862	2.184	0.029	
	study_6	0.182	0.154	0.024	-0.119	0.483	1.183	0.237	
Fixed		0.401	0.064	0.004	0.275	0.527	6.241	0.000	

[그림 11-2] 선(lines)을 이용한 효과 크기를 보여 주는 forest plot

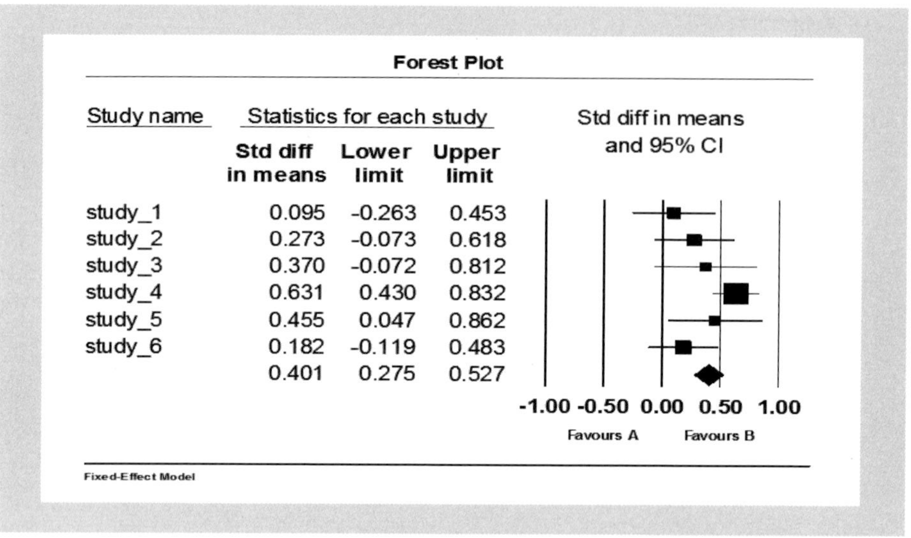

[그림 11-3] 각 연구의 효과 크기와 가중치를 보여 주는 forest plot

이때 연구 결과 효과 크기에 대한 설명과 서술은 다음 기준에 따르는 것이 일반적이다.

〈표 11-1〉 효과 크기에 대한 서술에 대한 일반적 기준

만약	연구자는
효과 크기가 일관성이 있다면	평균 효과 크기 제시에 초점을 둔다.
효과 크기가 연구 간 다소 차이가 있다면	평균 효과 크기를 보고하면서도 효과 크기의 분포(the dispersion in effects)에 주의를 기울인다.
효과 크기가 서로 매우 상이하다면	평균 효과 크기의 중요성은 상대적으로 덜 강조하고 오히려 효과 크기의 실제 분산에 초점을 둔다(focus on the heterogeneity).

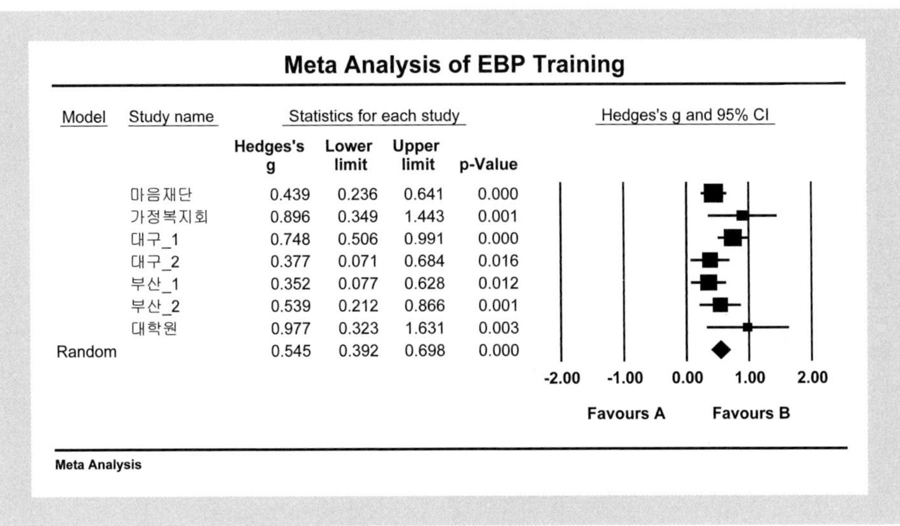

Meta Analysis of EBP Training

Model	Study name	Hedges's g	Lower limit	Upper limit	p-Value
	마음재단	0.439	0.236	0.641	0.000
	가정복지회	0.896	0.349	1.443	0.001
	대구_1	0.748	0.506	0.991	0.000
	대구_2	0.377	0.071	0.684	0.016
	부산_1	0.352	0.077	0.628	0.012
	부산_2	0.539	0.212	0.866	0.001
	대학원	0.977	0.323	1.631	0.003
Random		0.545	0.392	0.698	0.000

[그림 11-4] 효과 크기가 일관성을 보이는 경우

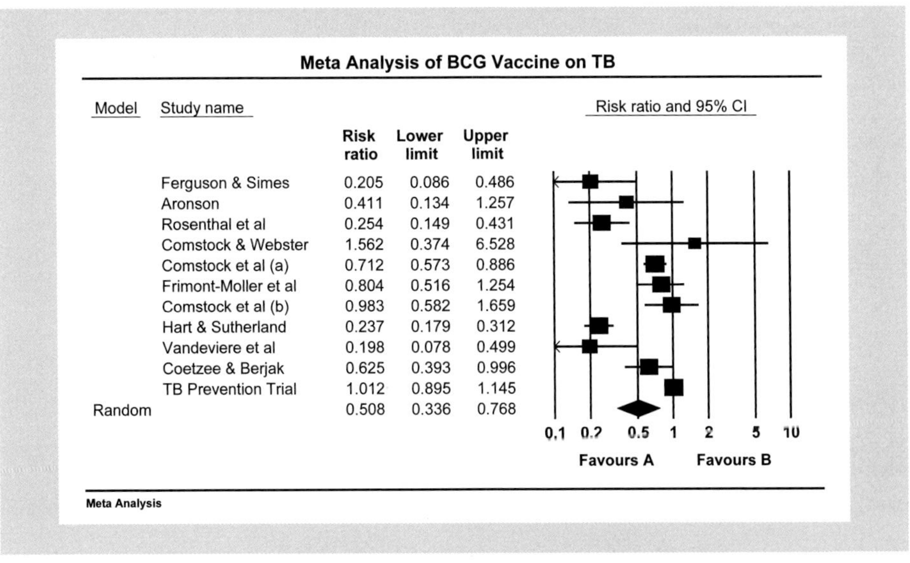

Meta Analysis of BCG Vaccine on TB

Model	Study name	Risk ratio	Lower limit	Upper limit
	Ferguson & Simes	0.205	0.086	0.486
	Aronson	0.411	0.134	1.257
	Rosenthal et al	0.254	0.149	0.431
	Comstock & Webster	1.562	0.374	6.528
	Comstock et al (a)	0.712	0.573	0.886
	Frimont-Moller et al	0.804	0.516	1.254
	Comstock et al (b)	0.983	0.582	1.659
	Hart & Sutherland	0.237	0.179	0.312
	Vandeviere et al	0.198	0.078	0.499
	Coetzee & Berjak	0.625	0.393	0.996
	TB Prevention Trial	1.012	0.895	1.145
Random		0.508	0.336	0.768

[그림 11-5] 효과 크기의 이질성이 상당한 경우

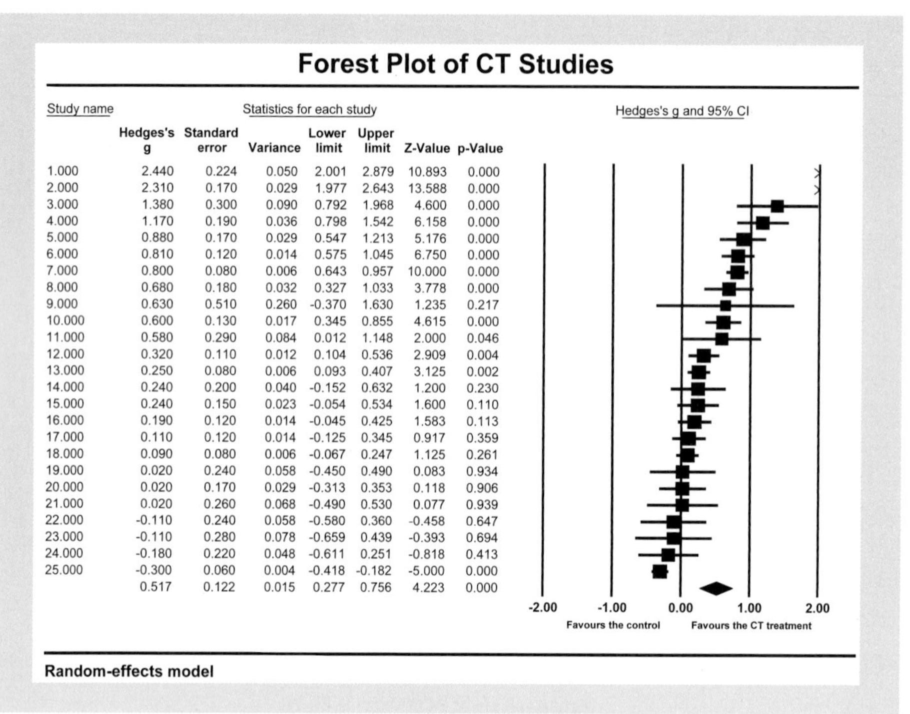

Forest Plot of CT Studies

Study name	Hedges's g	Standard error	Variance	Lower limit	Upper limit	Z-Value	p-Value
1.000	2.440	0.224	0.050	2.001	2.879	10.893	0.000
2.000	2.310	0.170	0.029	1.977	2.643	13.588	0.000
3.000	1.380	0.300	0.090	0.792	1.968	4.600	0.000
4.000	1.170	0.190	0.036	0.798	1.542	6.158	0.000
5.000	0.880	0.170	0.029	0.547	1.213	5.176	0.000
6.000	0.810	0.120	0.014	0.575	1.045	6.750	0.000
7.000	0.800	0.080	0.006	0.643	0.957	10.000	0.000
8.000	0.680	0.180	0.032	0.327	1.033	3.778	0.000
9.000	0.630	0.510	0.260	-0.370	1.630	1.235	0.217
10.000	0.600	0.130	0.017	0.345	0.855	4.615	0.000
11.000	0.580	0.290	0.084	0.012	1.148	2.000	0.046
12.000	0.320	0.110	0.012	0.104	0.536	2.909	0.004
13.000	0.250	0.080	0.006	0.093	0.407	3.125	0.002
14.000	0.240	0.200	0.040	-0.152	0.632	1.200	0.230
15.000	0.240	0.150	0.023	-0.054	0.534	1.600	0.110
16.000	0.190	0.120	0.014	-0.045	0.425	1.583	0.113
17.000	0.110	0.120	0.014	-0.125	0.345	0.917	0.359
18.000	0.090	0.080	0.006	-0.067	0.247	1.125	0.261
19.000	0.020	0.240	0.058	-0.450	0.490	0.083	0.934
20.000	0.020	0.170	0.029	-0.313	0.353	0.118	0.906
21.000	0.020	0.260	0.068	-0.490	0.530	0.077	0.939
22.000	-0.110	0.240	0.058	-0.580	0.360	-0.458	0.647
23.000	-0.110	0.280	0.078	-0.659	0.439	-0.393	0.694
24.000	-0.180	0.220	0.048	-0.611	0.251	-0.818	0.413
25.000	-0.300	0.060	0.004	-0.418	-0.182	-5.000	0.000
	0.517	0.122	0.015	0.277	0.756	4.223	0.000

[그림 11-6] 효과 크기가 매우 이질적인 경우

출처: Bernard & Borokhovski, 2009 재구성.

3) 평균 효과 크기의 산출 모형

연구 결과 보고에서는 평균 효과 크기를 산출하는 데 어떤 모형을 사용했는지, 그리고 왜 그 모형을 사용하였는지를 설명해야 한다. 일반적으로 범하는 실수는 동질성 검증 결과, 효과 크기의 이질성에 대한 근거가 없다는 점을 기준으로(Q값 및 유의확률을 기초로 하여) 고정효과모형을 선택하는 점이다. 그러나 산출 모형의 결정은 동질성 검증 결과(significance of the homogeneity test)에 의한 것이 아니라 각 개별 연구들의 속성(nature of studies)에 대한 개념적 이해에 기초해야 한다는 점이다.

효과 크기의 분산, 즉 이질성(heterogeneity) 수치는 연구 간의 실제분산(T^2) 및 실제분산의 비율(I^2)로 나타낸다. 이 산출 과정에 Q값과 df가 사용되지만 Q값과 그에 따른 p값은 표본 크기에 영향을 받으며, 그 역할은 귀무가설을 기각 또는 채택하는 데 사용될 뿐이다.

4) 조절 효과 분석

각 연구의 효과 크기가 서로 이질적이라면, 즉 효과 크기가 서로 일관성을 보이지 않는다면(inconsistency across studies) 연구 간 효과 크기 차이, 즉 효과 크기의 이질성에 대한 탐색적 설명이 필요하다. 여기에는 보통 다음과 같은 내용이 설명되어야 한다.

- 조절변수에 대한 기본적인 설명
- 조절 효과의 유의미성
- 조절변수에 따른 효과 크기의 차이 등

앞서 논의한 대로 연구 간 이질성을 설명하기 위한 노력으로 메타 ANOVA 및 메타회귀분석을 활용하는 것이 일반적이다.

5) 데이터 오류 검증

연구 결과의 진실성을 위해 연구 데이터의 오류를 검증(예: publication bias analysis)하는 것이 반드시 필요하다. 거의 모든 연구에는 나름의 오류나 왜곡됨이 있기 마련이고, 메타분석에서도 마찬가지다. 따라서 메타분석에서는 보통 다음 사항을 검토하게 되고, 연구 결과 해석에 있어 보다 신중한 자세를 취하게 된다.

- 왜곡된 표본(biased sample) 또는 누락된 연구(missing data) 여부 검토
- 출간 오류(publication bias)에 대한 분석으로 'small-study effects' 분석 등

이를 위해서 보통 funnel plot의 비대칭을 분석하고 때로는 누적 분석을 포함한 민감성 분석(sensitivity analysis)을 활용한다.

4. 논의 및 결론

메타분석 연구의 마지막 단계라고 할 수 있는 논의 및 결론 부분에서는 보통 다음과 같이 보고한다.

- 연구 결과에 대한 간략한 정리로 시작하며
- 연구 결과를 기존 이론 및 본 연구에서 도출된 새로운 이론과 연관하여 설명하고(기존 연구 결과와 비교 검토)
- 연구 결과의 이론적 · 실천적 함의 그리고 후속 연구의 방향 등을 제시한다.

5. 참고문헌

보통 연구 논문과 같이 참고문헌 리스트를 제시하며, 이 중 메타분석에 포함된 문헌을 별도로 표기한다. 특히 미국심리학회(APA)의 출간 매뉴얼에서는 다음과 같이 서술할 것을 권장하고 있다.

"별표(*)로 표시된 연구는 메타분석에 포함되었음(Meta-analyzed studies are marked with an asterisk)."

어떤 결과보고(논문)에서는 메타분석에 포함된 논문 리스트와 최종 단계에서 제외한 논문 리스트를 별도로 보고하기도 한다(Ttofi, Farrington, Lösel, & Loeber, 2011).

6. 부 록

일반적으로 부록에는 메타분석에 포함된 연구들에서 추출되고 코딩된 변수들을 포함한 총괄 표를 제시한다(예: 표본 크기, 연구의 특성, 효과 크기 등). 그리고 본문의 연구 결과에 제시되지 않았던 주요 결과를 제시하기도 한다.

특히 최근 들어서는 논문 또는 보고서의 말미에 재정을 지원한 기관이나 단체가 있으면 이를 밝히도록 하고 있다. 그리고 연구를 수행함에 있어서 이해관계가 상충되는 사항이 있으면(예: 저작권, 저자들의 역할, 연구자 자신이 수행한 연구 결과를 메타분석에 포함시키는 경우 등) 이러한 내용도 반드시 명기하도록 요구하고 있다. 이는 보다 윤리적이고 객관적인 연구 결과를 담보하기 위한 과정이라고 볼 수 있다.

참고로 메타분석과 체계적 연구결과분석에서 통상적으로 보고해야 할 사항에 대한 PRISMA(Preferred Reporting Items for Systematic Reviews and Meta-Analyses) 가이드라인이 있다. 이는 학계 및 연구자들 사이에 폭넓게 인정되고 있어 〈표 11-2〉 및 [그림 11-7]과 같이 제시한다(Moher et al., 2009).

〈표 11-2〉 PRISMA 가이드라인

섹션/주제	번호	체크해야 할 항목	페이지 번호
제목			
연구 제목	1	체계적 연구결과분석, 메타분석 또는 둘 다인지 밝힌다.	
요약			
구조화된 요약	2	(가능한대로) 구조화된 요약을 제공한다. 연구의 배경, 목적, 자료 출처, 연구 선정 기준, 대상자, 개입 방법, 선정된 연구(데이터)에 대한 평가, 종합분석 방법, 연구 결과, 한계점, 결론 및 주요 결과의 함의 그리고 체계적 연구결과분석 등록 번호	
서론			
필요성	3	기존에 알려진 연구 결과의 맥락에서 체계적 연구결과분석의 배경을 설명	
연구 목적	4	연구 대상자, 개입 방법, 비교집단, 연구 결과 그리고 연구 디자인(PICOS)과 관련하여 명확한 연구 질문을 제시한다.	

연구 방법			
프로토콜(연구 계획서)과 등록	5	프로토콜이 존재하는지 존재한다면 어떻게 접근 가능한지(예: 웹주소)를 밝히고 프로토콜 등록번호를 포함한 관련 정보를 제공한다.	
선정 기준	6	연구의 특성(예: PICOS, 추후검사 기간 등)을 밝히고 이를 선정 기준으로 삼은 구체적인 이유를 보고한다(예: 연도, 언어, 출간 유형 등).	
검색 출처	7	검색을 실시한 모든 정보 출처(예: 데이터베이스, 검색 기간, 연구자와 접촉 등)와 최종 검색 일시를 밝힌다.	
검색 용어 및 방법	8	최소 1개의 데이터베이스를 검색함에 있어 이용한 검색 용어 및 검색 방법을 (다른 사람이 반복할 수 있도록) 밝힌다.	
연구 선정	9	검색한 연구를 선정하는 과정을 명시한다(예: 선별과정, 선정 기준, 체계적 연구결과분석에 포함된 연구, 그리고 가능하다면 메타분석에 포함된 연구 등).	
데이터 추출 및 수집 과정	10	선정된 연구에서 데이터를 추출하는 방법(예: 양식, 독립된 양식 아니면 동일한 양식을 사용하였는지)과 복수의 연구자들이 데이터를 추출하고 확인하는 과정을 설명한다.	
데이터 변수	11	추출된 데이터를 통해 얻은 모든 변수를 목록화하고 구체화한다(예: PICOS, 재정지원 출처). 이때 변수에 대한 가정과 단순화한 것이 있다면 이를 밝힌다.	
개별 연구에 대한 오류 검증	12	포함된 개별 연구에 대한 오류(risk of bias) 검증을 실시한 방법을 서술한다(예: 연구 단위별로 아니면 분석 결과 단위별로 실시하였는지 여부). 그리고 이 검증 결과를 어떻게 반영하였는지를 밝힌다.	
효과 크기	13	분석에 사용한 효과 크기의 유형을 서술한다(예: risk ratio 또는 평균 차이 등).	
연구 결과의 종합	14	데이터 처리 방법과 데이터 종합 방법을 서술한다. 여기에는 메타분석에서 연구 결과의 일관성(예: I^2) 등을 포함한다.	

전체 연구에 대한 오류의 검증	15	전체 연구 결과에 영향을 미칠 수 있는 오류에 대한 평가를 구체적으로 제시한다(예: 출간 오류, 연구 내 선택적인 결과 보고 등).	
추가 분석	16	연구 방법 등에서 미리 제시한 추가 분석(예: 민감성 분석, 하위집단 분석, 메타회귀분석 등)이 있었다면 이에 대한 내용을 서술한다.	
연구 결과			
연구 선정	17	검색된 연구 중 1차적으로 선별된 연구의 수, 그리고 선정 기준에 따라 평가된 연구의 수, 체계적 연구결과분석 및 메타분석에 포함된 최종 연구 수를 각 단계별로 제외된 이유와 함께 제시한다(이상적으로는 다이어그램(flow diagram)을 포함한다).	
연구의 특성	18	개별 연구의 출처와 함께 각 개별 연구에서 추출된 데이터에 대한 특성을 제시한다(예: 연구의 규모, 즉 표본 크기, PICOS, 추후 검사 기간 등).	
개별연구의 오류 분석 결과	19	개별 연구의 오류 검증에 대한 데이터를 제시한다. 가능하다면 각 연구 결과별로도 제시한다(항목 12번 참고).	
개별 연구의 분석 결과	20	분석하고자 했던 모든 연구 결과에 대해 개입 유형별로 단순 종합된 데이터 그리고 효과 크기, 신뢰구간(그리고 이상적으로는 forest plot)을 제시한다.	
분석 결과의 종합	21	체계적 연구결과분석의 주요 결과를 제시한다. 메타분석을 실시했다면 신뢰구간과 효과 크기의 일관성을 이에 대한 설명과 더불어 제시한다.	
전체 결과에 대한 오류 검증 결과	22	전체 분석 결과에 대한 오류에 대한 분석 결과를 제시한다(항목 15번 참고).	
추가 분석 결과	23	추가 분석이 있었다면(예: 민감성 분석, 하위집단 분석, 메타회귀분석 등) 이에 대한 결과를 제시한다(항목 16번 참조).	

논의			
결과의 요약	24	주요 결과를 요약한다. 이때 각 하위 결과의 강점에 대한 내용을 포함한다. 관련 집단(예: 서비스 제공자 및 이용자, 정책 결정자 등)에 대한 연관성을 고려한다.	
제한점	25	개별 연구의 한계 및 연구 결과 차원의 제한점(예: 오류 위험) 그리고 체계적 연구결과분석 차원의 한계(예: 충분하지 못한 검색 및 데이터 추출 등)도 제시한다.	
결론	26	기존의 연구 결과 맥락에 비추어 본 연구 결과의 일반적인 해석 및 평가 그리고 향후 연구를 위한 시사점을 제시한다.	
재정 지원			
재정 지원	27	재정 지원의 출처 및 기타 지원(예: 데이터 공급)에 대한 내용 그리고 재정 지원자(기관)의 역할에 대해 밝힌다.	

출처: Moher et al., 2009.

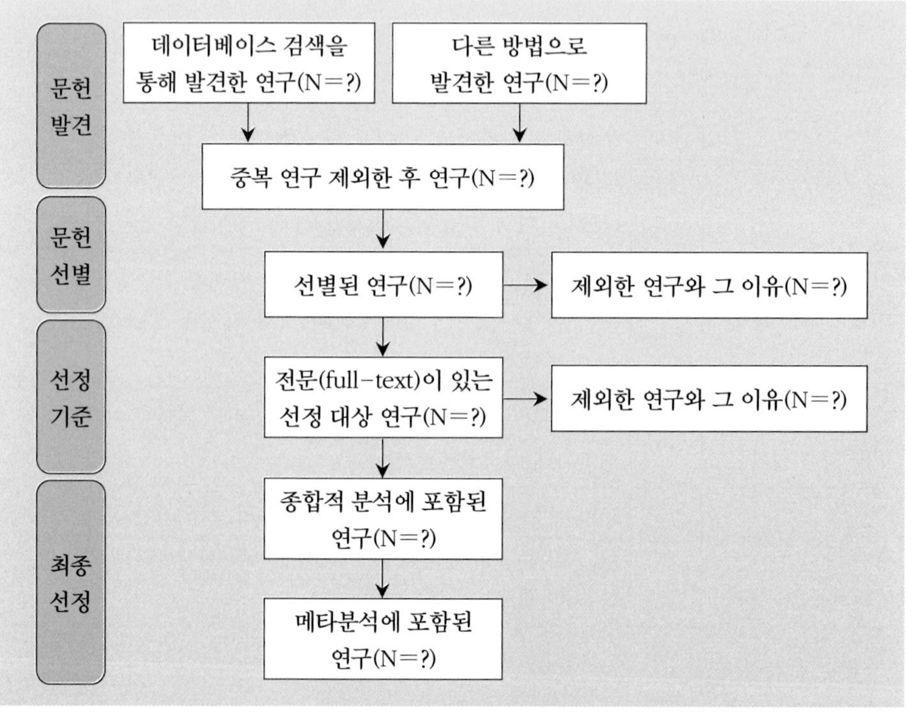

[그림 11-7] PRISMA flowchart

출처: Moher et al., 2009.

제12장 메타분석에 대한 비판

1. 연구문제에 대한 혼란
2. 메타분석에 포함된 연구의 질
3. 효과 크기에 대한 과도한 의존
4. 메타분석의 실행과 적용의 한계
5. 비판에 대한 종합적 반론

학계에서 점차 보편적으로 활용되고 있는 비교적 최신 연구 방법이라고 할 수 있는 메타분석 역시 다른 연구 방법과 마찬가지로 비판의 여지가 없는 것은 아니다. 일반적으로 제기되고 있는 메타분석에 대한 비판을 정리하면 다음과 같다 (Borenstein et al., 2009, pp. 377-386; Littell et al., 2009, pp. 14-20).

- 연구 문제에 대한 혼란(mixing apples and oranges)
- 메타분석에 포함된 연구의 질
- 효과 크기에 대한 과도한 의존
- 메타분석의 실행과 적용의 문제

이제 이러한 비판에 대해 구체적으로 살펴보자.

1. 연구문제에 대한 혼란

메타분석은 항상 개별 연구들보다 범위가 넓은 연구 질문(broader questions)에 대한 분석을 시도한다. 예를 들어, 과일샐러드에 대한 분석을 한다면 사과와 오렌지를 섞는 것은 적절하다. 하지만 사과에만 관심이 있거나 사과와 오렌지를 구별하는 연구를 한다면 적절하지 않을 수 있다. 즉, 메타분석은 명확한 연구 목적(clear objectives)과 분명한 개념적 구조(strong conceptual framework)을 갖추어야만 의미 있는 결과를 도출할 수 있다.

메타분석의 장점은 연구 결과의 일관성(consistency)에 관심을 가질 뿐만 아니라 연구 결과의 일반화(generalizability)에 대한 시사점을 제공하는 데 있다. 예를 들어, 만약 어떤 치료 기법이 급성환자에게는 매우 효과적이고 만성환자에게는 효과가 없다고 할 때 이 개별 결과를 묶어서 (평균해서) '중도적으로 효과적인(moderately effective)'이라고 결론을 내린다면 이는 어느 유형의 환자에게도 적합하지 않다. 하지만 양쪽 유형의 환자들에 대한 데이터를 모두 포함하여 분석한다면 다음과 같은 결론을 내릴 수 있다. 즉, "급성 환자에게는 아주 효과적이지만 만성환자에게는 효과적이지 않다."라고 말할 수 있다(Borenstein et al., 2009, p. 380). 메타분석을 수행하지 않은 경우 이 치료 기법이 효과가 있다고 해야 할지 아니면 효과가 없다고 결론을 지어야 할지 알 수가 없다.

2. 메타분석에 포함된 연구의 질

과학적 속성이 낮은 연구를 포함시키거나 포함된 연구에 대한 질적 검토가 제대로 이루어지지 않은 경우를 의미한다. 과학적 수준이 낮은 연구들(예: 신뢰할 수 없는 척도, 연구 디자인 결함 또는 개입의 실행 문제 등)은 결국 신뢰할 수 없는 결과를 산출한다. 따라서 메타분석은 시작 단계부터 어떤 연구 디자인을 포함할 것인지, 그리고 어떤 개입 방법을 대상으로 할 것인지 분명한 기준(inclusion criteria)을 제시해야 한다.

애초에 질이 낮은 연구를 메타분석하면 좋은 연구 결과를 얻을 수 없다. 따라서 처음부터 연구의 형태와 개입 방법에 대해 합리적인 기준(clear inclusion criteria)을 만들어야 한다. 명확한 기준으로 메타분석을 시작했다 하더라도 연구를 진행하다 보면 예기치 않은 연구들이 포함되어 있음을 종종 발견하게 된다. 따라서 포함된 연구도 면밀하게 검토하는 것이 필요하다. 종종 실험조사설계(RCT)도 이런 저런 결함을 포함하고 있기 때문에 메타분석에 포함된 RCT 연구의 질에 대한 과학적인 검증이 필요하다(예: Cochrane Collaboration의 Risk of Bias 검증).

예) 실험조사설계 연구의 질에 대한 평가

- 초기 집단 구성에서 차이가 있는가(selection bias)
- 개입 외에 집단 간 다른 요소에 차이가 있는가(performance bias)
- 중도 탈락에 있어 체계적인 차이가 있는가(attrition bias)
- 개입 결과에 대한 측정 및 평가에 오류가 있는가(detection bias)
- 개입 결과에 선별적인 보고가 존재하는가(reporting bias)

출처: Higgins & Green, 2011; Littell et al., 2009, p. 74.

3. 효과 크기에 대한 과도한 의존

여러 연구를 계량적으로 종합하려면 각 연구 결과를 비교할 수 있는 기준(측정치)이 있어야 하는데 이것이 바로 효과 크기이며, 이는 변수 간의 관계의 정도, 크기, 방향 등을 제시한다. 여기서 유념할 점은 반드시 같은 유형의 효과 크기만 통합되어야 한다는 점이다. 예를 들어, 실험조사설계(RCT 및 유사실험설계)의 결과를 단일집단전후비교조사의 결과와 통합해서는 안 된다. 즉, 두 집단의 차이를 단일집단의 사전-사후 차이(gain score)와 비교할 수 없는 것이다.

4. 메타분석의 실행과 적용의 한계

메타분석을 수행하는 과정에서 문헌/연구 찾기, 연구 선정, 데이터 추출, 코딩 등에 오류가 있을 수 있다. 메타분석에 포함된 연구들을 대상으로 연구의 질(study quality)에 대한 평가도 반드시 실시해야 한다. 무엇보다 메타분석은 보다 체계적이고 합리적으로 수행되어 투명성을 확보하고 반복 분석이 가능해야 한다(comprehensive, transparent, and replicable).

주목할 만한 사실은 메타분석 결과는 실험연구 결과와 일치하지 않을 수 있을 뿐 아니라 동일한 주제에 대한 실험연구의 결과들도 서로 일치하지 않는다는 점이다. 어떤 실험연구의 결과가 그다음 실험연구의 결과와 일치하지 않을 확률은 약 1/3이다. 따라서 메타분석은 실험연구 결과와 일치하지 않을 수 있으며, 전체 연구의 평균 효과 크기뿐만 아니라 효과의 분포에 대해 관심을 가지고 그 분포의 다양성에 대한 이유를 밝히고자 한다(Borenstein et al., 2009, p. 383; Cooper, 2010).

다른 연구와 마찬가지로 메타분석 결과에 대한 일반화도 연구 대상과 유사한 세팅, 모집단, 개입 방법, 환경에만 적용될 수 있다. 따라서 메타분석 결과의 일반화, 즉 외적 타당도에 제한이 있을 수밖에 없다는 점을 간과해서는 안 된다.

5. 비판에 대한 종합적 반론

기존의 연구 결과에 대한 체계적 분석 방법으로써 메타분석의 가장 큰 장점 중 하나는 모든 과정이 분명하게 설명되고 있어서 과정이 투명하다는 사실이다. 특히 메타분석이 체계적 연구결과분석 과정으로 포함될 때(embedded in systematic reviews) 오류나 왜곡을 최소한으로 줄일 수 있다.

메타분석에 대한 비판의 대부분은 메타분석을 적용함에 있어서 문제들이며, 메타분석 방법 그 자체에 대한 비판은 아니다. 어떤 연구 방법도 완벽한 방법은 없으며 나름대로 한계가 있다는 점을 우리는 인정해야 한다.

결론적으로 메타분석은 많은 연구 결과를 종합하여 요약할 뿐 아니라 연구 결과가 왜 제각기 서로 다른가 하는 것에 시사점을 제공한다. 또한 기존 연구들의 강점과 약점을 비판적으로 검토하여 연구의 수준을 높이는 데 기여하고 있다. 특히 실천가 및 정책 결정자들에게 기존의 연구 결과에 대한 보다 객관적 사실 검증을 제공하여 무엇보다 합리적인 의사결정을 할 수 있도록 하는 데 가치가 있다고 하겠다.

참고문헌

진윤아(2011). Meta Analysis. 워크숍 자료. 한국사회과학자료원.

홍세희(2012). 위계적 자료 분석을 위한 횡단 다층모형. 에스앤엠 리서치그룹.

황성동, 임혁, 윤성호(2012). 다문화교육프로그램의 효과성 검증. 한국사회복지학, 64 (1), 125–150.

Becker, B. J. (2005). Failsafe N or file–drawer number. In H.R. Rothstein, A.J. Sutton & M. Borenstein (Eds.), *Publication Bias in Meta–Analysis: Prevention, Assessment and Adjustments*. Chichester, UK: John Wiley & Sons, Ltd.

Beeson, P., & Robey, R. (2006). Evaluating single–subject treatment research: Lessons learned from the aphasia literature. *Neuropsychological Review*, *16*, 161–169.

Begg, C. B., & Mazumdar, M. (1994). Operating characteristics of a rank correlation test for publication bias. *Biometrics*, *50*, 1088–1101.

Bernard, R., & Borokhovski, E. (2009). Effect Size Calculation for Meta–Analysis. Presented at the 2009 Campbell Colloquium in Oslo, May 12, 2009.

Bischoff–Ferrari, H. et al. (2004). Effects of Vitamin D on Falls. *JAMA*, *291* (16), 1999–2006.

Beyne, J. (2010). Meta–Analysis: An Introductory Overview. Presented at the 2010 Cochrane and Campbell Joint Colloquium in Keystone, CO, Oct. 16, 2010.

Borenstein, M., Hedges, L., Higgins, J. & Rothstein, H. (2010). A basic introduction for fixed-effect and random-effects models for meta-analysis. *Research Synthesis Method*, 97-111. DOI: 10.1002/jrsm.12

Borenstein, M. Hedges, L. V., Higgins, J. P., & Rothstein, H. R. (2009). *Introduction to Meta-Analysis*. Chichester, UK: Wiley.

Campbell Collaboration. (2010). Introduction to Systematic Reviews. C2 Training Workshop August 2010.

Cannon, C. P., Steinberg, B. A., Murphy, S. A., Mega, J. L., & Braunwald, E. (2006). Meta-analysis of cardiovascular outcome trials comparing intensive versus moderate statin therapy. *Journal of the American College Cardiology, 48*, 438-445.

Card, N. (2012). *Applied Meta-Analysis for Social Science Research*. New York: the Guilford Press.

Cheung, M. (2009). Meta-analysis: A Brief Introduction. National University of Singapore.

Cheung, M. (2008). A model for integrating fixed-, random-, and mixed-effects meta-analyses into structural equation modeling, *Psychological Methods, 13* (3), 182-202.

Cohen, J. (1988). *Statistical Power Analysis for the Behavioral Sciences* (2nd ed.) Hillsdale, New Jersey: Lawrence Erlbaum Associates.

Colditz, G. A., Brewer, T. F., Berkey, C. S., Wilson, M. E, Burdick, E., Fineberg, H. V. & Mosteller, F. (1994). Efficacy of BCG vaccine in the prevention of tuberculosis: Meta-analysis of the published literature. *Journal of the American Medical Association, 271* (9), 698-702.

Cooper, H. (2010). *Research Synthesis and Meta-Analysis* (4th ed.). Thousand Oaks, CA: Sage Publications.

Denson, N., & Seltzer, M. (2011). Meta-analysis in higher education: An illustrative example using Hierarchical Linear Modeling. *Research in Higher Education, 52*, 215-244.

Dickerson, K., & Mayer, M. (2012). Understanding Evidence-based Healthcare: A

Foundation for Action. Johns Hopkins School of Public Health. US Cochrane Center.

Duval, S. J. (2005). The trim and fill method. In H. R. Rothstein, A. J. Sutton, & M. Borenstein (Eds.), *Publication Bias in Meta-Analysis: Prevention, Assessment and Adjustments*, 127-144. Chichester, UK: John Wiley & Sons, Ltd.

Duval, S., & Tweedie, R. (2000). A nonparametric 'trim and fill' method of accounting for publication bias in meta-analysis. *Journal of the American Statistical Association, 95*, 89-98.

Eagly, A., Johannesen-Schmidt, M., & Van Engen, M. (2003). Transformational, transactional and Leissez-Faire leadership styles: A Meta-analysis comparing women and men. *Psychological Bulletin, 129*(4), 569-591.

Egger, M., Davey Smith, G., & Altman, D. G. (2001). *Systematic Reviews in Health Care: Meta-Analysis in Context* (2nd ed.). London, UK: BMJ Books.

Egger, M., Davey Smith, G., Schneider, M., & Minder, C. (1997). Bias in meta-analysis detected by simple, graphical test. *BMJ, 315*, 629-634.

Feldstein, D. (2005). Clinician's guide to systematic reviews and meta-analyses. *Wisconsin Medical Journal, 104*(3), 25-29.

Gilbert, R., Salanti, G., Harden, M., & See, S. (2005). Infant sleeping position and the sudden infant death syndrome: Systematic review of observational studies and historical review of recommendations from 1940 to 2002. *International Journal of Epidemiology, 34*, 874-887.

Gilbody, S., Bower, P., Fletcher, J, Richard, D., & Sutton, A. (2006). Collaborative care for depression: A cumulative meta-analysis and review of longer-term outcomes. *Archives of Internal Medicine, 166*, 2314-2321.

Hacksaw, A., Law, M., & Wald, N. (1997). The accumulated evidence on lung cancer and environmental tobacco smoke. *BMJ, 315*, 980-988.

Harbour, R., & Miller, J. (2001). A new system for grading recommendations in evidence based guidelines. *BMJ, 323*(11), 334-336.

Hedges, L., & Olkin, I. (1985). *Statistical Methods for Meta-analysis*. San Diego, CA: Academic Press.

Higgins, J., & Green, S. (Eds.) (2011). Cochrane Handbook for Systematic Reviews of Interventions Version 5.1.0, The Cochrane Collaboration. Retrieved from www.cochrane-handbook.org.

Hox, J. (2010). *Multilevel Analysis: Techniques and Applications* (2nd ed.). New York. Routledge.

Lietz, P. (2006). A meta-analysis of gender differences in reading achievement at the secondary school level. *Studies in Educational Evaluation, 32*, 317-344.

Littell, J., Corcoran, J., & Pillai, V. (2008). *Systematic Reviews and Meta-Analysis*. New York: Oxford University Press.

Lipsey, M., & Wilson, D. (2001). *Practical Meta-Analysis*. Thousand Oaks: Sage Publications.

Moher, D., Liberati, A., Tetzlaff, J., & Altman, D. (2009). Preferred reporting items for systematic reviews and meta-analyses: The PRISMA statement, *Journal of Clinical Epidemiology, 62*, e1-e34.

Orwin, R. G. (1983). A fail-safe *N* for effect size in meta-analysis. *Journal of Educational Statistics, 8*, 157-159.

Petrosino, A., Turpin-Petrosino, C., Hollis-Peel, M. & Lavenberg, J. (2013). Scared Straight and other juvenile awareness programs for preventing juvenile delinquency: A systematic review. In the Campbell Collaboration Library. Retrieved February 3, 2014, from http://www.campbellcollaboration.org/doc-pdf/Campbell Review_Scared_Stright_Update.pdf.

Richardson, K., & Rothstein, H. (2008). Effects of occupational stress management intervention programs: A meta-analysis. *Journal of Occupational Health Psychology, 13*, 69-93.

Rosenthal, R. (1979). The File drawer problem and tolerance for null results. *Psychological Bulletin, 86*, 638-641.

Rosenthal, R. & Rubin, D. (1983). A simple, general purpose display of magnitude of experimental effect. *Journal of Educational Psychology, 74* (2), 166–169.

Rubin, A. (2008). *Practitioner's Guide to Using Research for Evidence–Based Practice.* Hoboken, NJ: John Wiley & Sons.

Sackett, D., Richardson, W, Rosenberg, W., & Haynes, R. (1997). *Evidence–Based Medicine: How to Practice and Teach EBM.* New York: Churchhill–Livingstone.

Sackett, D., Strauss, S., Richardson, W, Rosenberg, W., & Haynes, R. (2000). *Evidence–Based Medicine: How to Practice & Teach EBM* (2nd ed.). New York: Churchhill –Livingstone.

Salanti, G., & Chaimani, A. (2011). Heterogeneity: Random and Fixed Effects. Presented at the 2011 Cochrane Colloquium.

Smedslund, G., Hagen, K. B., Steiro, A., Johme, T., Dalsbo, T. K., & Rud, M. G. (2006). Work programmes for welfare recipients. In the Campbell Collaboration Library. Retrieved July 10, 2013, from http://www.campbellcollaboration.org/doc–pdf/Smedslund_Workprog_Review.pdf.

Smith, M., & Glass, G. (1977). Meta–analysis of psychotherapy outcome studies. *American Psychologist, 32,* 752–760.

Sterne, J. (2009). *Meta–Analysis in Stata: An Updated Collection from the Stata Journal.* College Station, TX: Stata Press.

Sterne, J., Becker, J. B., & Egger, M. (2005). The funnel plot. In H. R. Rothstein, A. J. Sutton, & M. Borenstein (Eds.). *Publication Bias in Meta–Analysis: Prevention, Assessment and Adjustments.* Chichister, UK: John Wiley & Sons, Ltd.

Ttofi, M., Farrington, D., & Losel, F. (2012). School bullying as a predictor of violence later in life: A systematic review and meta–analysis of prospective longitudinal studies. *Aggression and Violent Behavior,* doi: 10.1016/j.avb.2012.05.002.

Ttofi, M., Farrington, D., Losel, F., & Loeber, R. (2011). The predictive efficiency of school bullying versus later offending: A systematic/meta-analytic review of longitudinal studies. *Criminal Behaviour and Mental Health, 21,* 80-89.

Veroniki, A., & Mavridis, D. (2011). Effect Measures for Dichotomous Outcomes. Presented at the 2011 Cochrane Colloquium.

Viechtbauer, W. (2010). Conducting meta-analyses in R with the metafor package. *Journal of Statistical Software*, *36*(3), 1–48.

Wood, S. & Mayo-Wilson, E. (2012). School-based mentoring for adolescents: A systematic review and meta-analysis. *Research on Social Work Practice*, *22*(2), 257–269.

부록

1. 효과 크기 및 이질성 통계치 산출 공식
2. 메타분석 관련 전문학회
3. 메타분석 소프트웨어(프로그램)

1. 효과 크기 및 이질성 통계치 산출 공식

	1. 연속형 데이터: 두 집단 (사후)	비고
표준화된 평균 차이 (Cohen's d)	$D = \overline{X_1} - \overline{X_2}$ $d = \frac{\overline{X_1} - \overline{X_2}}{S_p}$ $S_p = \sqrt{\frac{(n_1 - 1)S_1^2 + (n_2 - 1)S_2^2}{(n_1 + n_2 - 2)}}$	$d = t\sqrt{\frac{n_1 + n_2}{n_1 n_2}}$ $d = \sqrt{\frac{F(n_1 + n_2)}{n_1 n_2}}$
V_d	$\frac{1}{n_1} + \frac{1}{n_2} + \frac{d^2}{2(n_1 + n_2)}$	$\frac{(n_1 + n_2)}{n_1 n_2} + \frac{d^2}{2(n_1 + n_2)}$
g (교정된 ES) (Hedges' g)	$g = J \times d$ $(J: correction factor)$ $J = \left[1 - \frac{3}{4(n_1 + n_2) - 9}\right]$ or $(1 - \frac{3}{4df - 1})$ $df = (n_1 + n_2 - 2)$	Cohen's d는 샘플이 작을 때 과대평가되는 경향이 있다. N=60, g is 99% of d N=20, g is 96% of d N=10, g is 90% of d
V_g	$V_g = J^2 \times V_d$	
SE_g (g의 표준오차)	$SE_g = \sqrt{V_g}$	표본이 작으면 표준오차는 커지고 표본이 크면 표준오차는 작아진다. $SE = \frac{SD}{\sqrt{n}}$
95% CI	$CI = g \pm (1.96 \times SE_g)$	표본이 클수록 신뢰구간이 작아진다(more precise).

W_i 가중치 (weight)	inverse variance $W_i = \frac{1}{V}$ $W_i = \frac{1}{(SE)^2}$	표본이 클수록 가중치가 크다(proportional to the sample size).
평균 효과 크기 $(M, \bar{g}, \bar{d})$	$M = \frac{\Sigma w_i g_i}{\Sigma w_i}$ weighted mean effect size summary effect overall effect	$V_M = \frac{1}{\Sigma W}$ $SE_M = \sqrt{V_M}$ $LL_M = M - 1.96 \times SE_M$ $UL_M = M + 1.96 \times SE_M$ $Z = \frac{M}{SE_M}$ $p = (1 - NORMSDIST(z))*2$

	1. 연속형 데이터: 두 집단 (사전-사후)	비고

실험집단 사전평균	실험집단 사전표준편차	실험집단 사후평균	실험집단 사후표준편차	실험집단 표본 크기	통제집단 사전평균	통제집단 사전표준편차	통제집단 사후평균	통제집단 사후표준편차	통제집단 표본 크기	사전사후 상관관계
61.47	5.87	68.24	5.91	17	64.60	8.68	64.80	9.09	5	0.50

평균 차이	평균 차이1 ($\overline{X_{d1}}$) =실험집단사후-사전차이 평균 차이2 ($\overline{X_{d2}}$) =통제집단사후-사전차이 평균 차이=평균 차이1-평균 차이2 $=\overline{X_{d1}}-\overline{X_{d2}}$	평균 차이1 =68.24-61.47=6.77 평균 차이2 =64.80-64.60=0.20 평균 차이($\overline{X_{d1}}-\overline{X_{d2}}$) =6.77-0.20=6.57
(A) 표준편차 차이에 의해 표준화된 평균 차이 (SMD standardized by Change SD)	실험집단 표준편차 차이 $S1_{diff}$ $=\sqrt{S1_{pre}^2+S1_{post}^2-(2\times Corr\times S1_{pre}\times S1_{post})}$ $=\sqrt{5.87^2+5.91^2-(2*0.50*5.87*5.91)}=5.890$ 통제집단 표준편차 차이 $S2_{diff}$ $=\sqrt{S2_{pre}^2+S2_{post}^2-(2\times Corr\times S2_{pre}\times S2_{post})}$ $=\sqrt{8.68^2+9.09^2-(2*0.50*8.68*9.09)}=8.892$ 통합 표준편차 차이 $S_{diff-p}=\sqrt{\frac{(n_1-1)S1_{diff}^2+(n_2-1)S2_{diff}^2}{(n_1+n_2-2)}}$ $=\sqrt{\frac{(17-1)*5.890^2+(5-1)*8.892^2}{(17+5-2)}}=6.601$	표준화된 평균 차이(SMD): $\frac{\overline{X_{d1}}-\overline{X_{d2}}}{S_{diff-p}}=\frac{6.57}{6.601}=0.995$ 표준화된 평균 차이의 표준오차: $\sqrt{(\frac{1}{n1})+(\frac{1}{n2})+\frac{SMD^2}{2(n1+n2)}}$ $=\sqrt{(\frac{1}{17})+(\frac{1}{5})+\frac{0.995^2}{2(17+5)}}$ =0.530
(B) 사후표준편차에 의해 표준화된 평균 차이 (SMD standardized by Post SD)	실험집단사후표준편차$=S1_{Post}=5.91$ 통제집단사후표준편차$=S1_{Post}=9.09$ n1=17, n2=5 통합사후표준편차= $S_{post-p}=\sqrt{\frac{(n_1-1)S1_{post}^2+(n_2-1)S2_{post}^2}{(n_1+n_2-2)}}$ $=\sqrt{\frac{(17-1)5.91^2+(5-1)9.09^2}{(17+5-2)}}$ $=6.668$	표준화된 평균 차이(SMD): $\frac{\overline{X_{d1}}-\overline{X_{d2}}}{S_{post-p}}=\frac{6.57}{6.668}=0.985$ 표준화된 평균 차이의 표준오차: $\sqrt{(\frac{1}{n1})+(\frac{1}{n2})+\frac{SMD^2}{2(n1+n2)}}$ $=\sqrt{(\frac{1}{17})+(\frac{1}{5})+\frac{0.985^2}{2(17+5)}}$ $=0.530$

	1. 연속형 데이터: 단일 집단(사전-사후)	
표준화된 평균 차이	$d=\frac{\overline{X_1}-\overline{X_2}}{S_p}$ $S_p=\frac{S_{diff}}{\sqrt{2(1-r)}}$	$V_d=(\frac{1}{n}+\frac{d^2}{2n})\times 2(1-r)$ $SE_d=\sqrt{V_d}$
차이의 표준편차	$S_{diff}=\sqrt{S_1^2+S_2^2-(2\times r\times S_1\times S_2)}$	$SE_{diff}=\frac{S_{diff}}{\sqrt{n}}$ $J=1-(\frac{3}{4df-1})$ $df=n-1$
	2. 이분형 데이터(OR, RR, RD)	

	Events	Non-Events	N
Treated	A	B	n_1
Control	C	D	n_2

이벤트 발생률	$\frac{A/n_1}{C/n_2}$ LogRiskRatio=ln(RiskRatio) RiskRatio=Exp(LogRiskRatio)	$V_{LogRiskRatio}=\frac{1}{A}-\frac{1}{n_1}+\frac{1}{C}-\frac{1}{n_2}$
승산 비율	$\frac{A/B}{C/D}=\frac{AD}{BC}$ LogOddsRatio=ln(OddsRatio)	$V_{LogOddsRatio}=\frac{1}{A}+\frac{1}{B}+\frac{1}{C}+\frac{1}{D}$
이벤트 발생률 차이	$(\frac{A}{n_1})-(\frac{C}{n_2})$	$V_{RiskDiff}=\frac{AB}{n_1^3}+\frac{CD}{n_2^3}$
	3. 상관관계 데이터(r)	
상관계수	Pearson correlation coefficient	$V_r=\frac{(1-r^2)^2}{n-1}$
Fisher 상관계수	Fisher's z $z=0.5\times\ln(\frac{1+r}{1-r})$	$V_z=\frac{1}{n-3}$ $SE_z=\sqrt{V_z}$
상관계수 전환	$r=\frac{e^{2z}-1}{e^{2z}+1}$	

	3. Hunter-Schmidt 방법(상관관계 r)	
교정된 상관계수	$r_a = r - [\frac{2(1-r^2)}{2(n-3)}]$	to remove the slight positive bias found from Fisher's Z
상관계수 평균	$\bar{r} = \frac{\Sigma n_i r_i}{\Sigma n_i}$	
분산	1) the variance of sample effect sizes $\hat{\sigma}_r^2 = \frac{\Sigma n(r-\bar{r})^2}{\Sigma n}$ 2) the sampling error variance $\hat{\sigma}_e^2 = \frac{(1-\bar{r}^2)^2}{\bar{N}-1}$ ($\bar{N}$: 표본평균) 3) the variance in population effect sizes $\hat{\sigma}_\rho^2 = \hat{\sigma}_r^2 - \hat{\sigma}_e^2$	Credibility Intervals(reflect whether validity can be generalized): $C_r I = \bar{r} \pm 1.96 \times \sqrt{\hat{\sigma}_\rho^2}$ To measure homogeneity of effect sizes: $\chi^2 = \Sigma \frac{(n-1)(r-\bar{r})^2}{(1-\bar{r}^2)^2}$

효과 크기의 이질성(heterogeneity)		
Measures of Heterogeneity(heterogeneity: dispersion of effect sizes from study to study)		
Q	관찰된 분산(전체 분산) observed (or total) weighted sum of squares 관찰된 분산=실제분산+표집오차분산	$Q = \sum W_i(d-\bar{d})^2 = \Sigma(\frac{d-\bar{d}}{S})^2$ $Q = \sum wd^2 - \frac{(\sum wd)^2}{\sum w}$
	동질성검증 통계치(statistical test of homogeneity) 영가설(H_0: true dispersion=0)을 검증하고 초과분산(excess variance)을 산출하기 위해 필요	예) $Q(4) = 2.58$, χ^2분포를 따름 CHIDIST(2.58, 4)=.63 p=.63
	Q-통계치와 p값은 귀무가설의 진위만을 검증할 뿐 초과분산의 크기는 알 수 없다. 귀무가설=포함된 모든 연구의 모집단 효과 크기는 동일하다. 즉, 연구 간 분산은 제로(0)다.	
df	각 연구의 모집단의 효과 크기가 동일하다고 가정할 때, 즉 메타분석에 포함된 각 연구의 효과 크기의 차이는 표집오차(sampling error within studies or within-study error)에 의한 것이라고 가정할 때의 기대분산(expected WSS)	$df = k-1$(k: 포함된 연구의 수) $(Q-df)$는 초과분산 (excess variation)이며 연구 간 실제 차이(분산)를 의미한다.
$Q-df$	관찰된 총 분산에서 기대분산을 빼 준 값, 즉 연구 간 실제 효과 차이에 기초한 분산의 정도(excess variation), 만약 $Q > df$이면 각 연구의 모집단 효과 크기는 서로 다르다. 하지만 $Q < df$이면 연구 간 실제분산은 0이다. 즉, 모집단 효과 크기는 모두 같다고 하겠다.	
T^2	실제 서로 다른 모집단 효과 크기에 의한 분산, 즉 연구 간 분산(실제분산) (between-studies variance) Tau-squared로 읽으며, 실제분산의 절댓값이다.	$T^2 = \frac{Q-df}{C}$
	C: scaling factor(T^2를 표준화된 단위로 표시하며 효과 크기와 같은 단위로 만든다.) 한편, T^2는 고정효과모형에서만 계산된다.	$C = \sum W - \frac{\sum W^2}{\sum W}$

<table>
<tr><td rowspan="2">T</td><td colspan="2">연구 간 효과 크기의 표준편차
(between-studies standard deviation)</td><td>실제 효과 크기의 분포(the range of true effects)를 추정하기 위해 활용, 즉 prediction interval을 구하기 위해 사용</td></tr>
<tr><td colspan="3">Tau(τ)는 1차 연구(primary study)에서의 표준오차와 같은 의미로서 추정구간(Prediction Interval: PI) 계산에 사용하며, 모집단의 평균 효과 크기가 속할 범위를 지정해 준다.

모집단 PI $= \mu \pm Z \cdot \tau$ 표본 PI $= M^{*} \pm t \cdot \sqrt{T^2 + V_{M^{*}}}$</td></tr>
<tr><td rowspan="4">I^2</td><td colspan="2">실제분산의 비율(the proportion of true variance)</td><td>$I^2 = \frac{Q - df}{Q} \times 100\%$</td></tr>
<tr><td rowspan="3">전체 관찰분산 중 실제(연구 간)분산이 차지하는 비율이다. 분산의 크기를 계산하지 않는 상대적 분산을 의미(relative variance)</td><td>$I^2 = 25\%$</td><td>작은 크기 이질성(heterogeneity)</td></tr>
<tr><td>$I^2 = 50\%$</td><td>중간 크기 이질성</td></tr>
<tr><td>$I^2 = 75\%$</td><td>큰 크기의 이질성</td></tr>
</table>

Q통계치 p값이 0.10보다 작고 I^2가 50% 이상일 때 상당한 정도의 이질성(substantial heterogeneity)이 있다고 본다(Higgins & Green, 2011).

2. 메타분석 관련 전문학회

메타분석과 체계적 연구결과분석을 전문으로 하는 학회는 두 곳이 있는데, 이중 보건 및 의학 분야의 전문학회인 Cochrane Collaboration 그리고 사회과학 분야 전문학회인 Campbell Collaboration이 있다. 이 두 학회를 간단히 소개하면 다음과 같다.

1. Cochrane Collaboration(http://www.cochrane.org)

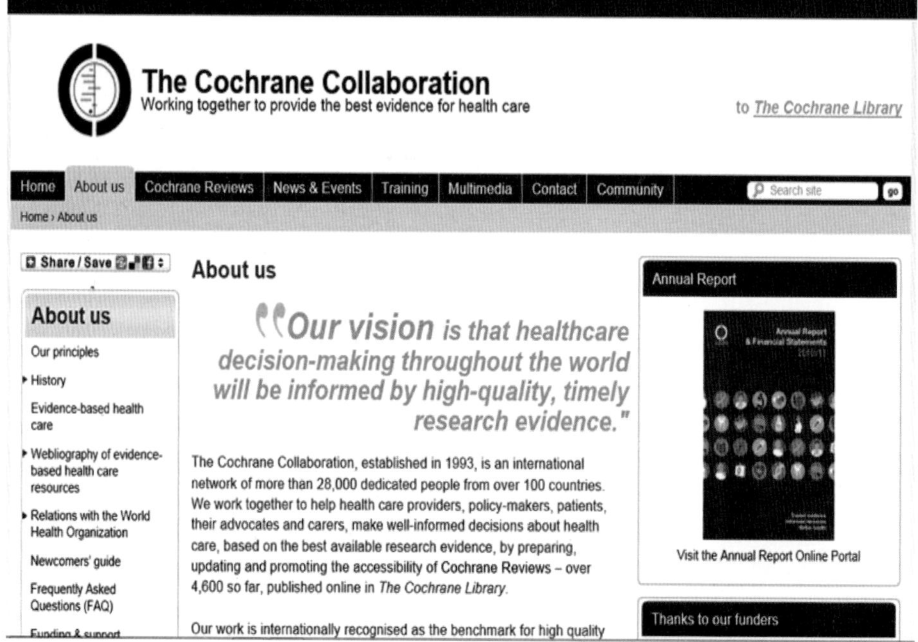

Cochrane 학회는 1979년 영국의 의학연구자인 Archie Cochrane의 주장에 기원을 두고 있으며 1993년에 설립되었다. 현재 100개 이상의 국가에서 28,000명의 연구자들이 있으며, 52개의 체계적 연구결과분석 그룹이 존재하고 있다. 세계적으로

13개의 지부(Cochrane Center)를 두고 있으며, 현재까지 약 4,500개 이상의 체계적 연구결과분석 자료를 축적하고 있다.

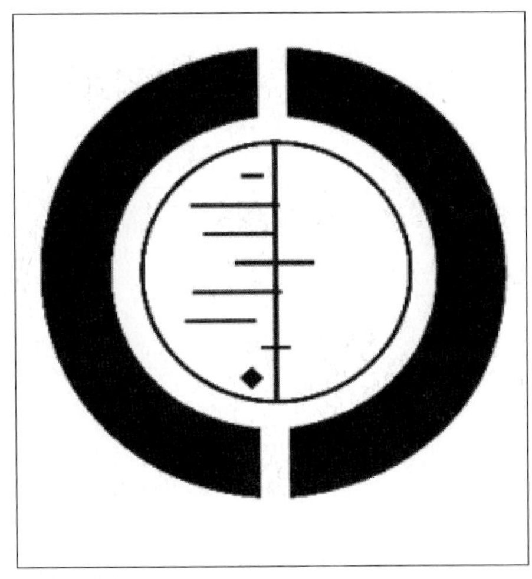

[그림 1] Cochrane 학회 로고

Cochrane Collaboration에서는 왜 체계적 연구결과분석이 중요한지를 보여 주는 사례를 그림으로 표시한 것을 학회의 로고로 사용하고 있다. 이 그림의 내용은 "조산 위험이 있는 산모에게 저렴한 비용의 스테로이드를 투여함으로써 조산을 예방할 수 있는가?"에 대한 체계적 연구결과분석의 결과를 보여 준다. 즉, 수평으로 나타난 선들은 스테로이드와 플라시보 효과를 비교한 7개의 실험조사(RCT)를 표시한다. 수직선은 왼쪽으로는 스테로이드의 효과를, 오른쪽으로는 플라시보의 효과를 보여 준다. 맨 아래 다이아몬드 그림은 7개의 연구 결과를 종합했을 때의 결과를 보여 준다. 여기서는 스테로이드의 효과가 있는 것으로 나타났다.

2. Campbell Collaboration(http://www.campbellcollaboration.org)

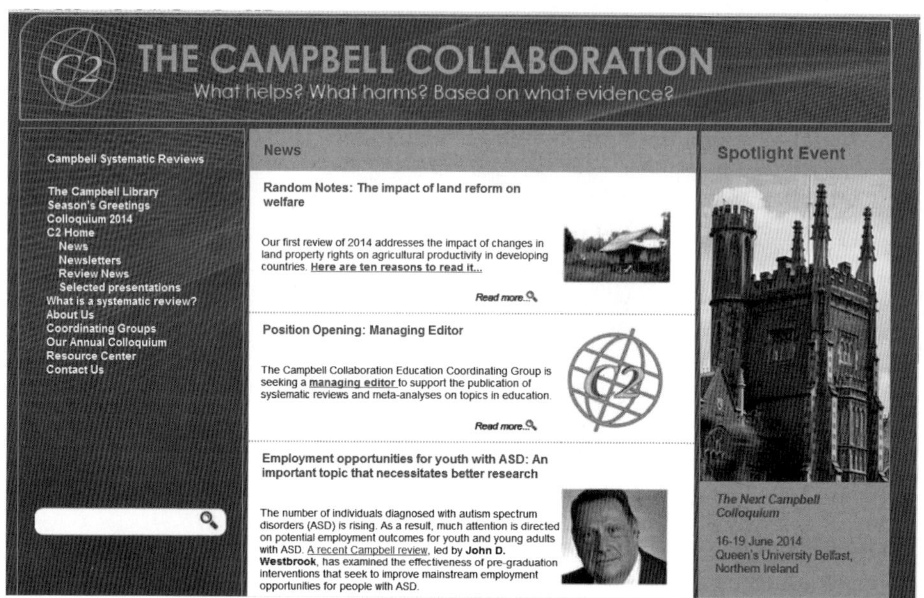

Campbell 학회는 2000년에 설립되었다. Cochrane 학회가 주로 의료 및 보건 분야를 중심으로 활동하는 데 반해 Campbell 학회는 주로 교육학, 사회복지학, 경찰행정학 등에 중점을 두고 체계적 연구결과분석과 메타분석 연구를 수행하고, 이에 대한 연구 결과들을 세계적으로 널리 배포하고 있다.

이 학회는 미국 학술원 회원으로서 공공 프로그램의 효과를 검증하기 위해서 실험조사 연구 방법이 필요함을 적극 옹호한 Donald Campbell(1916~1996) 박사의 이름을 따서 명명되었다. 그는 과학적 연구 결과는 더 나은 정책을 만들고 더 효과적인 실천을 가능하도록 귀결되어야 하며 이를 통해 인간과 사회의 삶의 질이 개선되는 데 기여해야 한다고 주장하였다.

3. 메타분석 소프트웨어(프로그램)

메타분석을 수행하는 소프트웨어로는 지금까지 본문에서 제시한 Comprehensive Meta-Analysis(CMA)를 가장 널리 사용하고 있다. CMA는 기능도 다양할 뿐 아니라 사용자가 쉽게 사용할 수 있는 그래픽 및 메뉴 기능이 있어 가장 보편적으로 활용되고 있다.

CMA 다음으로 널리 사용되고 있는 프로그램으로 Stata와 R이 있다. 비록 제한적이기는 하지만 많은 사람에게 가장 친숙한 SPSS로도 분석이 가능하다. 따라서 여기서는 SPSS, Stata 및 R을 이용한 간단한 분석 결과를 예시로 제시하고자 한다.

1. SPSS

SPSS에서는 macro files을 이용해서 메타분석을 실시한다. 이 macro 파일은 미국 George Mason 대학의 David Wilson 교수가 만들었으며, 그 파일은 Meanes.sps, Metaf.sps, Metareg.sps가 있다(Wilson, D.B., Meta-analysis macros for SPSS. Retrieved, September, 14, 2013, from http://mason.gmu.edu/~dwilsonb/ma.html). 그리고 spss 명령문으로만 메타분석을 실시하는 점이 기존의 일반적인 통계분석과 차이가 있다.

*bcg11_pre.sav [] - IBM SPSS Statistics Data Editor

파일(F) 편집(E) 보기(V) 데이터(D) 변환(T) 분석(A) 다이렉트 마케팅(M) 그래프(G) 유틸리티(U) 창(W) 도움말(H)

	study	a	n1	c	n2	year	latitude	country	alloc2	rr	es	v	se	w
1	Ferguson & Simes	6	306	29	303	1933	55	Canada	1	.205	-1.585	.195	.441	5.139
2	Aronson	4	123	11	139	1935	52	Northern USA	1	.411	-.889	.326	.571	3.071
3	Rosenthal et al	17	1716	65	1665	1941	42	Chicago	0	.254	-1.371	.073	.270	13.694
4	Comstock & Webster	5	2498	3	2341	1947	33	Georgia (Sch)	0	1.562	.446	.533	.730	1.878
5	Comstock et al (a)	186	50634	141	27338	1949	18	Puerto Rico	0	.712	-.339	.012	.111	80.566
6	Frimont-Moller et al	33	5069	47	5808	1950	13	Madanapalle	0	.804	-.218	.051	.226	19.527
7	Comstock et al (b)	27	16913	29	17854	1950	33	Georgia (Comm)	0	.983	-.017	.071	.267	14.005
8	Hart & Sutherland	62	13598	248	12867	1950	53	UK	1	.237	-1.442	.020	.141	49.975
9	Vandeviere et al	8	2545	10	629	1965	18	Haiti	1	.198	-1.621	.223	.472	4.484
10	Coetzee & Berjak	29	7499	45	7277	1965	27	South Africa	1	.625	-.469	.056	.238	17.720
11	TB Prevention Trial	505	88391	499	88391	1968	13	Madras	1	1.012	.012	.004	.063	252.425
12														

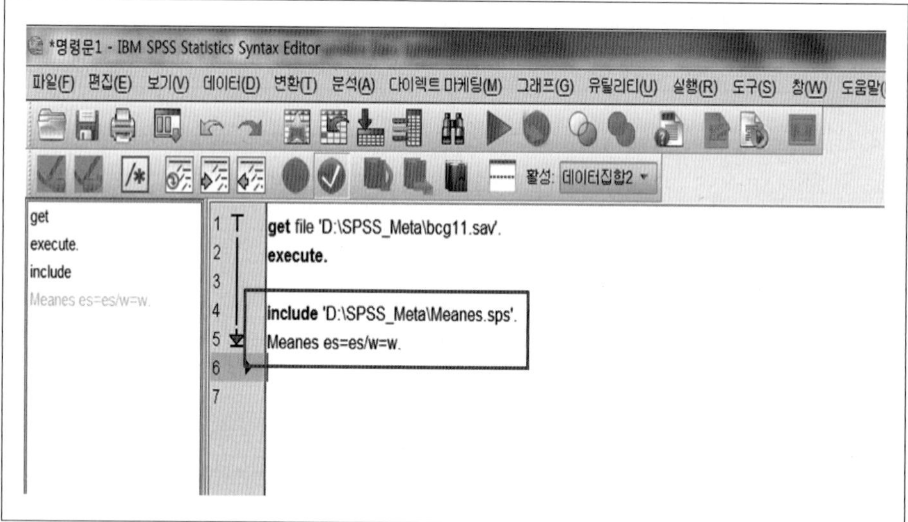

```
Run MATRIX procedure:


*****  Meta-Analytic Results  *****

------- Distribution Description ---------------------------------
          N        Min ES       Max ES      Wghtd SD
     11.000        -1.621         .446          .521

------- Fixed & Random Effects Model -----------------------------
        Mean ES      -95%CI      +95%CI          SE           Z           P
Fixed    -.3141      -.4052      -.2230       .0465     -6.7547       .0000
Random   -.6772     -1.0904      -.2641       .2108     -3.2130       .0013

------- Random Effects Variance Component ------------------------
v    =   .381840

------- Homogeneity Analysis -------------------------------------
          Q            df           p
   125.6261       10.0000       .0000

Random effects v estimated via noniterative method of moments.

------ END MATRIX -----
```

2. Stata

Stata는 그래픽 환경이 아니라 텍스트, 즉 명령문에 기초한 프로그램이라 초보자가 이용하기는 약간 불편하지만 강력한 기능(예: 다변량메타분석)과 네트워크 메타분석 기능을 포함하고 있어 메타분석 고급 이용자들이 널리 사용하고 있다.

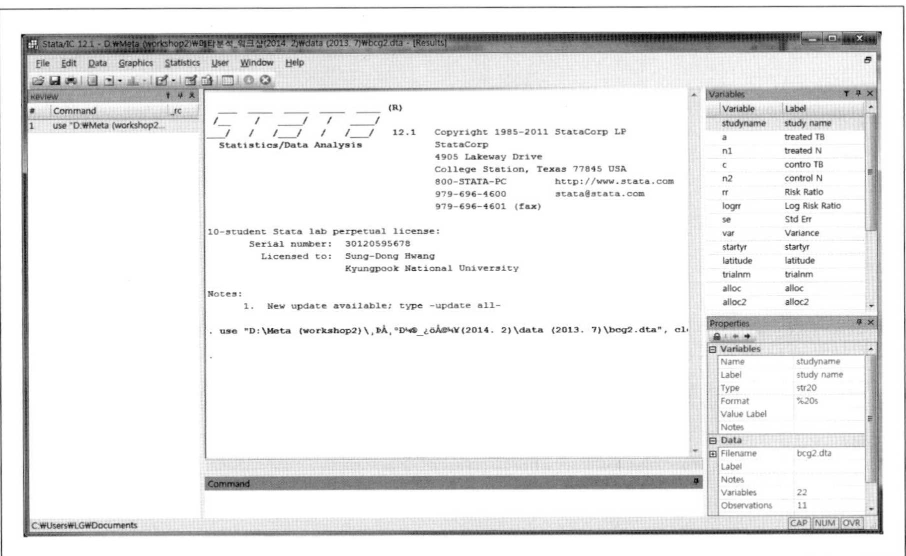

```
. metan logrr se, fixed second(random) lcols(studyname)

           Study      |     ES     [95% Conf. Interval]     % Weight
---------------------+---------------------------------------------------
Ferguson & Simes     | -1.585       -2.450     -0.721          1.11
Aronson              | -0.889       -2.008      0.229          0.66
Rosenthal et al      | -1.371       -1.901     -0.842          2.96
Comstock & Webster   |  0.446       -0.984      1.876          0.41
Comstock et al (a)   | -0.339       -0.558     -0.121         17.42
Frimont-Moller et al | -0.218       -0.661      0.226          4.22
Comstock et al (b)   | -0.017       -0.541      0.506          3.03
Hart & Sutherland    | -1.442       -1.719     -1.164         10.81
Vandeviere et al     | -1.621       -2.546     -0.695          0.97
Coetzee & Berjak     | -0.469       -0.935     -0.004          3.83
TB Prevention Trial  |  0.012       -0.111      0.135         54.58
---------------------+---------------------------------------------------
I-V pooled ES        | -0.314       -0.405     -0.223        100.00
D+L pooled ES        | -0.677       -1.090     -0.264        100.00
---------------------+---------------------------------------------------

  Heterogeneity chi-squared = 125.63 (d.f. = 10) p = 0.000
  I-squared (variation in ES attributable to heterogeneity) =   92.0%

  Test of ES=0 : z= 6.75 p = 0.000
```

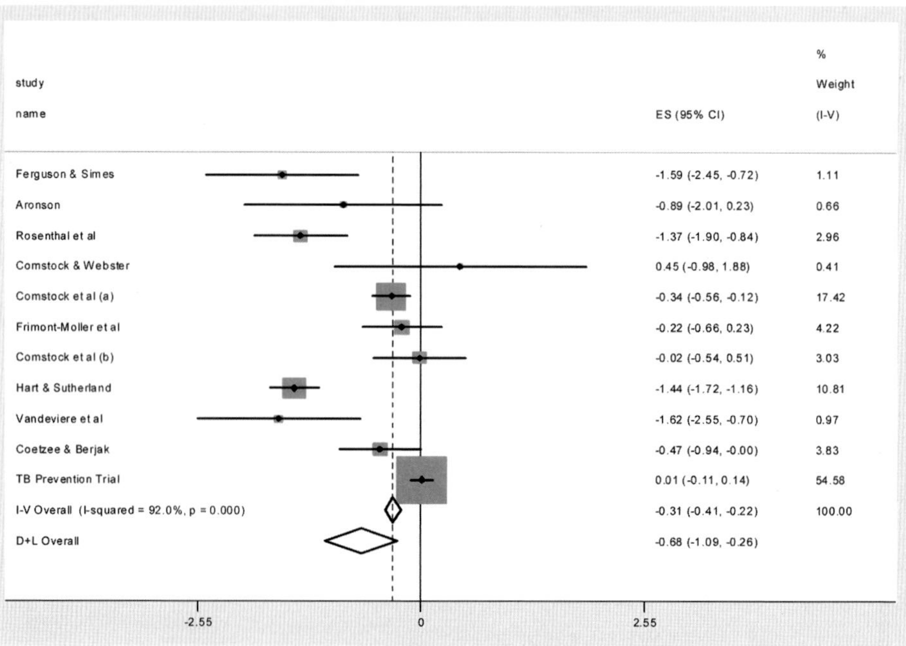

3. R

R은 여러 프로그램 중 최근에 널리 사용하기 시작한 프로그램으로 그래픽 환경이 아닌 텍스트, 즉 명령문 환경에서 실행되지만 기존의 상업용 패키지가 가지고 있는 기능을 대부분 포함하고 있으며 무엇보다 인터넷상에서 다운로드가 가능한 무료 프로그램이라는 장점이 있다. R에서 사용 가능한 메타분석 패키지로는 'meta' 및 'metafor'가 있다.

```
R Console
> library(meta)
필요한 패키지를 로딩중입니다: grid
Loading 'meta' package (version 2.5-1).
> data(bcg11)
> bcg11
   trial                study   a    n1   c    n2 start latitude alloc2
1      1       Ferguson&Simes   6   306  29   303  1933       55      1
2      2              Aronson   4   123  11   139  1935       52      1
3      3    Rosenthal.et.al(b)  17  1716  65  1665  1941       42      0
4      4     Comstock&Webster   5  2498   3  2341  1947       33      0
5      5    Comstock.et.al(a) 186 50634 141 27338  1949       18      0
6      6 Frimont-Moller.et.al  33  5069  47  5808  1950       13      0
7      7    Comstock.et.al(b)  27 16913  29 17854  1950       33      0
8      8      Hart&Sutherland  62 13598 248 12867  1950       53      1
9      9     Vandeviere.et.al   8  2545  10   629  1965       18      1
10    10      Coetzee&Berjak  29  7499  45  7277  1965       27      1
11    11          TPT.Madras 505 88391 499 88391  1968       13      1
```

```
> meta.1 <- metabin(a, n1, c, n2, method="inverse", studlab=paste(study), data=bcg11)
> meta.1
                         RR            95%-CI %W(fixed) %W(random)
Ferguson&Simes       0.2049 [0.0863; 0.4864]      1.11       7.71
Aronson              0.4109 [0.1343; 1.2574]      0.66       6.28
Rosenthal.et.al(b)   0.2538 [0.1494; 0.4310]      2.96       9.77
Comstock&Webster     1.5619 [0.3737; 6.5284]      0.41       4.86
Comstock.et.al(a)    0.7122 [0.5725; 0.8860]     17.42      11.27
Frimont-Moller.et.al 0.8045 [0.5163; 1.2536]      4.22      10.26
Comstock.et.al(b)    0.9828 [0.5821; 1.6593]      3.03       9.80
Hart&Sutherland      0.2366 [0.1793; 0.3121]     10.81      11.06
Vandeviere.et.al     0.1977 [0.0784; 0.4989]      0.97       7.35
Coetzee&Berjak       0.6254 [0.3926; 0.9962]      3.83      10.14
TPT.Madras           1.0120 [0.8946; 1.1449]     54.58      11.52

Number of studies combined: k=11

                         RR            95%-CI       z  p.value
Fixed effect model   0.7305 [0.6668; 0.8002] -6.7547 < 0.0001
Random effects model 0.5080 [0.3361; 0.7679] -3.2130   0.0013

Quantifying heterogeneity:
tau^2 = 0.3818; H = 3.54 [2.86; 4.4]; I^2 = 92% [87.7%; 94.8%]

Test of heterogeneity:
      Q d.f.  p.value
 125.63   10 < 0.0001

Details on meta-analytical method:
- Inverse variance method
- DerSimonian-Laird estimator for tau^2
> |
```

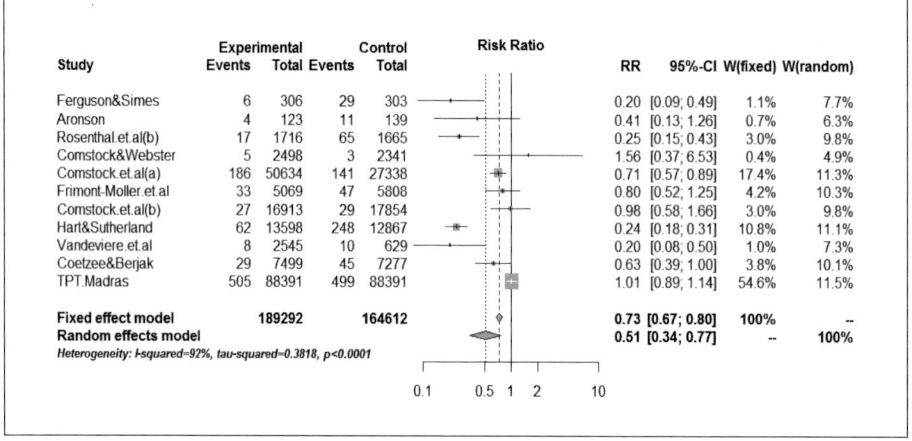
Study
Experimental Events Total
Control Events Total
Risk Ratio
RR 95%-CI W(fixed) W(random)
Ferguson&Simes 6 306 29 303 0.20 [0.09; 0.49] 1.1% 7.7%
Aronson 4 123 11 139 0.41 [0.13; 1.26] 0.7% 6.3%
Rosenthal.et.al(b) 17 1716 65 1665 0.25 [0.15; 0.43] 3.0% 9.8%
Comstock&Webster 5 2498 3 2341 1.56 [0.37; 6.53] 0.4% 4.9%
Comstock.et.al(a) 186 50634 141 27338 0.71 [0.57; 0.89] 17.4% 11.3%
Frimont-Moller.et.al 33 5069 47 5808 0.80 [0.52; 1.25] 4.2% 10.3%
Comstock.et.al(b) 27 16913 29 17854 0.98 [0.58; 1.66] 3.0% 9.8%
Hart&Sutherland 62 13598 248 12867 0.24 [0.18; 0.31] 10.8% 11.1%
Vandeviere.et.al 8 2545 10 629 0.20 [0.08; 0.50] 1.0% 7.3%
Coetzee&Berjak 29 7499 45 7277 0.63 [0.39; 1.00] 3.8% 10.1%
TPT.Madras 505 88391 499 88391 1.01 [0.89; 1.14] 54.6% 11.5%
Fixed effect model 189292 164612 0.73 [0.67; 0.80] 100% --
Random effects model 0.51 [0.34; 0.77] -- 100%
Heterogeneity: I-squared=92%, tau-squared=0.3818, p<0.0001
0.1 0.5 1 2 10

찾아보기

〈인명〉

〈내용〉

저자 소개

황성동(Hwang Sungdong)

〈학력 및 주요 경력〉
부산대학교 사회복지학과 졸업(학사)
미국 West Virginia University 졸업(석사)
미국 University of California at Berkeley 졸업(박사)

행정고시, 입법고시, 사회복지사(1급) 출제위원 역임
건국대학교 교수, LG 연암재단 해외 연구교수, UC DATA 연구원 역임

(현재) 경북대학교 사회복지학과 교수
경북대 사회과학연구원 연구방법 및 데이터분석센터 센터장
Campbell Collaboration Method Coordinating Group 위원

〈주요 저서 및 논문〉
『알기 쉬운 사회복지조사방법론』(학지사, 2006)
「Licensure of Sheltered-Care Facilities: Does It Assure Quality?」(Social Work)
「다문화교육 프로그램의 효과성 검증」(한국사회복지학) 등이 있다.

알기 쉬운 메타분석의 이해
(Meta - Analysis)

2014년 7월 15일 1판 1쇄 발행
2019년 4월 10일 1판 4쇄 발행

지은이 • 황 성 동

펴낸이 • 김 진 환

펴낸곳 • (주) 학 지 사

04031 서울특별시 마포구 양화로 15길 20 마인드월드빌딩 5층

대표전화 • 02) 330-5114　　팩스 • 02) 324-2345

등록번호 • 제313-2006-000265호

홈페이지 • http://www.hakjisa.co.kr
페이스북 • https://www.facebook.com/hakjisabook

ISBN 978-89-997-0431-4 93310

정가 18,000원

이 도서의 국립중앙도서관 출판시도서목록(CIP)은 서지정보유통지원시스템 홈페이지(http://seoji.nl.go.kr)와 국가자료공동목록시스템(http://www.nl.kr/kolisnet)에서 이용하실 수 있습니다.
(CIP제어번호: CIP2014021668)